1교시		짝수형

영양사 실전동형
봉투모의고사 제1회

응시번호		성　　명	

본 시험은 각 문제에서 가장 적합한 답 하나만 선택하는 최선답형 시험입니다.

〈 유의사항 〉

○문제지 표지 상단에 인쇄된 문제 유형과 본인의 응시번호 끝자리가 일치하는지를 확인하고 답안카드에 문제 유형을 정확히 표기합니다.
- 응시번호 끝자리 홀수 : 홀수형 문제지
- 응시번호 끝자리 짝수 : 짝수형 문제지

○종료 타종 후에도 답안을 계속 기재하거나 답안카드의 제출을 거부하는 경우 해당 교시의 점수는 0점 처리됩니다.

○응시자는 시험 종료 후 문제지를 가지고 퇴실할 수 있습니다.

영양사 실전동형 봉투모의고사 제1회 1교시

각 문제에서 가장 적합한 답을 하나만 고르시오.

영양학 및 생화학

01 「2020 한국인 영양소 섭취기준」 중 인체에 유해한 영향이 나타나지 않는 최대 영양소 섭취 수준을 의미하는 것은?

① 충분섭취량
② 평균필요량
③ 권장섭취량
④ 상한섭취량
⑤ 에너지적정비율

02 공복 시 혈당이 130mg/dL인 사람이 아침식사로 섭취하고자 하는 탄수화물 음식으로 적당한 것은?

① 떡
② 현미밥
③ 늙은 호박
④ 구운 감자
⑤ 콘플레이크

03 타액에서 분비되며, 전분을 맥아당과 덱스트린으로 분해하는 소화효소는?

① 펩 신
② 트립신
③ 프티알린
④ 가스트린
⑤ 콜레시스토키닌

04 당질의 흡수에 대한 설명으로 옳은 것은?

① 과당의 흡수에는 나트륨이 관여한다.
② 포도당은 촉진확산에 의해 흡수된다.
③ 갈락토오스는 단순확산에 의해 흡수된다.
④ 단당류 중 만노오스가 가장 빨리 흡수된다.
⑤ 흡수된 단당류는 모세혈관을 통해 문맥으로 이동한다.

05 NAD, FAD와 같은 조효소 및 핵산의 주요 구성성분으로 쓰이는 단당류는?

① 포도당
② 리보오스
③ 만노오스
④ 갈락토오스
⑤ 데옥시리보오스

06 대장 벽이 부풀어 생긴 게실 안에 변이 쌓여 염증을 일으키는 게실염의 주요 원인은?

① 과당의 섭취 부족
② 인슐린 분비의 감소
③ 글루카곤 분비의 증가
④ 식이섬유의 섭취 부족
⑤ 락타아제의 활성 저하

07 해당과정에 대한 설명으로 옳은 것은?

① 호기적 조건에서만 일어난다.
② 미토콘드리아 기질에서 일어난다.
③ ATP, Citrate, NADH가 촉진한다.
④ ATP 2분자와 NADH 2분자가 생성된다.
⑤ 포도당이 포도당-6-인산이 될 때 2ATP가 사용된다.

08 TCA회로에 대한 설명으로 옳은 것은?

① 산소가 부족할 때 진행된다.
② CO_2와 H_2O로 최종 산화한다.
③ 최초 생성물은 옥살로아세트산이다.
④ 핵산 합성에 필요한 리보오스를 공급한다.
⑤ 1회 순환으로 8NADH, $2FADH_2$, 2ATP가 생성된다.

09 우리 몸에서 당신생 작용이 가장 활발하게 일어나는 곳은?

① 간, 근육
② 간, 신장
③ 간, 소장
④ 췌장, 신장
⑤ 근육, 소장

10 근육의 피루브산이 아미노기와 결합하여 포도당으로 전환되는 경로는?

① 코리회로
② TCA회로
③ 해당과정
④ 글루쿠론산 회로
⑤ 포도당-알라닌 회로

11 근육에 존재하지 않아 글리코겐이 포도당으로 전환되지 못하는 데 원인이 되는 효소는?

① 헥소키나아제(hexokinase)
② 글루코키나아제(glucokinase)
③ 과당인산키나아제(phosphofructokinase)
④ 피루브산 탈수소효소(pyruvate dehydrogenase)
⑤ 포도당-6-인산 가수분해효소(glucose-6-phosphatase)

12 지방의 소화 과정 중 문맥으로 바로 흡수가 가능한 지방산은?

① 올레산
② 팔미트산
③ 프로피온산
④ 스테아르산
⑤ 아라키돈산

13 다음 설명에 해당하는 지방산은?

> • 불포화지방산이다.
> • 동물의 성장과 피부 건강에 필수적이다.
> • 옥수수기름, 참기름 등에 함유되어 있다.

① 올레산
② 리놀레산
③ 리놀렌산
④ 아라키돈산
⑤ 프로피온산

14 프로스타글란딘의 전구체가 되는 지방산은?

① DHA
② 부티르산
③ 팔미트산
④ 스테아르산
⑤ 아라키돈산

15 지단백질 중 주로 간에서 합성된 중성지방을 운송하는 역할을 하는 것은?

① 고밀도지단백질(HDL)
② 저밀도지단백질(LDL)
③ 중간밀도지단백질(IDL)
④ 초저밀도지단백질(VLDL)
⑤ 킬로미크론(chylomicron)

16 인지질이 세포막의 주요 구성성분이 될 수 있는 이유는?

① 이성질체가 존재하기 때문
② 글리세롤을 함유하고 있기 때문
③ 인산 ester 결합을 하고 있기 때문
④ 다양한 지방산을 함유하고 있기 때문
⑤ 극성과 비극성 부분을 가지고 있기 때문

17 지방산의 β-산화 시 지방산을 세포질에서 미토콘드리아로 운반하는 역할을 하는 것은?

① 글리세롤
② 크레아틴
③ 카르니틴
④ 아세트산
⑤ β-히드록시부티르산

18 케톤체에 대한 설명으로 옳은 것은?

① 근육에서 합성된다.
② 부족 시 케톤증을 유발한다.
③ acetyl-CoA의 축합반응으로 생성된다.
④ 지방 산화가 증가할 때 합성이 감소한다.
⑤ 피루브산, 아세토아세트산 등이 해당한다.

19 담즙산과 결합하는 아미노산은?

① 발 린
② 타우린
③ 알라닌
④ 트레오닌
⑤ 트립토판

20 다음 설명에 해당하는 물질은?

- 고급지방산과 고급알코올이 에스테르 결합한 것이다.
- 밀랍이나 경랍 등의 성분이다.

① 왁 스
② 인지질
③ 당지질
④ 중성지방
⑤ 콜레스테롤

21 단백질의 소화에 대한 설명으로 옳은 것은?

① 입에서부터 시작된다.
② 펩신의 최적 pH는 4.5~5.0이다.
③ 키모트립시노겐은 소장에서 분비된다.
④ 소장에서의 최종 흡수산물은 디펩티드이다.
⑤ 트립신에 의해 펩톤이 작은 펩티드로 분해된다.

22 형태에 따라 단백질을 분류할 때 구상단백질에 해당하는 것은?

① 콜라겐
② 알부민
③ 케라틴
④ 미오신
⑤ 피브로인

23 필수아미노산에 해당하는 것은?

① 세 린
② 글리신
③ 알라닌
④ 글루탐산
⑤ 메티오닌

24 제1 제한아미노산을 이용하여 단백질의 질을 평가하는 방법은?

① 생물가
② 아미노산가
③ 단백질 효율
④ 질소평형지표
⑤ 진정 단백질 이용률

25 단백질 상호보완 효과가 가장 큰 경우는?

① 쌀 + 콩
② 보리 + 쌀
③ 밀 + 옥수수
④ 쌀 + 옥수수
⑤ 호두 + 아몬드

26 아미노산의 아미노기를 α-케토산에 주고 새로운 아미노산을 형성하는 반응은?

① 수화반응
② 탈탄산반응
③ 탈수소반응
④ 탈아미노반응
⑤ 아미노기전이반응

27 요소회로에서 시트룰린(citrulline)이 합성되는 곳은?

① 골지체
② 리보솜
③ 리소좀
④ 세포질
⑤ 미토콘드리아

28 단백질 합성이 일어나는 세포 내 소기관과 합성 시작 말단은?

① 핵, N-말단
② 리보솜, N-말단
③ 리소좀, C-말단
④ 골지체, N-말단
⑤ 미토콘드리아, C-말단

29 단백질 합성 시 주형 역할을 하여 폴리펩티드 내의 아미노산 배열순서를 결정하는 것은?

① rRNA
② mRNA
③ tRNA
④ snRNA
⑤ siRNA

30 식품섭취에 따른 영양소의 소화, 흡수, 대사에 필요한 에너지 소비량은?

① 기초대사량
② 기초대사율
③ 신체활동대사량
④ 식사성 발열효과
⑤ 1일 총에너지소비량

31 기초대사량이 상승하는 경우는?

① 체온 저하
② 근육량 감소
③ 체표면적 감소
④ 피하지방량 증가
⑤ 갑상샘 기능 항진

32 알코올을 장기간 과량섭취했을 때 발생할 수 있는 문제점은?

① 비타민 B_1 과잉
② 지방산 합성 감소
③ 체내 젖산 농도 증가
④ HDL 콜레스테롤 증가
⑤ 비타민 A 저장량 증가

33 로돕신 형성에 관여하며, 결핍 시 야맹증을 유발하는 비타민은?

① 비타민 A
② 비타민 C
③ 비타민 D
④ 비타민 E
⑤ 비타민 K

34 다음 설명에 해당하는 비타민은?

> • 항불임증, 항산화제의 역할
> • 노화과정의 지연, 근육질병 예방효과
> • 식물성 기름, 견과류, 종자류 등에 주로 함유

① 비타민 A
② 비타민 C
③ 비타민 D
④ 비타민 E
⑤ 비타민 K

35 비타민 E가 풍부해 항산화 작용, 노화 지연 등에 도움이 되는 식품은?

① 버 터
② 달 걀
③ 아몬드
④ 바나나
⑤ 대구간유

36 권장량 책정 시 단백질 섭취량에 따라 그 양을 결정하는 비타민은?

① 니아신
② 티아민
③ 비타민 B_6
④ 비타민 B_{12}
⑤ 비타민 C

37 동물성 식품에만 함유되어 채식주의자들에게 결핍되기 쉬운 비타민은?

① 비타민 A
② 비타민 C
③ 비타민 E
④ 비타민 B_6
⑤ 비타민 B_{12}

38 상한섭취량이 설정되어 있는 비타민은?

① 티아민
② 니아신
③ 비타민 K
④ 비타민 B_{12}
⑤ 리보플라빈

39 비오틴(biotin)에 대한 설명으로 옳은 것은?

① 항구순구각염 인자이다.
② 엽산을 활성화시킨다.
③ 생난백 과다 섭취 시 결핍된다.
④ 결핍 시 말초신경 장애를 유발한다.
⑤ NAD, NADP 등의 조효소를 형성한다.

40 혈액 응고에 관여하는 물질은?

① 칼 슘
② 헤파린
③ 플라즈민
④ 구연산소다
⑤ 옥산산나트륨

41 무기질에 대한 설명으로 옳은 것은?

① 나트륨은 주로 세포내액에 존재하며 혈장의 삼투압 유지에 기여한다.
② 칼륨은 주로 세포외액에 존재하며 세포내액의 삼투압 유지에 기여한다.
③ 나트륨의 흡수율은 체내 요구량에 관계없이 매우 낮다.
④ 나트륨의 섭취량 자체와 점막세포의 포도당 흡수와는 관계가 없다.
⑤ 혈액의 산성 유지는 나트륨의 작용 중 하나이다.

42 세룰로플라스민(ceruloplasmin)과 결합되어 작용하는 무기질은?

① 철
② 아 연
③ 망 간
④ 구 리
⑤ 몰리브덴

43 갑상샘호르몬과 그에 관여하는 무기질로 옳은 것은?

① 코르티솔 - 크롬
② 칼시토닌 - 망간
③ 에피네프린 - 아연
④ 알도스테론 - 셀레늄
⑤ 티록신 - 요오드

44 글루타티온 과산화효소의 필수성분으로 항산화 작용을 하는 무기질은?

① 아 연
② 칼 슘
③ 크 롬
④ 셀레늄
⑤ 마그네슘

45 면역기능 저하, 성장지연, 식욕부진 및 미각감퇴 등의 증상이 나타났다면 이와 관련된 영양소의 급원식품은?

① 굴
② 당 근
③ 시금치
④ 바나나
⑤ 요구르트

46 체내 수분에 관한 설명으로 옳은 것은?

① 혈장은 세포외액에 속한다.
② 세포외액은 세포내액보다 크다.
③ 성인 체중의 약 80%가 수분이다.
④ 나이가 어릴수록 체내 수분 비율이 낮다.
⑤ 근육이 많을수록 체내 수분 비율이 낮다.

47 월경주기의 난포기에 분비가 증가되어 자궁내막을 증식시키는 호르몬은?

① 프로락틴
② 에스트로겐
③ 태반락토겐
④ 프로게스테론
⑤ 갑상샘자극호르몬

48 임신부와 수유부에게 필요량이 증가하는 영양소는?

① 엽 산
② 칼 륨
③ 망 간
④ 비오틴
⑤ 비타민 D

49 우유에 비해 모유에 더 많이 함유된 영양소는?

① 칼 슘
② 카세인
③ 마그네슘
④ 리놀레산
⑤ 리보플라빈

50 모체의 상태가 수유에 미치는 영향에 대한 설명으로 옳은 것은?

① 알코올은 젖의 분비를 촉진한다.
② 수유부의 영양상태와 모유 분비량은 관계없다.
③ 불안, 공포가 있게 되면 젖의 분비량이 증가한다.
④ 수유부가 섭취한 카페인이 모유를 통해 분비된다.
⑤ 단백질은 모유성분 중 영양상태에 가장 민감하게 반응하는 영양소이다.

51 모유영양에 관한 설명으로 옳은 것은?

① 필수지방산인 리놀레산의 함량이 낮다.
② 뇌하수체 후엽의 프로락틴은 유선을 수축시켜 모유의 배출을 도와준다.
③ 모유 속의 칼슘과 인의 비율은 약 3 : 1이므로 영아의 신장에 부담을 주지 않는다.
④ 모유에는 유아를 보호하는 분비형 IgA라는 면역물질이 있어 감염으로부터 보호한다.
⑤ 모유영양아가 변비가 적은 이유는 모유 중 카세인 함량이 많고 유당 함량이 적기 때문이다.

52 단위체중당 단백질 필요량이 가장 높은 시기는?

① 영아기
② 유아기
③ 학령기
④ 성인기
⑤ 노인기

53 이유식을 시작할 때 적절한 방법은?

① 젖병에 넣어서 먹인다.
② 일정한 시간에 이유식을 제공한다.
③ 모유를 먼저 준 후 이유식을 제공한다.
④ 한 번에 여러 가지 식품을 혼합하여 제공한다.
⑤ 배가 부른 상태에서 기분이 좋을 때 이유식을 제공한다.

54 사춘기 이전 유아기의 근육 성장에 주로 영향을 주는 호르몬은?

① 안드로겐
② 에스트로겐
③ 성장호르몬
④ 테스토스테론
⑤ 프로게스테론

55 유아의 편식을 예방하기 위한 사항으로 옳은 것은?

① 싫어하는 음식도 강제로 먹이도록 한다.
② 이유 시 좋아하는 음식 위주로 공급한다.
③ 입맛을 돋우기 위해 당분이 많은 음식 위주로 준다.
④ 유아가 항상 포만감을 느낄 수 있도록 식사시간을 조절한다.
⑤ 이유기부터 음식의 맛, 냄새, 촉감 등에 광범위하게 접할 수 있도록 한다.

56 다음 특징을 보이는 경우는?

- 실제보다 자신이 살이 쪘다고 느낀다.
- 자신의 행동이 비정상적임을 부정한다.
- 마른 체형을 선호해서 비정상적으로 음식 섭취를 제한한다.
- 피하지방이 줄고 체표면에 솜털이 증가한다.

① 야식증후군
② 대사증후군
③ 신경성 폭식증
④ 마구먹기 장애
⑤ 신경성 식욕부진증

57 식욕부진과 철분 부족으로 빈혈이 나타난 청소년에게 공급하면 좋은 식품은?

① 땅 콩
② 미 역
③ 사 과
④ 녹 차
⑤ 소고기

58 노인기에 나타나는 생리적 변화로 옳은 것은?

① 체지방률이 감소한다.
② 기초대사량이 증가한다.
③ 수축기 혈압이 상승한다.
④ 소화액 분비가 증가한다.
⑤ 사구체 여과속도가 증가한다.

59 노인 영양에 대한 설명으로 옳은 것은?

① 흡수가 좋은 정제된 당을 공급한다.
② 콜레스테롤이 많은 식품을 공급한다.
③ 식이섬유소가 많은 과일과 채소를 제한한다.
④ 불포화지방산이 다량 함유된 식물성 식품이 좋다.
⑤ 활동량이 적으므로 단백질과 비타민 필요량이 감소한다.

60 운동의 효과로 옳은 것은?

① 체지방 증가
② LDL 수준 증가
③ 혈청지질 수준 증가
④ 최대의 산소흡수력 감소
⑤ 근육에 글리코겐 축적의 증가

영양교육, 식사요법 및 생리학

61 영양교육을 실시하는 것이 어려운 이유는?

① 영양교육의 효과는 단기적으로 나타난다.
② 식습관은 보수적이어서 쉽게 바꿀 수 없다.
③ 식생활은 피교육자의 경제적인 상황과 관련이 없다.
④ 영양의 결함으로 야기되는 위험은 쉽게 인식할 수 있다.
⑤ 영양교육은 피교육자의 상황과 상관없이 획일적으로 이루어져야 한다.

62 영양사가 건강신념 모델을 이용하여 40대 고혈압 환자에게 '식단을 관리하고 운동을 병행했을 때의 장점'에 대해 교육하였다면, 이때 적용한 구성요소는?

① 자기효능감
② 인지된 이익
③ 행동의 계기
④ 인지된 민감성
⑤ 인지된 심각성

63 대사증후군 진단을 받은 A 씨는 건강 개선을 위하여 4개월 동안 저염식단을 실천하고 규칙적으로 운동을 하였다. A 씨의 행동은 행동변화단계 모델에서 어느 단계에 속하는가?

① 유지 단계
② 고려 단계
③ 준비 단계
④ 실행 단계
⑤ 고려 전 단계

64 다음의 영양프로그램 목표의 종류는?

> 2023년까지 지역 내 8~13세 어린이의 비만율을 현재보다 5% 낮춘다.

① 구조 목표
② 변화 목표
③ 활용 목표
④ 과정 목표
⑤ 결과 목표

65 비만 예방 프로그램 참가자들에게 한 달에 한 번 영양 관련 이슈 및 정보를 간행물로 제공할 경우 이용할 수 있는 매체는?

① 인쇄매체
② 영상매체
③ 전시매체
④ 입체매체
⑤ 전자매체

66 영양에 관한 정보를 일시에 많은 대중에게 전달할 수 있는 대량매체이지만 교육의 효과를 확인하기 힘든 매체는?

① 강 연
② 토 의
③ 라디오
④ 슬라이드
⑤ 융판그림

67 다음에서 설명하는 토의 방식은?

> • 체험이나 직업 등을 같이 하는 사람들이 모여서 공통문제에 관하여 자주적으로 해결한다.
> • 권위 있는 강사의 의견을 듣고 토의하여 문제를 해결해 나간다.
> • 영양사, 보건간호사 등과 같은 동종의 사람들 또는 단체급식 관계자와 같은 사람들의 모임으로 적합하다.

① 심포지엄
② 사례연구
③ 연구집회
④ 시범교수법
⑤ 브레인스토밍

68 조사 대상자가 하루 전에 섭취한 음식의 종류와 양을 기억하는 방법으로, 기억력이 약한 어린이나 노인에게는 적합하지 않은 식이섭취 조사방법은?

① 식품재고조사
② 생화학적 검사
③ 식사력 조사법
④ 24시간 회상법
⑤ 식품섭취 빈도조사법

69 다음 영양사와 김 씨의 영양상담 내용에서 영양사가 사용한 상담기술은?

> 김　씨 : 선생님, 어제 남편이 저보고 살이 더 찐 것 같다고 놀렸어요.
> 영양사 : 남편이 살이 찐 것 같다고 놀렸을 때 기분이 어떠셨나요?
> 김　씨 : 너무 속상해서 눈물이 났어요.

① 반 영
② 조 언
③ 수 용
④ 요 약
⑤ 질 문

70 제9기 국민건강영양조사에서 측정하는 신체계측 항목은?

① 허리둘레
② 가슴둘레
③ 머리둘레
④ 상완위둘레
⑤ 엉덩이둘레

71 식품의약품안전처에서 관장하는 업무는?

① 학교급식에 관한 계획 수립
② 국민건강증진종합계획의 수립
③ 식생활 교육 기본계획의 수립
④ 신체활동장려사업계획의 수립
⑤ 어린이 식생활 안전관리종합계획 수립

72 보건소에서 실시하는 영양플러스 사업에 대한 설명으로 옳은 것은?

① 영유아, 초등학생을 대상으로 한다.
② 영양교육은 개별상담으로만 이루어진다.
③ 대상자 중 영양위험군은 혜택을 받을 수 없다.
④ 영양불량 문제를 해소하기 위해 보충 식품을 지원한다.
⑤ 대상자를 선정하는 과정에서 소득은 고려 대상이 아니다.

73 임신중독증의 영양지도 방법으로 옳은 것은?

① 비타민을 많이 섭취하고, 칼슘과 철도 보충해야 한다.
② 식물성 유지는 피하고 동물성 유지를 적당히 섭취한다.
③ 단백질을 많이 섭취하면 태아의 영양이 나빠지므로 제한한다.
④ 부종이 심한 경우에는 전날 요량보다 500mL 적게 수분을 섭취한다.
⑤ 혈압이 높은 경우 소금 섭취를 줄이고, 부종이 심한 경우 소금의 섭취를 늘린다.

74 아동의 식습관 지도 방법을 바르게 설명한 것은?

① 아동들의 자발적 참여를 유도할 필요는 없다.
② 지도내용에 일관성이 있으면 효과가 떨어진다.
③ 정신발달 연령과 상관없이 일관성 있게 지도한다.
④ 보호자와 의견을 교류하는 일은 피하는 것이 좋다.
⑤ 단체급식을 통해 인간관계를 터득할 수 있도록 지도한다.

75 영양결핍이나 영양상 위험이 있는 사람을 신속하게 알아내기 위하여 실시하는 것으로, 포괄적인 영양판정 실시 여부를 판단하는 과정은?

① 영양검색
② 영양진단
③ 영양중재
④ 영양평가
⑤ 영양모니터링

76 체내에서 철이 감소되는 첫 단계를 진단하는 데 사용되는 지표는?

① 헤마토크리트치
② 헤모글로빈 농도
③ 혈청 페리틴 농도
④ 트랜스페린 포화도
⑤ 적혈구 프로토포르피린

77 영양판정 방법 중 가장 예민하지 못하며, 대상자의 영양문제 판정 시 신체적 징후를 시각적으로 진단하는 것은?

① 임상조사
② 식사섭취조사
③ 신체계측조사
④ 영양지식조사
⑤ 생화학적 조사

78 입원 환자의 영양부족 상태를 판정할 때 주로 사용하는 항목은?

① 성 별
② 혈액형
③ 혈당 수치
④ 혈중 요산 수치
⑤ 혈중 알부민 수치

79 특별한 식사조절이나 소화에 제한이 없는 환자를 대상으로 영양가 높고 위에 부담을 주지 않는 식품을 제공하는 병원식은?

① 경 식
② 연 식
③ 유동식
④ 일반식
⑤ 정맥영양

80 8주 이상 장시간 경관급식 사용이 예상되고 흡인의 위험이 높은 환자에게 적합한 영양공급 경로는?

① 비위관
② 비공장관
③ 위조루술
④ 공장조루술
⑤ 비십이지장관

81 구강이나 위장관으로 영양 공급이 어려운 환자에게 적합한 영양지원 방법은?

① 연 식
② 유동식
③ 경구급식
④ 경관급식
⑤ 정맥영양

82 위의 주세포에서 분비되는 물질로, 벽세포에서 분비되는 염산에 의해 펩신으로 변하는 것은?

① 가스트린
② 내적인자
③ 당단백질
④ 리파아제
⑤ 펩시노겐

83 위궤양 환자에게 적절한 영양관리 방법은?

① 철분, 비타민 C가 풍부한 식품을 많이 먹는다.
② 식욕을 증진시키기 위해 산미가 강한 음식을 먹는다.
③ 위산 분비를 촉진하기 위해 자극적인 음식을 먹는다.
④ 기름에 튀긴 음식, 생채소, 햄, 소시지를 먹는다.
⑤ 소화기능을 증진시키기 위해 경질 식품, 섬유질 식품을 충분히 섭취한다.

84 역류성 식도염 환자의 식사요법으로 옳은 것은?

① 콜라, 오렌지 주스 같은 산도가 있는 음료는 제한한다.
② 위가 쉽게 팽창할 수 있도록 한꺼번에 많이 먹도록 한다.
③ 증상을 완화하기 위해 고지방 · 자극성 음식을 섭취하도록 한다.
④ 취침 1시간 전에 적은 양의 식사를 하면 속쓰림을 방지할 수 있다.
⑤ 음식은 가능하면 천천히 먹도록 하고, 식사 후 바로 눕는 것이 좋다.

85 위절제 수술 환자에게 적합한 식사요법은?

① 단백질 공급을 억제한다.
② 소화하기 어려운 식품과 조리법을 선택한다.
③ 식욕이 없는 환자의 경우 단순당을 충분히 공급한다.
④ 음식은 환자의 위장관 상태와 상관없이 일관되게 공급한다.
⑤ 소장이 위의 역할까지 대신하므로 식사요법을 엄격하게 지킨다.

86 다음 설명과 관련된 질환은?

> • 대장의 운동능력이 떨어지면서 나타나는 증상이다.
> • 일반적으로 고령 환자들에서 주로 나타난다.
> • 수분을 충분히 섭취하고, 섬유질이 많은 식품을 먹는다.
> • 신맛 나는 과즙, 탄산음료 등의 섭취는 증상을 완화시키는 데 도움이 된다.

① 크론병
② 급성 위염
③ 만성 설사
④ 경련성 변비
⑤ 이완성 변비

87 급성 설사 환자의 식사요법은?

① 찬 음료를 제공한다.
② 수분의 섭취를 제한한다.
③ 저잔사식, 무자극성식을 제공한다.
④ 고지방, 고섬유소 식품을 제공한다.
⑤ 증상이 심한 경우에도 식사를 거르지 않는다.

88 글루텐 과민성 장질환 환자에게 제공할 수 있는 식품은?

① 어묵조림, 국수, 마카로니
② 크림수프, 전유어, 보리차
③ 흰쌀밥, 콩나물, 생선조림
④ 옥수수 수프, 감자떡, 푸딩
⑤ 돈가스, 비스킷, 보리 미숫가루

89 궤양성 대장염 환자의 식사요법은?

① 소량씩 자주 먹는다.
② 수분 섭취를 제한한다.
③ 우유나 유제품을 섭취한다.
④ 섬유질을 충분히 섭취한다.
⑤ 저단백, 저열량 식사를 한다.

90 담낭염 환자에게 제한해야 하는 식품은?

① 사 과
② 식 빵
③ 흰 죽
④ 가오리찜
⑤ 삼겹살구이

91 비만인 비알코올성 지방간 환자의 식사요법은?

① 생야채, 생과일 섭취를 제한한다.
② 단기간에 고열량 음식을 섭취한다.
③ 열량 섭취를 줄여 체중을 감량한다.
④ 과당이 다량 함유된 식품을 섭취한다.
⑤ 체력 관리를 위해 탄수화물을 섭취한다.

92 비만 치료를 위해 적절한 영양관리 방법은?

① 수분을 제한한다.
② 알코올을 섭취한다.
③ 식이섬유를 제한한다.
④ 비타민과 무기질을 섭취한다.
⑤ 동물성 단백질 위주로 섭취한다.

93 하루 에너지 필요량이 2,800kcal인 40대 여성이 식사요법으로 체중을 한 달에 2kg 감량하고자 한다. 하루에 몇 kcal 정도를 섭취하는 것이 적합한가?

① 약 1,000kcal
② 약 1,400kcal
③ 약 1,900kcal
④ 약 2,300kcal
⑤ 약 2,600kcal

94 제1형 당뇨병의 주요 원인은?

① 운동 부족
② 과도한 비만
③ 칼슘 섭취 부족
④ 인슐린 생성 부족
⑤ 탄수화물 과다 섭취

95 50세 여성의 제2형 당뇨병의 위험인자에 해당하는 것은?

① 혈압 : 110/70mmHg
② BMI 지수 : 30kg/m^2
③ 중성지방 : 140mg/dL
④ HDL-콜레스테롤 : 50mg/dL
⑤ LDL-콜레스테롤 : 80mg/dL

96 8시간 금식 후 포도당 수치가 120mg/dL인 경우는 어떤 상태인가?

① 정 상
② 제1형 당뇨병
③ 제2형 당뇨병
④ 공복혈당 장애
⑤ 임신성 당뇨병

97 혈당이 조절되지 않는 당뇨병 환자에게 나타나는 탄수화물 대사의 특성은?

① 간에서 케톤체 합성이 감소한다.
② 췌장에서 인슐린 분비가 촉진된다.
③ 간에서 글리코겐의 합성이 저하된다.
④ 간에서 포도당 신생 합성이 감소한다.
⑤ 혈중 아미노산 농도가 급격히 감소한다.

98 당뇨병 환자에게 권장하는 식사요법은?

① 혈당지수가 높은 식품을 제공한다.
② 수용성 식이섬유를 충분히 제공한다.
③ 단백질은 총에너지의 30% 이상을 권장한다.
④ 저혈당이 있는 경우 알코올을 섭취하도록 권장한다.
⑤ 단맛을 원하는 경우 인공감미료 대신 설탕을 사용한다.

99 정상 성인의 체내 혈당조절에 관한 설명으로 옳은 것은?

① 레닌, 렙틴 등이 혈당조절에 관여한다.
② 정상 공복혈당 수치는 100~125mg/dL이다.
③ 식후 60분 이내에 혈당이 정상 수치로 회복된다.
④ 호르몬과 신경계에 의해서 혈당의 항상성이 유지된다.
⑤ 고혈당 시 포도당은 간이나 근육에서 에너지로 모두 쓰인다.

100 혈압을 상승시키는 요인은?

① 혈관 저항의 감소
② 혈액 점성의 감소
③ 혈관 직경의 증가
④ 안지오텐신계 생성 감소
⑤ 레닌-알도스테론계 활성화

101 부종과 호흡곤란이 있는 울혈성 심부전 환자에게 적절한 식사요법은?

① 지방을 섭취한다.
② 나트륨 섭취를 제한한다.
③ 단백질 섭취를 제한한다.
④ 수분을 충분히 섭취한다.
⑤ 수용성 비타민 섭취를 제한한다.

102 고중성지방혈증 환자가 오메가-3 지방산을 섭취했을 경우 나타나는 증상은?

① 혈압이 상승한다.
② 호흡이 곤란해진다.
③ 중성지방이 감소한다.
④ 고밀도 지단백 콜레스테롤이 감소한다.
⑤ 저밀도 지단백 콜레스테롤이 증가한다.

103 동맥경화증 환자에게 제한해야 하는 식품은?

① 김
② 두 부
③ 우 유
④ 닭껍질
⑤ 옥수수기름

104 연하곤란을 겪는 뇌졸중 환자에게 제공하는 음식으로 가장 적절한 것은?

① 거칠거칠한 음식
② 쫄깃쫄깃한 음식
③ 단맛이 강한 음식
④ 걸쭉한 형태의 음식
⑤ 기름기가 많은 음식

105 100g당 나트륨 함량이 가장 높은 식품은?

① 떡
② 우 유
③ 달 걀
④ 라 면
⑤ 돼지고기(살코기)

106 신증후군 환자에게 적절한 영양관리 방법은?

① 고단백식, 저염식
② 고열량식, 저염식
③ 고단백식, 저열량식
④ 고열량식, 고지방식
⑤ 저열량식, 저단백식

107 핍뇨 증상을 보이는 만성 콩팥병 환자에게 적합한 식품은?

① 쌀 밥
② 바나나
③ 옥수수
④ 초콜릿
⑤ 토마토

108 복막투석 환자의 식사요법은?

① 저열량식
② 저칼슘식
③ 고단백식
④ 저무기질식
⑤ 저비타민식

109 음식을 짜게 먹었을 때 체내 수분의 균형을 유지하는 호르몬은?

① 인슐린
② 옥시토신
③ 코르티솔
④ 아드레날린
⑤ 항이뇨호르몬

110 사구체에서 여과된 수분이나 포도당의 재흡수가 주로 일어나는 곳은?

① 요 도
② 방 광
③ 집합관
④ 세뇨관
⑤ 수뇨관

111 암악액질 증상이 있는 암환자의 대사 변화에 관한 설명으로 옳은 것은?

① 당신생이 증가한다.
② 기초대사량이 감소한다.
③ 지방의 분해가 감소한다.
④ 인슐린의 민감성이 증가한다.
⑤ 근육 단백질의 합성이 증가한다.

112 구토, 메스꺼움을 호소하는 암 환자에게 제공하는 음식으로 가장 적절한 것은?

① 기름진 음식
② 뜨거운 음식
③ 부드러운 음식
④ 자극적인 음식
⑤ 향이 강한 음식

113 급성 감염성 질환자의 생리적 대사에 대한 설명으로 옳은 것은?

① 체온이 올라간다.
② 맥박수가 감소한다.
③ 기초대사량이 감소한다.
④ 체단백질 합성이 증가한다.
⑤ 체내 수분 보유량이 증가한다.

114 우유 알레르기 증상을 보이는 환자에게 제공해도 되는 식품은?

① 빵
② 두 유
③ 버 터
④ 요구르트
⑤ 아이스크림

115 체조직 소모가 심한 폐결핵 환자에게 권장되는 식품은?

① 무, 감자
② 감, 콩나물
③ 사과, 상추
④ 오이, 딸기
⑤ 소고기, 달걀

116 혈액의 응고에 관여하는 물질은?

① 백혈구
② 적혈구
③ 혈소판
④ 헤모글로빈
⑤ 에리트로포이에틴

117 회장 절제술을 받은 사람이 5년 이상 채식 위주의 식사를 하고 악성 빈혈을 진단받았다. 이 환자에게 결핍된 영양소는?

① 엽 산
② 칼 슘
③ 구 리
④ 비타민 B_{12}
⑤ 비타민 C

118 조절되지 않는 소아 뇌전증(간질) 환자의 식사요법은?

① 저당질식, 고염식
② 고당질식, 고단백식
③ 고당질식, 고지방식
④ 저당질식, 고지방식
⑤ 고당질식, 고식이섬유식

119 골다공증 환자의 식사요법은?

① 카페인을 섭취한다.
② 칼슘 섭취를 제한한다.
③ 염분을 충분히 섭취한다.
④ 탄산음료 섭취를 제한한다.
⑤ 비타민 D 섭취를 제한한다.

120 갈락토스혈증 환자에게 엄격하게 제한해야 하는 식품은?

① 물
② 두 유
③ 우 유
④ 달 걀
⑤ 고등어

2교시

짝수형

영양사 실전동형
봉투모의고사 제1회

응시번호		성 명	

본 시험은 각 문제에서 가장 적합한 답 하나만 선택하는 최선답형 시험입니다.

〈 유의사항 〉

ㅇ문제지 표지 상단에 인쇄된 문제 유형과 본인의 응시번호 끝자리가 일치하는지를 확인하고 답안카드에 문제 유형을 정확히 표기합니다.
- 응시번호 끝자리 홀수 : 홀수형 문제지
- 응시번호 끝자리 짝수 : 짝수형 문제지

ㅇ종료 타종 후에도 답안을 계속 기재하거나 답안카드의 제출을 거부하는 경우 해당 교시의 점수는 0점 처리됩니다.

ㅇ응시자는 시험 종료 후 문제지를 가지고 퇴실할 수 있습니다.

영양사 실전동형 봉투모의고사 제1회 2교시

각 문제에서 가장 적합한 답을 하나만 고르시오.

식품학 및 조리원리

01 열의 전달 속도가 가장 빠른 조리방법은?

① 복 사
② 전 도
③ 대 류
④ 산 화
⑤ 삼투압

02 식품의 계량법에 대한 설명으로 옳은 것은?

① 1큰술의 용량은 5작은술 용량과 같다.
② 1갤런(gallon) = 200온스(ounce)이다.
③ 흑설탕은 계량컵에 수북하게 담아 측정한다.
④ 액체의 눈금을 읽을 때는 눈높이를 액체 표면의 윗선에 맞춘다.
⑤ 물에 젖어도 되는 고체 식품은 식품을 넣기 전과 후의 물 용량 차이로 부피를 측정한다.

03 식품과 수분활성도가 바르게 연결된 것은?

① 육류 – 0.54~0.62
② 두류 – 0.60~0.64
③ 채소 – 0.72~0.80
④ 과일 – 0.80~0.93
⑤ 곡류 – 0.98~0.99

04 탄수화물에 대한 설명으로 옳은 것은?

① 물과 알코올에 잘 녹는 백색의 결정이다.
② 수산기(–OH)의 수에 따라 1~6탄당으로 구분한다.
③ 알긴산은 갈조류에 포함되어 있는 단순다당류이다.
④ C(탄소), H(수소), N(질소)의 3원소로 구성되어 있다.
⑤ 글리코겐은 에너지가 필요할 때 포도당으로 분해된다.

05 전분의 노화를 억제하는 방법으로 옳은 것은?

① 설탕을 첨가한다.
② 수분함량을 높인다.
③ 5℃에서 냉장 보관한다.
④ pH를 낮춰서 약산성 조건을 유지한다.
⑤ 전분 입자가 작을수록 노화가 억제된다.

06 부제탄소 원자가 3개인 단당류의 입체이성질체 수는?

① 2개
② 3개
③ 6개
④ 8개
⑤ 16개

07 지질의 성질에 대한 설명으로 옳은 것은?

① 불포화도가 작을수록 비중이 높아진다.
② 불포화도가 높을수록 요오드가가 증가한다.
③ 불포화도가 높을수록 용해성은 증가한다.
④ 고급지방산 함량이 많을수록 검화가가 크다.
⑤ 지방산의 탄소사슬이 길수록 굴절률이 작아진다.

08 유지의 산패에 영향을 미치는 요인은?

① 비 중
② 압 력
③ 분자량
④ pH 농도
⑤ 금속이온

09 유지의 산패를 측정하는 방법 중 가열에 따라 증가하다가 감소하는 경향을 보이는 것은?

① 검화가
② TBA가
③ AOM법
④ 과산화물가
⑤ 카르보닐가

10 단백질 1차 구조의 결합 방법으로 옳은 것은?

① S-S 결합
② 이온 결합
③ 수소 결합
④ 소수성 결합
⑤ 펩타이드 결합

11 중성 아미노산에 속하는 것은?

① 글리신
② 메티오닌
③ 시스테인
④ 아르기닌
⑤ 글루탐산

12 젤라틴을 활용한 식품은?

① 조 청
② 폰 당
③ 캐러멜
④ 마시멜로
⑤ 도토리묵

13 식품의 색소에 대한 설명으로 옳은 것은?

① 식물성 색소인 카로티노이드는 수용성이다.
② 카로티노이드계 색소는 산에 의해 파괴된다.
③ 안토시안계 색소는 알칼리성에서 적색을 띤다.
④ 클로로필의 분해는 효소와 알칼리에 의해 촉진된다.
⑤ 갑각류를 가열하면 적색의 아스타신으로 변한다.

14 미각의 생리현상에 대한 설명으로 옳은 것은?

① 쓴 약을 먹은 직후에 물을 마시면 달게 느껴지는 것은 맛의 순응현상이다.
② 수박에 소금을 소량 첨가하였을 때 단맛이 상승되는 것은 맛의 변조현상이다.
③ 김치의 짠맛과 신맛이 서로 상쇄되어 조화를 이루는 것은 맛의 상쇄현상이다.
④ 커피에 설탕을 섞었을 때 쓴맛이 단맛에 의하여 약화되는 것은 맛의 대비현상이다.
⑤ 오징어를 먹은 직후에 식초나 밀감을 먹었을 때 쓴맛을 느끼는 것은 맛의 억제현상이다.

15 미생물 증식곡선의 순서로 옳은 것은?

① 대수기 → 유도기 → 정체기 → 사멸기
② 정체기 → 사멸기 → 유도기 → 대수기
③ 유도기 → 대수기 → 정체기 → 사멸기
④ 사멸기 → 유도기 → 정체기 → 대수기
⑤ 대수기 → 정체기 → 사멸기 → 유도기

16 김치의 발효 후기에 주된 역할을 하는 정상발효 젖산균은?

① *Streptococcus lactis*
② *Pediococcus damnosus*
③ *Pediococcus halophilus*
④ *Lactobacillus plantarum*
⑤ *Leuconostoc mesenteroides*

17 식품의 부패미생물에 대한 설명으로 옳은 것은?

① 쌀밥에 잘 번식하는 세균은 *Bacillus* 속이다.
② 빵의 점질물질 생성원인균은 *Aspergillus niger*이다.
③ 육류에 번식하여 흙냄새가 나게 하는 미생물은 *Lactobacillus*이다.
④ 달걀의 H_2S의 악취 생성원인균은 *Serratia marcescens*이다.
⑤ 우유를 녹색으로 변화시키는 부패미생물은 *Pseudomonas syncyanea*이다.

18 밀가루에 대한 설명으로 옳은 것은?

① 밀가루 반죽에 첨가되는 소금은 글루텐 형성을 방해한다.
② 밀가루에 설탕, 지방 등을 첨가하면 글루텐 형성이 촉진된다.
③ 오래 반죽할수록 글루텐이 활성화되어 질기고 점성이 강해진다.
④ 박력분의 글루텐 함량은 13% 이상으로, 쿠키를 만들 때 사용한다.
⑤ 밀의 단백질인 오리제닌의 함량에 따라 밀가루의 용도가 결정된다.

19 고구마를 구울 때 단맛 생성에 관여하는 효소는?

① 갈락탄
② 이포메인
③ 오리제닌
④ 이포메아마론
⑤ β-아밀라아제

20 쌀을 도정함에 따라 비율이 높아지는 성분은?

① 칼 슘
② 전 분
③ 지 질
④ 티아민
⑤ 오리제닌

21 전통식혜를 만들 때 사용되는 엿기름의 원료는?

① 쌀
② 수 수
③ 보 리
④ 호 밀
⑤ 옥수수

22 전분질 식품을 볶거나 구울 때 일어나는 현상은?

① 호화 현상
② 틴들 현상
③ 노화 현상
④ 유화 현상
⑤ 호정화 현상

23 육류의 사후경직 시 나타나는 현상으로 옳은 것은?

① ATP를 합성한다.
② 육류의 보수성이 좋아진다.
③ 근육의 pH가 점차 높아진다.
④ 글리코겐이 아미노산으로 분해된다.
⑤ 액토미오신이 생성되어 수축이 일어난다.

24 고기를 연화할 때 파인애플의 어떤 성분을 활용하는가?

① 피 신
② 파파인
③ 액티니딘
④ 브로멜린
⑤ 프로테아제

25 육류의 미오글로빈이 계속 산화되어 형성되는 갈색의 물질은?

① 헤마틴
② 헤모글로빈
③ 설프미오글로빈
④ 옥시미오글로빈
⑤ 메트미오글로빈

26 어묵 제조에 사용되는 섬유상 단백질로 옳은 것은?

① 콜라겐
② 글루텐
③ 액토미오신
④ 헤모글로빈
⑤ 트리메틸아민

27 어류의 조리에 의한 변화로 옳은 것은?

① 가열하면 단백질이 용출된다.
② 산을 넣으면 비린내가 증가한다.
③ 가열하면 콜라겐이 젤라틴화된다.
④ 5% 이상의 소금 농도에서는 탈수 현상이 발생한다.
⑤ 소금 농도가 2% 이상이 되면 단백질 용출이 급격히 감소한다.

28 달걀의 기포성에 대한 설명으로 옳은 것은?

① 신선한 달걀일수록 거품이 잘 일어난다.
② 농후난백이 수양난백보다 기포형성이 잘된다.
③ 등전점에 가까울수록 난백의 기포가 잘 형성된다.
④ 설탕을 첨가하면 달걀흰자의 기포성을 높일 수 있다.
⑤ 실내온도보다 냉장온도에서 쉽게 거품이 일어난다.

29 달걀에 대한 설명으로 옳은 것은?

① 달걀프라이의 소화시간은 반숙보다 빠르다.
② 난백의 주 단백질은 오브알부민(ovalbumin)이다.
③ 표면이 거친 달걀은 수양난백이 농후난백보다 많다.
④ 황화철(FeS)을 적게 하려면 달걀을 삶은 직후 뜨거운 물에 10분 이상 더 담가놓아야 한다.
⑤ 달걀은 응고되면 음식을 걸쭉하게 만드는 농후제 역할을 하므로 전, 만두소 등의 조리에 이용한다.

30 우유의 카세인을 응고시키기 위한 방법은?

① 중탕한다.
② 센 불에 끓인다.
③ 레닌을 첨가한다.
④ 설탕을 첨가한다.
⑤ 탄산칼슘을 첨가한다.

31 우유를 130~150℃에서 0.5~5초간 살균하여 영양소 손실을 최소화할 수 있는 방법은?

① 소각법
② 저온 순간살균
③ 저온 장시간살균
④ 고온 단시간살균
⑤ 초고온 순간살균

32 두부 제조 시 글리시닌(glycinin)을 응고시키는 요인은?

① 열
② 효 소
③ pH 농도
④ 무기염류
⑤ 글루텐 함량

33 유지의 발연점을 저하시키는 요인은?

① 정제도가 높을 때
② 사용한 횟수가 적을 때
③ 기름의 표면적이 좁을 때
④ 유리지방산의 함량이 높을 때
⑤ 글루텐 함량이 높은 밀가루(강력분)일 때

34 유지를 이용한 조리에 대한 설명으로 옳은 것은?

① 튀김기름은 발연점이 높은 것이 좋다.
② 불포화지방산보다 포화지방산이 쇼트닝 파워가 크다.
③ 3%의 식소다를 첨가하면 바삭한 튀김을 만들 수 있다.
④ 사용한 기름을 새 기름과 섞어서 보관하면 산패를 늦출 수 있다.
⑤ 반죽을 많이 치댈수록 글루텐이 많이 생겨 쇼트닝 파워가 커진다.

35 튀김기름의 조건으로 옳은 것은?

① 높은 산가
② 낮은 발연점
③ 낮은 요오드가
④ 낮은 과산화물가
⑤ 높은 굴절률

36 녹색 채소의 클로로필이 페오피틴으로 변환되어 갈변되는 현상의 원인물질은?

① 식 초
② 효 소
③ 설 탕
④ 금속이온
⑤ pH 농도

37 과일과 채소의 갈변을 방지하는 방법으로 옳은 것은?

① 감자는 물에 담가둔다.
② 사과와 배는 레몬즙을 뿌려둔다.
③ 바나나는 묽은 소금물에 담가둔다.
④ 김치나 오이지에는 소량의 식초(산성)를 가한다.
⑤ 녹색잎채소는 뚜껑을 닫고 약한 불에 오랜 시간 데친다.

38 식품과 색소의 연결이 옳은 것은?

① 당근 – 엽록소
② 녹색잎채소 – 타닌
③ 토마토 – 안토시안
④ 연근 – 플라보노이드
⑤ 가지 – 카로티노이드

39 표고버섯의 감칠맛을 내는 성분은?

① 알긴산
② 요오드
③ 알부민
④ 아르기닌
⑤ 구아닐산

40 한천을 원료로 하여 만든 식품은?

① 양 갱
② 마시멜로
③ 마요네즈
④ 페이스트리
⑤ 아이스크림

급식, 위생 및 관계법규

41 한 주방에서 모든 음식 준비가 이루어져 같은 장소에서 소비되는 단체급식 방식으로 식단을 작성할 때 탄력성이 있어 음식의 개성을 살릴 수 있다는 장점이 있는 급식체계는?

① 전통식 급식체계
② 조합식 급식체계
③ 중앙공급식 급식체계
④ 조리저장식 급식체계
⑤ 예비저장식 급식체계

42 전체 평점등급을 수, 우, 미, 양, 가 또는 A, B, C, D, E 등 5등급으로 나누어 각 급에 피고과자의 총액의 10%, 20%, 40%, 20%, 10%씩을 강제 할당하는 방법은?

① 평정척도법
② 목표관리법
③ 강제선택법
④ 강제할당법
⑤ 체크리스트법

43 영양사의 핵심 업무만 남기고 그 외 업무를 다른 곳에 맡겨 환경변화에 유연하게 대처하고자 할 때 적합한 조직 형태는?

① 기능식 조직
② 위원회 조직
③ 프로젝트 조직
④ 매트릭스 조직
⑤ 네트워크 조직

44 조직화의 원칙 중 영양사는 영양사의 업무만을, 조리사는 조리사의 업무만을 담당하게 함으로써 각자의 능률 상승을 기대할 수 있는 것은?

① 기능화의 원칙
② 전문화의 원칙
③ 명령 일원화의 원칙
④ 계층 단축화의 원칙
⑤ 책임과 권한의 원칙

45 영양기준량에 따라 식품의 구성을 결정할 때 기본이 되는 것은?

① 표준레시피
② 식품교환표
③ 식품구성표
④ 5가지 기초식품군
⑤ 급식 대상자의 영양필요량

46 식단작성에서 영양권장량을 기준으로 하루 영양량을 3끼에 배분하는 2번째 단계는?

① 식단표 작성
② 식품구성의 결정
③ 식품섭취량 산출
④ 세끼 영양량 분배 결정
⑤ 영양제공량 목표 결정

47 산업체 급식소 영양사가 메뉴엔지니어링 기법을 활용하여 급식으로 제공한 메뉴를 분석한 결과, 돈가스의 수익은 낮았지만 판매량이 많았다. 이 메뉴에 대한 개선방법은?

① 유 지
② 가격인하
③ 메뉴 삭제
④ 품목명 변경
⑤ 세트메뉴 개발

48 1일 3식의 음식을 공급할 때 일반적으로 각 끼니별 주식과 부식의 비율은?

	주 식	부 식
①	1 : 1 : 1	1 : 1 : 1
②	1 : 2 : 1	1 : 2 : 3
③	1 : 2 : 3	1 : 2 : 3
④	1 : 1 : 1	1 : 1.5 : 1.5
⑤	1 : 1.5 : 1.5	1 : 2 : 2

49 순환식단의 단점은?

① 재고정리 곤란
② 조리과정의 비능률화
③ 섭취식품의 종류 제한
④ 한 사람에게 가중되는 작업부담
⑤ 발주서 작성 등에 소요되는 시간 증대

50 구매하고자 하는 물품의 품질 및 특성에 대해 기록한 양식으로, 공급업체에 송부하여 품질에 맞는 물품이 공급되도록 하고, 검수할 때 품질기준으로 사용하는 것은?

① 발주서
② 납품서
③ 구매청구서
④ 구매명세서
⑤ 거래명세서

51 가격이 비싼 것, 조달하는 데 시간이 걸리는 것, 재고부담이 큰 것, 수요예측이 가능할 때 사용하는 구매 유형은?

① 정기구매
② 중앙구매
③ 분산구매
④ 당용구매
⑤ 공동구매

52 갈치구이의 갈치 1인 분량이 80g이고 예상식수가 400명인 경우, 갈치의 발주량은? (단, 갈치의 폐기율은 20%임)

① 10kg
② 20kg
③ 30kg
④ 40kg
⑤ 50kg

53 안전 재고량을 유지하면서 재고량이 최소 재고량에 이르면 조달될 때까지 사용하는 양을 고려한 적정량을 주문하여 최대한의 재고량을 보유하도록 하는 재고관리 방식은?

① 전수검사법
② 실사재고방식
③ 영구재고방식
④ ABC관리방식
⑤ 최소-최대관리방식

54 저장해야 할 물품을 분류한 후 일정한 위치에 표식화하여 저장하는 저장관리 원칙은?

① 선입선출의 원칙
② 품질보존의 원칙
③ 저장위치 표시의 원칙
④ 분류저장 체계화의 원칙
⑤ 공간활용 극대화의 원칙

55 시간의 변동에 따라 물가가 인상되는 상황에서 재고가를 높게 책정하고 싶을 때 사용할 수 있는 재고자산 평가방법은?

① 총평균법
② 선입선출법
③ 후입선출법
④ 실제구매가법
⑤ 최종구매가법

56 급식소의 판매식수가 다음과 같을 때 단순이동평균법에 따라 3개월의 판매식수를 근거로 예측한 6월의 식수는?

월	1	2	3	4	5	6
판매 식수(식)	11,500	11,750	12,270	11,250	12,100	

① 11,873
② 11,957
③ 12,210
④ 12,539
⑤ 12,832

57 농산물이력추적관리에 관한 설명으로 옳은 것은?

① 농산물의 유통 간소화에 도움이 된다.
② 농산물을 생산한 지역을 기록 · 관리한다.
③ 농산물의 생산을 활성하기 위해 시행하는 제도이다.
④ 농산물의 정보를 생산에서 판매 단계까지 기록 · 관리한다.
⑤ 농산물을 생산한 생산자에게 보조금을 지급하기 위한 제도이다.

58 음식을 다양한 종류로 진열하고 진열된 음식 뒤의 안내인이 음식 선택에 도움을 주는 배식 서비스는?

① 트레이 서비스
② 카운터 서비스
③ 테이블 서비스
④ 카페테리아 서비스
⑤ 드라이브-인 서비스

59 산업체 급식에서 위탁경영의 장점은?

① 원가가 상승하지 않는다.
② 운영비를 절감할 수 있다.
③ 급식의 질에 일관성이 있다.
④ 사소한 문제도 신경 쓸 수 있다.
⑤ 영양 관리에 문제가 생기지 않는다.

60 2종 세척제로 세척해야 하는 것은?

① 식기류
② 수세미
③ 조리 기구
④ 껍질째 먹는 채소
⑤ 껍질이 단단한 과일

61 장점과 기회를 규명하고 강조하며, 약점과 위협이 되는 요소는 축소함으로써 유리한 전략계획을 수립하기 위한 경영관리 기법은?

① 벤치마킹
② 아웃소싱
③ 스왓분석
④ 다운사이징
⑤ 종합적 품질경영

62 1일 식수는 600식이고, 5명의 조리종사원이 1일 8시간씩 근무하는 급식소의 노동시간당 식수와 1식당 노동시간은?

① 10식/시간, 3분/식
② 10식/시간, 4분/식
③ 12식/시간, 4분/식
④ 15식/시간, 3분/식
⑤ 15식/시간, 4분/식

63 교차오염을 방지하기 위하여 냉장고 상단에 보관해야 하는 식품은?

① 배
② 갈 치
③ 게맛살
④ 고등어
⑤ 돼지고기

64 「학교급식법」상 식품취급 및 조리작업자의 건강진단 실시 후 그 기록을 몇 년간 보관하여야 하는가?

① 1년간
② 2년간
③ 3년간
④ 1년 6개월간
⑤ 2년 6개월간

65 차아염소산나트륨에 대한 설명으로 옳은 것은?

① 염소계 살균소독제이다.
② 용기 · 식기 등에는 사용해서는 안 된다.
③ 과일 소독에 필요한 농도는 25ppm이다.
④ 표백과 탈취의 목적으로는 사용할 수 없다.
⑤ 손가락과 점막 소독, 식품 소독에 사용한다.

66 물품의 상태 판정과 정확한 계량을 위해 540룩스 이상의 조도를 유지해야 하는 작업구역은?

① 저장구역
② 조리구역
③ 배선구역
④ 검수구역
⑤ 전처리구역

67 단체급식소에서 내부의 증기압력으로 빠른 시간 내에 채소류의 조리가 가능하고, 식품의 내부까지 균일하게 익혀주는 기기는?

① 번 철
② 보냉고
③ 스팀쿠커
④ 다용도 조리기
⑤ 스팀컨벡션 오븐

68 단체급식에서 생산성이 가장 낮은 상황은?

① 작업동선을 개선한 때
② 자동화기기를 사용한 때
③ 작업 표준시간을 설정한 때
④ 조리종사원의 교육과 훈련을 실시한 때
⑤ 전처리 작업을 하지 않은 식재료를 사용한 때

69 11월 초 식재료 재고액이 3,000,000원, 11월에 구매한 식재료액이 18,000,000원, 11월 말 재고액이 5,000,000원이었다. 11월의 매출액이 40,000,000원일 때 식재료비 비율은?

① 30%
② 35%
③ 40%
④ 45%
⑤ 50%

70 급식소의 한 달 동안의 총 인건비가 800만 원, 총 식재료비가 2,100만 원, 총 경비가 600만 원이고 한 달 총 제공 식수가 7,000식이다. 1식당 원가는?

① 3,500원
② 4,000원
③ 4,500원
④ 5,000원
⑤ 5,500원

71 단체급식소의 A 영양사가 조리원을 평가하기 위해 다음의 표를 만들었다. 인사고과 방법은?

수	10%
우	20%
미	40%
양	20%
가	10%

① 강제할당법
② 평정척도법
③ 도식척도법
④ 체크리스트법
⑤ 주요사건기술법

72 직무의 일부분을 다른 사람과 함께 수행하게 하는 직무설계법은?

① 직무 단순화
② 직무 교차화
③ 직무 순환화
④ 직무 확대화
⑤ 직무 충실화

73 특별한 형태로 짜인 교재 등으로 학습자료를 제시하고, 개별 학습으로 특정한 학습목표에 무리 없이 확실하게 도달하게 하는 교육훈련 방법은?

① 강의법
② 역할연기
③ 사례연구
④ 브레인스토밍
⑤ 프로그램 학습

74 다음은 어떤 동기부여 이론에 관한 설명인가?

> 학교 급식소에 대한 학생들의 평가를 진행한 결과 대부분 학생들이 급식에 매우 만족한 것으로 나타나자 영양사는 인정받았다는 생각이 들어 직무를 더욱 열심히 수행하게 되었다.

① 브룸의 기대 이론
② 알더퍼 E.R.G 이론
③ 아담스의 공정성 이론
④ 허즈버그의 2요인 이론
⑤ 매슬로우의 욕구계층 이론

75 다른 사람의 요구에 귀를 기울이는 하인이 결국은 모두를 이끄는 리더가 된다는 것을 핵심으로 하는 리더십은?

① 전제적 리더십
② 민주적 리더십
③ 서번트 리더십
④ 거래적 리더십
⑤ 변혁적 리더십

76 급식서비스에 적용하는 마케팅 믹스에 대한 설명으로 옳은 것은?

① 마케팅의 4요소인 4P는 제품 전략, 관계 전략, 유통 전략, 가격 전략이다.
② 확장된 마케팅 믹스는 4P에 목표, 물리적 근거, 사람이 더해진 마케팅 믹스이다.
③ 지식정보사회의 특성을 고려해 고객의 관점에서 파악하는 4P 전략을 사용한다.
④ 표적시장에서 원하는 반응을 얻기 위해 사용하는 통제 가능한 마케팅 변수의 집합이다.
⑤ 지속적 의사소통과 상호작용을 통해 고객의 만족도와 충성도를 높이고자 하는 전략이다.

77 마케팅 활동 중 고객에게 인식되고자 하는 이상향으로 기업의 제품과 이미지가 인식되도록 설계하는 과정은?

① 포지셔닝
② 공정분석
③ 시장세분화
④ 마케팅 믹스
⑤ 표적시장 선정

78 식품의 초기 부패로 판단하는 방법으로 옳은 것은?

① 식품의 초기 부패로 판단하는 세균 수 : $8^7 \sim 9^8$ CFU/g
② pH : 염기성 물질이 생성되어 중성 또는 알칼리성으로 이행
③ 물리적 검사 : 시각, 촉각, 미각, 후각 등으로 검사하는 방법
④ 관능검사 : 식품의 경도 · 점성, 탄력성, 전기저항 등을 측정하는 방법
⑤ 트리메틸아민 : 어패류의 trimethylamine이 환원되어 trimethylamine oxide 생성

79 *Enterococcus faecalis*의 특징으로 옳은 것은?

① 비브리오 패혈증을 일으키는 원인균이다.
② 식초의 주성분인 아세트산을 생성하는 세균이다.
③ 냉동식품과 건조식품의 분변오염지표균으로 이용된다.
④ 내열성 포자를 생성하는 혐기성균으로 통조림과 병조림의 식중독균이다.
⑤ 잠복기가 평균 3시간 정도로 시간이 짧은 화농성 질환의 대표적인 원인균이다.

80 *Bacillus cereus*의 특징은?

① 구 균
② 호기성
③ 내열성
④ 그람음성
⑤ 편모 없음

81 그람음성, 무포자 간균, 주모성 편모, 통성혐기성균으로, 달걀, 어육, 연제품 등 광범위한 식품이 오염원이 되는 식중독의 원인균은?

① *Campylobacter jejuni*
② *Yersinia enterocolitica*
③ *Listeria monocytogenes*
④ *Vibrio parahaemolyticus*
⑤ *Salmonella typhimurium*

82 알레르기를 유발하는 histamine을 생성하며, 사람이나 동물의 장내에 상주하는 식중독의 원인균은?

① *Escherichia coli*
② *Proteus vulgaris*
③ *Morganella morganii*
④ *Clostridium perfringens*
⑤ *Pseudomonas aeruginosa*

83 영유아나 아동에게 나타나는 로타바이러스 식중독의 주 증상은?

① 발 열
② 혈 변
③ 근육통
④ 패혈증
⑤ 뇌수막염

84 육류, 어패류 및 우유의 변질에 관여하는 미생물은?

① *Bacillus* 속
② *Fusarium* 속
③ *Pseudomonas* 속
④ *Staphylococcus* 속
⑤ *Saccharomyces* 속

85 쌀 · 보리 등의 탄수화물이 풍부한 곡류와 땅콩 등의 콩류에 침입하여 인체에 간장독(간암)을 일으키는 것은?

① 솔라닌(solanine)
② 아플라톡신(aflatoxin)
③ 에르고톡신(ergotoxin)
④ 아미그달린(amygdalin)
⑤ 보툴리눔 독소(botulinum toxin)

86 열대나 아열대 해역에 사는 여러 종류의 어패류에서 검출 가능하며, 신경계 마비를 주요 증상으로 하는 독소 물질은?

① 삭시톡신(saxitoxin)
② 테트라민(tetramine)
③ 베네루핀(venerupin)
④ 시구아톡신(ciguatoxin)
⑤ 테트로도톡신(tetrodotoxin)

87 대두, 팥에 함유되어 있는 독성분은?

① 리신(ricin)
② 사포닌(saponin)
③ 고시폴(gossypol)
④ 테무린(temuline)
⑤ 시큐톡신(cicutoxin)

88 여러 종류의 통조림 식품을 장기간 먹은 후 빈혈이 생기고, 체중이 감소되더니 시력장애에 사지마비까지 경험하였다. 원인으로 의심되는 물질은?

① 납
② 수 은
③ 아 연
④ 카드뮴
⑤ 안티몬

89 작은빨간집모기로부터 감염될 수 있는 인수공통 감염병은?

① 큐 열
② 공수병
③ 일본뇌염
④ 장출혈성대장균감염증
⑤ 동물인플루엔자 인체감염증

90 제1중간숙주는 물벼룩, 제2중간숙주는 연어, 송어, 농어 등의 담수어인 기생충은?

① 아니사키스
② 유극악구충
③ 요코가와흡충
④ 간디스토마(간흡충)
⑤ 광절열두조충(긴촌충)

91 식품안전관리인증기준(HACCP) 시스템의 7원칙에 속하는 것은?

① 사용용도 확인
② 제품설명서 작성
③ 공정흐름도 작성
④ 모니터링체계 확립
⑤ 공정흐름도 현장확인

92 「식품위생법」상 '집단급식소' 정의에 해당하는 시설이 아닌 곳은?

① 기숙사
② 어린이집
③ 공공기관
④ 사회복지시설
⑤ 1회 40명에게 식사를 제공하는 급식소

93 「식품위생법」상 기구에 해당하는 것은?

① 식 판
② 쟁 기
③ 세척제제
④ 일회용 컵
⑤ 설거지통

94 「식품위생법」상 건강진단 대상자는?

① 식품첨가물을 가공하는 영업자
② 화학적 합성품을 운반하는 종업원
③ 완전 포장된 식품을 판매하는 사람
④ 완전 포장된 식품첨가물을 운반하는 사람
⑤ 기구 등의 살균 · 소독제를 제조하는 종업원

95 「식품위생법」상 식품 등의 공전에 관한 설명으로 옳은 것은?

① 질병관리청장이 작성하여야 한다.
② 기구의 기준과 규격이 실려 있다.
③ 보건복지부 장관이 보급하여야 한다.
④ 용기 · 포장의 적정 가격이 실려 있다.
⑤ 식품 조리자의 자격 조건이 실려 있다.

96 「식품위생법」상 집단급식소를 설치 · 운영하는 자는 급식을 위생적으로 관리하기 위하여 조리 · 제공한 식품의 매회 1인분 분량을 얼마간 보관하여야 하는가?

① 48시간 이상
② 72시간 이상
③ 96시간 이상
④ 120시간 이상
⑤ 144시간 이상

97 「학교급식법」상 (　) 안에 들어갈 내용은?

> 학교급식의 품질 및 안전을 위하여 원산지 표시를 거짓으로 적은 식재료나 유전자변형농수산물의 표시를 거짓으로 적은 식재료를 사용한 학교급식공급업자는 (㉠) 이하의 징역 또는 (㉡) 이하의 벌금에 처한다.

	㉠	㉡
①	1년	1천만 원
②	3년	3천만 원
③	5년	5천만 원
④	7년	1억 원
⑤	10년	2억 원

98 「국민건강증진법」상 영양조사원을 임명 또는 위촉할 수 있는 사람은?

① 한국건강증진개발원장
② 질병관리청장
③ 보건복지부장관
④ 시장 · 군수 · 구청장
⑤ 식품의약품안전처장

99 「국민영양관리법」상 영양소 섭취기준에 포함되어야 할 내용이 아닌 것은?

① 국민의 생애주기별 한 달 식사구성안
② 국민의 생애주기별 영양소 권장섭취량
③ 국민의 생애주기별 영양소 평균필요량
④ 국민의 생애주기별 영양소 상한섭취량
⑤ 영양소 섭취기준 활용을 위한 식사모형

100 「농수산물의 원산지 표시에 관한 법률」상 ( ) 안에 들어갈 내용은?

> 원산지 표시 또는 원산지 거짓 표시 등의 금지를 위반하여 해당 법령에 따른 처분이 확정된 경우 농수산물 원산지 표시제도 교육을 이수하도록 명하여야 하며, 이에 따른 이수명령의 이행기간은 교육 이수명령을 통지받은 날부터 최대 ( ) 이내로 정한다.

① 2개월
② 3개월
③ 4개월
④ 5개월
⑤ 6개월

합격의공식
SD
에듀

1교시		짝수형

영양사 실전동형

봉투모의고사 제2회

응시번호		성　명	

본 시험은 각 문제에서 가장 적합한 답 하나만 선택하는 최선답형 시험입니다.

〈 유의사항 〉

○문제지 표지 상단에 인쇄된 문제 유형과 본인의 응시번호 끝자리가 일치하는지를 확인하고 답안카드에 문제 유형을 정확히 표기합니다.
- 응시번호 끝자리 홀수 : 홀수형 문제지
- 응시번호 끝자리 짝수 : 짝수형 문제지

○종료 타종 후에도 답안을 계속 기재하거나 답안카드의 제출을 거부하는 경우 해당 교시의 점수는 0점 처리됩니다.

○응시자는 시험 종료 후 문제지를 가지고 퇴실할 수 있습니다.

영양사 실전동형 봉투모의고사 제2회 1교시

각 문제에서 가장 적합한 답을 하나만 고르시오.

영양학 및 생화학

01 「2020 한국인 영양소 섭취기준」에서 새롭게 제시된 영양소 섭취기준에 해당하는 것은?

① 충분섭취량
② 평균필요량
③ 권장섭취량
④ 에너지적정비율
⑤ 만성질환위험감소섭취량

02 맥아당을 2분자의 포도당으로 분해하며, 주로 소장액에 들어있는 소화효소는?

① 락타아제
② 프티알린
③ 말타아제
④ 수크라아제
⑤ 췌장 아밀라아제

03 탄수화물의 기능으로 옳은 것은?

① 식이섬유를 공급한다.
② 1g당 9kcal의 에너지를 공급한다.
③ 과당은 뇌의 주 에너지 공급원이다.
④ 정상인의 혈당을 0.01%로 유지한다.
⑤ 단백질이 에너지원으로 이용되는 것을 촉진한다.

04 유당에 관한 설명으로 옳은 것은?

① 식물성 식품에 존재한다.
② 비환원당이며, 수용성이다.
③ 효모에 의해 분해되기도 한다.
④ 유산균에 의해 유산으로 분해된다.
⑤ 가수분해하면 포도당과 과당이 생성된다.

05 20~100개 이상의 과당 분자로 이루어진 다당류로 옳은 것은?

① 이눌린
② 글리코겐
③ 덱스트린
④ 셀룰로오스
⑤ 아밀로펙틴

06 식이섬유에 대한 설명으로 옳은 것은?

① 불용성 식이섬유는 열량원으로 이용된다.
② 소화관을 자극하여 분절운동을 촉진한다.
③ 장과 간에 순환하는 담즙산을 감소시킨다.
④ 칼슘, 철 등 여러 무기질의 흡수를 촉진한다.
⑤ 포도당의 α-1,4 결합으로 이루어진 구조이다.

07 포도당이 포도당-6-인산이 되어 해당과정으로 들어갈 때 작용하는 효소는?

① 알돌라아제(aldolase)
② 헥소키나아제(hexokinase)
③ 아이소메라아제(isomerase)
④ 피루브산키나아제(pyruvate kinase)
⑤ 과당인산키나아제(phosphofructokinase)

08 피루브산이 TCA회로로 들어갈 때 제일 먼저 전환되는 형태는?

① 숙신산
② 푸마르산
③ 아세틸-CoA
④ 옥살로아세트산
⑤ α-케토글루타르산

09 다음 반응의 공통된 원인은?

- 글리코겐 분해
- 당신생
- 케톤체 생성
- 포도당-알라닌 회로

① 지방 섭취 부족
② 단백질 섭취 과잉
③ 단백질 섭취 부족
④ 탄수화물 섭취 부족
⑤ 탄수화물 섭취 과잉

10 당신생(gluconeogenesis) 재료로 이용될 수 있는 물질은?

① 숙신산
② 시트르산
③ 피루브산
④ 푸마르산
⑤ 옥살로아세트산

11 탄수화물 대사 중 오탄당인산경로에 대한 설명으로 옳은 것은?

① ATP를 생성한다.
② TCA회로와 연결된다.
③ 당질의 섭취 부족 시 일어난다.
④ 리보오스-5-인산을 포도당-6-인산으로 산화시킨다.
⑤ NADPH 생성에 의해 지방산 합성의 환원력을 제공한다.

12 담즙에 대한 설명으로 옳은 것은?

① 췌장에서 생성된다.
② 수용성 비타민의 흡수를 돕는다.
③ 세크레틴에 의해 분비가 촉진된다.
④ 약알칼리성으로 위산을 중화시킨다.
⑤ 비타민 A 부족 시 담즙산 생성이 저하된다.

13 중성지방의 기능으로 옳은 것은?

① 지방의 유화작용
② 장기보호 및 체온조절
③ 세포막의 주요 구성성분
④ 호르몬과 담즙산의 전구체
⑤ 불포화지방산의 운반체 역할

14 식사 후 흡수된 지방을 소장에서 간으로 운반하는 역할을 하는 지단백질은?

① 고밀도지단백질(HDL)
② 저밀도지단백질(LDL)
③ 중간밀도지단백질(IDL)
④ 초저밀도지단백질(VLDL)
⑤ 킬로미크론(chylomicron)

15 다가불포화지방산(PUFA)에 대한 설명으로 옳은 것은?

① 어유에만 있다.
② 모두 필수지방산이다.
③ 사람의 체내에서 합성된다.
④ 동맥경화 예방에 도움이 된다.
⑤ 과량섭취 시 비타민 D의 요구량이 증가한다.

16 아이코사노이드(eicosanoids)에 관한 설명으로 옳은 것은?

① 부갑상샘에서 분비되는 호르몬이다.
② 부티르산으로부터 생성되는 생리활성물질이다.
③ 세포막 인지질의 첫 번째 지방산이 유리되어 생성된다.
④ 탄소 수 20개 이상의 포화지방산에서 생성된 스테로이드이다.
⑤ 탄소 수 20개의 불포화지방산이 산화되어 생긴 물질을 총칭한다.

17 콜레스테롤이 전구체로 작용하는 호르몬은?

① 인슐린
② 글루카곤
③ 세크레틴
④ 알도스테론
⑤ 부갑상샘호르몬

18 지방조직 내의 중성지방을 가수분해하여 유리지방산을 혈중으로 방출하는 데 작용하는 효소는?

① 헥소키나아제(hexokinase)
② 단백질 키나아제(protein kinase)
③ 지단백 분해효소(lipoprotein lipase)
④ 지방산 합성효소(fatty acid synthetase)
⑤ 중성지방 분해효소(triacylglycerol lipase)

19 지방산의 β-산화에 관한 설명으로 옳은 것은?

① 말로닐 CoA를 생성한다.
② $FADH_2$, NADH가 생성된다.
③ NADPH, 비오틴이 필요하다.
④ 아실 CoA에서 탄소 3개씩 사슬이 짧아진다.
⑤ 불포화지방산의 β-산화는 trans형이 cis형으로 변경된다.

20 간에 존재하지 않아 케톤체를 에너지원으로 사용할 수 없게 하는 효소는?

① 티올라아제
② HMG-CoA 환원효소
③ 에노일-CoA 수화효소
④ β-케토아실-CoA 전이효소
⑤ β-히드록시부티르산 탈수소효소

21 소장에서 분비되며, 트립시노겐을 트립신으로 활성화시키는 소화효소는?

① 가스트린
② 세크레틴
③ 콜레시스토키닌
④ 엔테로키나아제
⑤ 카르복시펩티다아제

22 질소평형이 음(-)의 상태가 되는 경우는?

① 임산부
② 성장기에 있는 청소년
③ 저단백 식사를 하는 성인
④ 수술 후 회복기에 있는 환자
⑤ 근육 증가 운동을 하는 성인

23 페닐알라닌이 티로신으로 전환되지 못하고 혈액이나 조직에 축적되어 나타나는 질병은?

① 콰시오커
② 마라스무스
③ 단풍당뇨증
④ 페닐케톤뇨증
⑤ 호모시스틴뇨증

24 밀단백질의 제한 아미노산은?

① 알라닌
② 메티오닌
③ 리신, 트레오닌
④ 리신, 트립토판
⑤ 메티오닌, 트립토판

25 케톤체로만 이용되는 아미노산은?

① 리 신
② 티로신
③ 이소류신
④ 페닐알라닌
⑤ 아스파르트산

26 단백질의 3차 구조를 안정되게 유지하는 데 크게 기여하는 것은?

① 수소 결합
② 이온 결합
③ 이황화 결합
④ 소수성 결합
⑤ 정전기적 결합

27 헴단백질(hemeprotein)에 해당하는 것은?

① 뮤 신
② 카제인
③ 알부민
④ 미오글로빈
⑤ 헤모시아닌

28 요소회로에 대한 설명으로 옳은 것은?

① ATP가 생성된다.
② 신장에서 진행된다.
③ 요소는 미토콘드리아에서 생성된다.
④ 아르기노숙신산은 세포질에서 생성된다.
⑤ 요소 합성이 증가하면 질소 배설이 감소한다.

29 숙신산탈수소효소(succinate dehydrogenase)의 경쟁적 저해제는?

① 말산(malic acid)
② 말론산(malonic acid)
③ 숙신산(succinic acid)
④ 시트르산(citric acid)
⑤ 피루브산(pyruvic acid)

30 기초대사량 측정 시 갖추어야 할 조건은?

① 잠들기 직전 상태
② 편안히 앉은 상태
③ 식후 6~8시간이 지난 상태
④ 근육활동이 전혀 없는 휴식 상태
⑤ 실내온도가 22~26℃로 유지된 상태

31 기초대사량이 1,000kcal이고 활동대사량이 1,200kcal인 남학생의 1일 열량 필요량의 계산식은?

① 1,000 + 1,200
② (1,000 + 1,200) × 1.1
③ (1,000 + 1,200) × 1.2
④ (1,000 + 1,200) ÷ 1.1
⑤ (1,000 + 1,200) ÷ 1.2

32 알코올 중독자에게 결핍되기 쉬우며, 장기간 결핍 시 펠라그라(pellagra)를 일으키는 영양소는?

① 엽 산
② 니아신
③ 티아민
④ 마그네슘
⑤ 리보플라빈

33 비타민 A의 전구물질이며, 가장 활성도가 높은 것은?

① 루테인
② 지아잔틴
③ α-카로틴
④ β-카로틴
⑤ 크립토잔틴

34 비타민 D에 대한 설명으로 옳은 것은?

① 열에 쉽게 파괴된다.
② 뼈와 치아의 석회화를 증진시킨다.
③ 과잉 시 구루병, 신경통 등을 유발한다.
④ 부족 시 설사, 신장 장애 등을 유발한다.
⑤ 햇빛이나 자외선을 쬐었을 때만 급원된다.

35 지방에 의해 흡수가 증진되는 영양소는?

① 엽 산
② 티아민
③ 레티놀
④ 니아신
⑤ 리보플라빈

36 수용성 비타민이 체내에서 하는 대표적인 기능은?

① 피부 보호
② 호르몬 역할
③ 항산화제 역할
④ 영양소의 전구체
⑤ 보조효소로 작용

37 비타민과 결핍증의 연결로 옳은 것은?

① 니아신 – 각기병
② 티아민 – 악성 빈혈
③ 비타민 B_{12} – 괴혈병
④ 비타민 C – 펠라그라
⑤ 엽산 – 거대적아구성 빈혈

38 콜라겐 합성에 관여하며, 감염에 대한 저항성을 나타내는 비타민은?

① 비오틴
② 판토텐산
③ 비타민 C
④ 비타민 B_6
⑤ 리보플라빈

39 판토텐산으로부터 합성되는 조효소는?

① 코엔자임 A(CoA)
② 티아민 피로인산(TPP)
③ 피리독살-5-인산(PLP)
④ 테트라하이드로엽산(THF)
⑤ 니코틴아미드 디뉴클레오티드(NAD)

40 칼슘의 흡수를 증진하는 요인은?

① 수 산
② 섬유소
③ 피트산
④ 비타민 C
⑤ 과량의 인

41 엽록소의 구성성분으로, 근육의 이완에 관여하는 무기질은?

① 황
② 칼 슘
③ 아 연
④ 코발트
⑤ 마그네슘

42 글루타티온의 구성성분으로 산화환원 반응과 간에서 약물 해독과정에 관여하는 무기질은?

① 황
② 인
③ 칼 륨
④ 염 소
⑤ 마그네슘

43 무기질과 함유된 식품의 연결이 옳게 연결된 것은?

① 철 – 우유
② 인 – 난황
③ 요오드 – 치즈
④ 마그네슘 – 육류
⑤ 아연 – 푸른 채소

44 인슐린의 작용을 보조하여 포도당 내성 요인으로서의 역할을 하는 무기질은?

① 철
② 크 롬
③ 아 연
④ 칼 슘
⑤ 마그네슘

45 항산화 작용, 전자전달계 산화환원반응, 산소의 운반과 저장에 관여하는 무기질은?

① 철
② 크 롬
③ 아 연
④ 나트륨
⑤ 마그네슘

46 수분균형에 관여하는 물질과 분비기관의 연결이 옳은 것은?

① 레닌 – 간
② 코르티솔 – 갑상선
③ 안지오텐신 – 췌장
④ 알도스테론 – 부신피질
⑤ 항이뇨호르몬 – 뇌하수체전엽

47 임신 중 프로게스테론(Progesterone)의 기능은?

① 위장운동을 촉진한다.
② 지방 합성을 저하시킨다.
③ 나트륨 배설을 감소시킨다.
④ 유방의 발달을 저하시킨다.
⑤ 자궁의 수축을 억제하고, 평활근을 이완시킨다.

48 임신부가 영양가는 거의 없고 때로 비위생적인 이물질에 집착하여 지속적으로 섭취하는 행동은?

① 입 덧
② 이식증
③ 과행동증
④ 식욕부진증
⑤ 신경성 탐식증

49 태아의 신경관 결손을 예방하기 위해 임신 전과 임신 초기에 섭취해야 하는 식품은?

① 토마토, 사과, 밤
② 미역, 고구마, 감자
③ 멸치, 우유, 요구르트
④ 소간, 시금치, 오렌지
⑤ 돼지고기, 소고기, 고등어

50 「2020 한국인 영양소 섭취기준」에서 성인 권장량보다 임신부에게는 10mg, 수유부에게는 40mg을 추가로 섭취하도록 권장하는 비타민은?

① 비타민 A
② 비타민 B_{12}
③ 비타민 K
④ 비타민 C
⑤ 비타민 E

51 모유에 함유된 항감염성 인자 중 철분과 결합하여 박테리아의 증식을 억제하는 것은?

① 락토페린
② 인터페론
③ 라이소자임
④ 비피더스 인자
⑤ 항포도상구균 인자

52 영유아의 위액에 존재하며 우유를 응고시키는 효소는?

① 펩 신
② 레 닌
③ 카세인
④ 리파아제
⑤ 아밀라아제

53 생후 7~8개월 영아의 이유식으로 옳은 것은?

① 된 죽
② 진 밥
③ 알 찜
④ 감자 미음
⑤ 고기 으깬 것

54 식품알레르기 반응을 보이는 유아에게 우선적으로 적용해야 하는 식사관리 방법은?

① 단백질식품의 섭취를 제한한다.
② 생식품보다 가공식품을 먹인다.
③ 원인식품을 찾아 식단에서 제외한다.
④ 증상이 없어질 때까지 금식하도록 한다.
⑤ 원인식품을 소량씩 섭취시켜 적응시킨다.

55 유아기의 신체 발달에 대한 설명으로 옳은 것은?

① 유아기에는 다리가 더 빨리 성장한다.
② 모유영양아는 열량의 약 50%를 단백질로부터 얻는다.
③ 유아의 체중증가는 주로 왕성한 신체활동 때문이다.
④ 소아는 특이동적 작용 때문에 사용하는 열량이 성인보다 적다.
⑤ 두뇌의 성장이 계속되고, 전체적인 성장 속도가 급격하게 이루어진다.

56 림프조직이 가장 빠르게 성장하는 시기는?

① 태아기
② 영아기
③ 유아기
④ 학동기
⑤ 성인기

57 성인기의 생리적인 특성 중 대사증후군 발생 위험을 높이는 것은?

① 뇌기능 감소
② 소화기능 감소
③ 심박출량 감소
④ 호흡기능 감소
⑤ 기초대사율 감소

58 여성 갱년기 증상을 완화하는 방법으로 옳은 것은?

① 콩을 섭취한다.
② 탄산음료를 섭취한다.
③ 에너지 섭취를 늘린다.
④ 포화지방산 섭취를 늘린다.
⑤ 운동량이 높은 운동을 한다.

59 노화에 따른 위산 분비의 감소로 결핍되기 쉬운 영양소는?

① 칼 륨
② 셀레늄
③ 단백질
④ 비타민 B_{12}
⑤ 포화지방산

60 운동 시 가장 마지막에 사용되는 에너지원은?

① ATP
② 지방산
③ 포도당
④ 글리코겐
⑤ 크레아틴인산

영양교육, 식사요법 및 생리학

61 일반적으로 영양교육을 실시하는 과정은?

① 현재의 영양상태 파악 → 문제의 발견 → 문제의 분석 → 대책의 수립 → 영양교육의 실시 → 효과의 판정
② 현재의 영양상태 파악 → 대책의 수립 → 문제의 발견 → 영양교육의 실시 → 문제의 분석 → 효과의 판정
③ 현재의 영양상태 파악 → 문제의 분석 → 영양교육의 실시 → 문제의 발견 → 대책의 수립 → 효과의 판정
④ 현재의 영양상태 파악 → 영양교육의 실시 → 대책의 수립 → 문제의 분석 → 문제의 발견 → 효과의 판정
⑤ 현재의 영양상태 파악 → 문제의 발견 → 영양교육의 실시 → 문제의 분석 → 대책의 수립 → 효과의 판정

62 계획적 행동이론을 바탕으로 유제품을 먹지 않는 초등학생에게 꾸준히 유제품을 섭취할 수 있는 방법을 교육하였다. 그 결과 대상자가 매일 꾸준히 유제품을 섭취할 수 있는 방법을 터득하고, 실천할 수 있다는 자신감을 가지게 되었다면, 이때 적용되는 구성요소는?

① 강 화
② 행동의도
③ 주관적 규범
④ 행동에 대한 태도
⑤ 인지된 행동통제력

63 프리시드–프로시드(PRECEDE–PROCEED) 모델에서 개인의 건강에 영향을 주는 성향요인, 촉진요인, 강화요인 등을 규명하는 단계는?

① 사회적 진단
② 역학적 진단
③ 행정적 · 정책적 진단
④ 행위 및 환경적 진단
⑤ 생태학적 · 교육적 진단

64 영양사가 30대 비만 남성에게 영양교육을 실시하려고 한다. 체중조절을 위한 동기를 부여할 수 있는 교육내용은?

① 식사일기 작성법
② 영양표시정보 활용법
③ 저열량 디저트 선택법
④ 비만이 유발하는 건강 위험
⑤ 열량을 줄일 수 있는 조리법

65 소수 집단을 대상으로, 미리 준비한 그림을 자유로이 벽면에 붙이거나 이동시키면서 영양교육을 하려 할 때 가장 적합한 교육의 보조자료는?

① 포스터
② 슬라이드
③ 리플릿
④ 팸플릿
⑤ 융판그림

66 영상매체에 대한 설명으로 옳은 것은?

① 표본은 장기간 보관이 가능하도록 가공한 것이다.
② 모형은 다루기 쉬워 교육 보조자료로 많이 사용된다.
③ OHP는 교실 및 회의실에서 편리하게 활용할 수 있다.
④ 인형은 어린이들을 대상으로 하는 교육에 많이 활용된다.
⑤ 실물은 가장 효과적인 자료이지만, 부서지기 쉬운 단점이 있다.

67 강단식 토의법에 관한 설명으로 옳은 것은?

① 같은 수준의 동격자 10~20명 전원이 발언하여 공동의 문제를 해결한다.
② 참가자들로 하여금 직접 보고 듣는 등 실제로 경험하게 하는 영양교육 방법이다.
③ 4~5인의 강사가 다른 전문적인 각도에서 의견을 발표한 후 청중과 질의 · 응답한다.
④ 강사 1인이 의견을 발표한 후 그 주제를 중심으로 일반 청중과 함께 토론을 한다.
⑤ 특정한 사례에 대한 실제 경험을 토대로 장점과 단점을 토론하여 해결책을 찾는다.

68 식품들을 영양소의 구성이 비슷한 것끼리 6가지 식품군으로 나누어 묶은 표로, 같은 군 내에서는 자유롭게 바꿔 먹을 수 있도록 설정된 것은?

① 식품모형
② 식품교환표
③ 식사구성안
④ 식량수급표
⑤ 식품열거법

69 영양상담을 위한 효율적인 의사소통 방법으로 옳은 것은?

① 내담자에게 조언을 할 때 상담자는 주관적 판단에 따른다.
② 내담자에게 지속적으로 시선을 주어 관심을 표현하는 것은 삼가야 한다.
③ 내담자가 애매하게 표현한 부분이 있더라도 상담자는 자유롭게 놔두는 것이 좋다.
④ 내담자의 대화 참여를 유도하고 친밀감을 형성할 수 있는 폐쇄형 질문을 사용한다.
⑤ 내담자의 말을 상담자가 부연해 주어 내담자가 이해받고 있다는 느낌이 들도록 한다.

70 제9기 국민건강영양조사의 영양조사 항목에 해당하는 것은?

① 가구조사
② 구강건강
③ 식이보충제
④ 흡연과 음주
⑤ 혈압 및 맥박

71 보건복지부에서 관장하는 업무는?

① 국민영양관리기본계획 수립
② 학교급식에 관한 계획 수립
③ 식생활 교육 기본계획의 수립
④ 어린이 식생활 안전관리종합계획 수립
⑤ 식품 등의 기준 및 규격 관리 기본계획 수립

72 노인의 영양지도 방법에 대한 설명으로 옳은 것은?

① 미각이 감퇴되므로 음식의 간을 세게 한다.
② 골질환을 예방하기 위해 칼슘 섭취를 제한한다.
③ 신체활동의 저하로 열량 필요량이 증가하게 된다.
④ 동물성 지방보다 식물성 지방을 섭취하는 것이 좋다.
⑤ 체성분의 재생과 유지를 위해 단백질 섭취를 제한한다.

73 병원급식 업무에서 의료인의 임무인 것은?

① 식단작성
② 급식운영 계획의 수립
③ 조리 · 검식 및 배식관리
④ 진단에 따른 식사처방의 발행
⑤ 식품재료의 선정, 검수 및 관리

74 다음의 영양사업을 수행하는 사람은?

• 영양교육 자료 개발 및 홍보 • 취약계층 대상 방문건강관리사업 • 지역 주민의 생애주기별 영양상담 • 대사증후군 관리를 위한 식사교육

① 보건소 영양사
② 산업체 영양사
③ 초등학교 영양사
④ 종합사회복지관 영양사
⑤ 종합병원 급식관리 영양사

75 환자의 영양상태를 정확하게 파악하고 적절한 영양관리를 위해 식사섭취조사, 신체계측, 생화학적 검사 결과를 수집 · 해석하는 과정은?

① 영양판정
② 영양중재
③ 영양진단
④ 영양검색
⑤ 영양모니터링 및 평가

76 다음 설명에 해당되는 식이섭취 조사방법은?

> • 하루 동안 섭취하는 음식의 종류와 양을 스스로 기록한다.
> • 섭취할 때마다 기록하기 때문에 기억력에 의한 문제를 배제할 수 있다.
> • 기록할 때 시간 소비가 많고 심리적 부담을 주기 때문에 기록자의 협조가 필요하다.

① 식사기록법
② 신체계측법
③ 생화학적 검사
④ 식사력 조사법
⑤ 식품섭취 빈도조사

77 입원 환자의 단백질 결핍 판정 시 사용하는 혈액검사 항목은?

① 알부민
② 포도당
③ 중성지방
④ 당화혈색소
⑤ LDL-콜레스테롤

78 입원 환자의 영양스크리닝에 관한 설명으로 옳은 것은?

① 정확하게 영양판정을 할 수 있다.
② 희귀질환 환자를 대상으로 한다.
③ 영양불량 위험이 있는 환자를 선별한다.
④ 복잡하고 시간이 오래 걸리는 과정이다.
⑤ 3개월 이상의 장기입원 환자를 대상으로 한다.

79 저지방 우유 200mL 1컵, 식빵 35g 1쪽, 사과 80g 1개를 섭취한 경우 식품교환표를 이용하여 산출한 총 에너지는?

① 230kcal
② 250kcal
③ 275kcal
④ 305kcal
⑤ 320kcal

80 경관급식용 내용물의 조건은?

① 수분을 포함하지 않을 것
② 딱딱한 고체 형태를 유지할 것
③ 위장 합병증을 유발하지 않을 것
④ 삼투압이 높고 점도가 적절할 것
⑤ 열량밀도가 4kcal/mL 이상일 것

81 위장관의 손상으로 소화흡수가 불가능한 상태의 환자에게 4주 이상 장기간 영양을 공급하고자 할 때 적절한 영양지원 방법은?

① 경구영양급식
② 말초정맥영양
③ 중심정맥영양
④ 비장관 경관급식
⑤ 관조루술 경관급식

82 위의 G세포에서 분비되며, 위액 분비와 위 운동을 촉진하는 호르몬은?

① 염 산
② 가스트린
③ 세크레틴
④ 펩시노겐
⑤ 트립시노겐

83 역류성 식도염 환자에게 제공하는 바람직한 식단은?

① 흰죽, 김치, 생선튀김
② 자장면, 고추잡채, 단무지
③ 토스트, 커피, 달걀프라이
④ 생선 초밥, 장국, 야채튀김
⑤ 쌀밥, 애호박나물, 가자미찜

84 덤핑증후군 환자에게 적절한 영양교육 내용은?

① 저단백 음식을 먹을 것
② 한꺼번에 많이 먹을 것
③ 단순당을 충분히 섭취할 것
④ 식사 중에 물이나 음료수를 충분히 섭취할 것
⑤ 식후 20~30분 정도 비스듬히 누워서 휴식을 취할 것

85 만성 장염 환자에 가장 적절한 식사요법은?

① 저단백식, 고지방식
② 고지방식, 저열량식
③ 고단백식, 고섬유식
④ 고열량식, 고섬유식
⑤ 저섬유식, 저잔사식

86 경련성 변비 환자의 식사요법은?

① 섬유질이 많은 생과일, 생야채를 섭취한다.
② 자극성이 강한 조미료와 향신료를 사용한다.
③ 흰밥, 잘 익은 바나나, 생선, 달걀, 두부 등이 좋다.
④ 대장의 연동능력을 높일 수 있는 음식을 섭취해야 한다.
⑤ 커피와 콜라는 소화에 도움이 되는 음식이므로 섭취하는 것이 좋다.

87 게실염 환자에게 권장하는 음식으로 가장 적절한 것은?

① 기름에 튀긴 음식
② 섬유질이 많은 음식
③ 딱딱하고 단단한 음식
④ 시큼한 맛이 강한 음식
⑤ 설탕이 많이 들어간 음식

88 알코올성 지방간 환자의 식사요법은?

① 생과일과 생야채의 섭취를 제한한다.
② 부종이 있는 경우 고염식이를 한다.
③ 식욕이 없는 경우 소량씩 자주 먹는다.
④ 와인을 이용하여 만든 요리를 섭취한다.
⑤ 간성혼수의 합병증이 있는 경우 단백질을 섭취한다.

89 급성 췌장염 환자에게 초기에는 제한하고 증상이 호전되면 점차 늘려야 하는 영양소는?

① 나트륨
② 단백질
③ 비타민
④ 섬유소
⑤ 탄수화물

90 크론병 환자의 적합한 식사요법은?

① 자극적인 음식을 자주 섭취한다.
② 섬유질이 많은 과일과 채소를 섭취한다.
③ 설사를 예방하기 위해 수분 섭취를 제한한다.
④ 지방이 많은 육류, 우유 및 유제품을 섭취한다.
⑤ 장에 부담을 줄이기 위해 소량씩 자주 식사한다.

91 요요현상이 일어나는 근본적인 원인은?

① 근육량의 증가
② 체지방량의 감소
③ 기초대사량의 감소
④ 갈색지방 세포의 증가
⑤ 콜레스테롤 수치의 감소

92 대사증후군 환자에게 제한해야 하는 음식은?

① 싱거운 음식
② 섬유소가 많은 음식
③ 포만감이 높은 음식
④ 칼로리가 낮은 음식
⑤ 혈당지수가 높은 음식

93 소아비만의 특징은?

① 체중감량 후 재발이 드물다.
② 성인비만에 비해 체중감량이 쉽다.
③ 기초대사량의 저하가 가장 큰 원인이다.
④ 지방세포의 수와 크기가 모두 증가한다.
⑤ 성인비만에 비해 건강장애가 적게 발생한다.

94 제1형 당뇨병과 제2형 당뇨병과 비교할 때, 제1형 당뇨병의 특징에 해당하는 것은?

① 인슐린 비의존형 당뇨병이다.
② 30세 미만의 젊은 층에서 많이 발생한다.
③ 인슐린 치료가 꼭 필요하지 않은 경우가 많다.
④ 부모의 당뇨 병력이 있으면 발병 가능성이 높다.
⑤ 발병 위험도는 나이, 비만도, 운동 부족에 비례하여 증가한다.

95 제2형 당뇨병 환자에게 가장 적합한 식단은?

① 새우튀김, 라면
② 쌀밥, 된장찌개
③ 보리밥, 양배추쌈
④ 아이스크림, 초콜릿
⑤ 달걀장조림, 시금치나물

96 당뇨병 진단 기준은?

① 공복혈당 100~109mg/dL
② 공복혈당 110mg/dL 이상
③ 경구당부하 2시간 후 혈당 140mg/dL 미만
④ 경구당부하 2시간 후 혈당 140~199mg/dL
⑤ 경구당부하 2시간 후 혈당 200mg/dL 이상

97 당뇨병 환자에게 나타나는 지질 대사로 옳은 것은?

① 혈중 지단백 농도에는 변화가 없다.
② 간에서 글리코겐의 합성이 증가한다.
③ 혈중 LDL-콜레스테롤 수치가 감소한다.
④ 간에서 포도당이 에너지원으로 많이 이용된다.
⑤ 혈액에 케톤산이 증가하는 케톤산증이 나타난다.

98 식사를 거른 채 운동을 하던 당뇨병 환자에게 식은땀이 나고 손발이 떨리는 증상이 나타났을 때 즉시 공급해야 하는 식품은?

① 물
② 사 탕
③ 식 염
④ 우 유
⑤ 홍 차

99 제2형 당뇨병을 유발하는 인자는?

① 저체중
② 신부전
③ 저혈압
④ 케토시스
⑤ 복부비만

100 고혈압 환자의 식사요법으로 옳은 것은?

① 식이섬유 섭취를 줄인다.
② 등푸른생선을 먹지 않는다.
③ 식물성 기름의 섭취를 제한한다.
④ 소금은 제한하고, 칼륨은 충분히 섭취한다.
⑤ 설탕 함유 식품의 섭취량을 조금씩 늘린다.

101 허혈성 심장질환 환자에게 허용되는 음식은?

① 잡곡밥
② 삼겹살
③ 배추김치
④ 새우튀김
⑤ 오이장아찌

102 고지단백혈증의 유형 중 고당질식을 하는 사람에게 흔히 나타나는 것은?

① 고chylomicron혈증(제1형)
② 고LDL혈증(제2A형)
③ 고IDL혈증(제3형)
④ 고VLDL혈증(제4형)
⑤ 고chylomicron혈증, 고VLDL혈증(제5형)

103 죽상동맥경화증 환자에게 적합한 식품은?

① 새 우
② 고등어
③ 성게알
④ 코코넛유
⑤ 달걀노른자

104 이상지질혈증을 예방하기 위해 충분히 섭취해야 하는 것은?

① 단순당
② 에너지
③ 식이섬유
④ 트랜스지방
⑤ 포화지방산

105 혈관의 특징으로 옳은 것은?

① 동맥의 혈압이 정맥의 혈압보다 낮다.
② 정맥혈관의 벽은 동맥혈관의 벽보다 두껍다.
③ 동맥의 총 단면적이 정맥의 총 단면적보다 크다.
④ 정맥혈관에는 혈액의 역류를 방지하는 판막이 있다.
⑤ 모세혈관의 혈류 속도가 정맥의 혈류 속도보다 빠르다.

106 뼈가 약해져서 골절이 쉽게 발생할 수 있는 만성 콩팥병 환자의 경우 콩팥의 어떤 기능이 손상된 것인가?

① 혈압의 조절
② 적혈구의 생성
③ 비타민 D의 활성화
④ 노폐물과 독소의 배출
⑤ 체액량과 삼투질 농도의 유지

107 신장에 수산칼슘 결석이 있는 환자에게 적합한 음식은?

① 부추, 땅콩
② 시금치, 코코아
③ 초콜릿, 무화과
④ 커피, 옥수수빵
⑤ 닭가슴살, 베이컨

108 고혈압 증상이 동반된 핍뇨기의 만성 콩팥병 환자의 식사요법은?

① 고염식 식사를 한다.
② 단백질을 충분히 섭취한다.
③ 동물성 지방의 함량이 높은 식품을 섭취한다.
④ 수분 섭취량을 '전날 소변량 + 500mL'로 제한한다.
⑤ 토마토, 바나나 등 칼륨 함량이 높은 식품을 섭취한다.

109 감기 증상이 있는 소아가 갑자기 부종, 혈뇨, 핍뇨 등의 증상이 나타나 병원에 왔을 경우 가장 적합한 영양관리 방법은?

① 나트륨을 제한한다.
② 단백질을 제공한다.
③ 식이섬유를 제한한다.
④ 수분을 충분히 제공한다.
⑤ 칼륨 함유량이 높은 식품을 제공한다.

110 콩팥에서 합성되고 골수에서 적혈구 생성을 촉진하는 것은?

① 코르티솔
② 알도스테론
③ 에피네프린
④ 프로스타글란딘
⑤ 에리트로포이에틴

111 암 환자의 영양소 대사에 대한 설명으로 옳은 것은?

① 당신생의 감소
② 음의 질소평형
③ 기초대사량 감소
④ 지방 분해의 감소
⑤ 인슐린 저항성 감소

112 구토, 메스꺼움, 식욕부진의 증상을 보이는 암 환자의 식사요법은?

① 음식을 소량씩 자주 먹는다.
② 뜨거운 음식 위주로 먹는다.
③ 고열량의 고지방 식품을 먹는다.
④ 하루 세 끼 식사를 정해진 시간에 먹는다.
⑤ 식욕 촉진을 위해 자극적인 음식을 먹는다.

113 화상 환자의 체내 대사변화에 관한 설명으로 옳은 것은?

① 수분의 손실 감소
② 질소의 배설 증가
③ 체액의 손실 감소
④ 단백질의 손실 감소
⑤ 전해질의 손실 감소

114 달걀 알레르기 증상이 있는 7세 환자에게 허용되는 식품은?

① 빵
② 푸 딩
③ 부침개
④ 마요네즈
⑤ 스파게티

115 만성 폐쇄성 폐질환 환자의 식사요법은?

① 고식이섬유 식사를 한다.
② 에너지 섭취를 제한한다.
③ 충분한 단백질 섭취를 한다.
④ 1일 식사 횟수는 3회 미만으로 줄인다.
⑤ 식사 중간에 수분 섭취를 충분히 한다.

116 체내 철 결핍의 진단에서 첫 단계로 사용되는 지표와 가장 마지막 단계에 낮아지는 지표를 순서대로 나열한 것은?

① 혈청 페리틴 농도, 헤모글로빈 농도
② 트랜스페린 포화도, 혈청 페리틴 농도
③ 헤마토크리트 농도, 트랜스페린 포화도
④ 헤모글로빈 농도, 적혈구 프로토포르피린
⑤ 적혈구 프로토포르피린, 헤마토크리트 농도

117 회장 질환자나 극단적인 채식주의자에게 결핍될 수 있는 영양소는?

① 철
② 칼 슘
③ 니아신
④ 비타민 B_6
⑤ 비타민 B_{12}

118 케톤식 식사요법에 대해 바르게 설명한 것은?

① 고단백, 고지방, 저탄수화물
② 고단백, 저지방, 저탄수화물
③ 저단백, 고지방, 고탄수화물
④ 저단백, 고지방, 저탄수화물
⑤ 저단백, 저지방, 고탄수화물

119 통풍 환자의 혈액 내에 증가하는 것은?

① 류 신
② 요 산
③ 알부민
④ 글리코겐
⑤ 페닐알라닌

120 단풍당뇨증 환자에게 제한되는 아미노산은?

① 류 신
② 요 산
③ 티로신
④ 글리코겐
⑤ 페닐알라닌

2교시

짝수형

영양사 실전동형
봉투모의고사 제2회

응시번호		성 명	

본 시험은 각 문제에서 가장 적합한 답 하나만 선택하는 최선답형 시험입니다.

〈 유의사항 〉

○문제지 표지 상단에 인쇄된 문제 유형과 본인의 응시번호 끝자리가 일치하는지를 확인하고 답안카드에 문제 유형을 정확히 표기합니다.
- 응시번호 끝자리 홀수 : 홀수형 문제지
- 응시번호 끝자리 짝수 : 짝수형 문제지

○종료 타종 후에도 답안을 계속 기재하거나 답안카드의 제출을 거부하는 경우 해당 교시의 점수는 0점 처리됩니다.

○응시자는 시험 종료 후 문제지를 가지고 퇴실할 수 있습니다.

영양사 실전동형 봉투모의고사 제2회 2교시

각 문제에서 가장 적합한 답을 하나만 고르시오.

식품학 및 조리원리

01 열전도율이 가장 높은 재질은?

① 금 속
② 유 리
③ 비 닐
④ 도자기
⑤ 플라스틱

02 영양소 손실이 가장 적은 조리 방법은?

① 굽 기
② 볶 기
③ 튀기기
④ 데치기
⑤ 끓이기

03 10%의 수분과 20%의 소금을 함유하고 있는 식품의 수분활성도(A_w)는? (물의 분자량=18, 소금의 분자량=58.45)

① 0.619
② 0.724
③ 0.886
④ 0.981
⑤ 1.091

04 전분의 변화와 식품의 예로 옳은 것은?

① 호화 – 찬밥
② 겔화 – 팝콘
③ 노화 – 물엿
④ 당화 – 비스킷
⑤ 호정화 – 뻥튀기

05 포도당으로만 구성된 것은?

① 락토오스
② 말토오스
③ 라피노오스
④ 스타키오스
⑤ 겐티아노스

06 전분입자의 호화현상에 관한 설명으로 옳은 것은?

① 수분함량이 적을수록 잘 일어난다.
② 산성 pH에서는 전분입자의 호화가 촉진된다.
③ 호화에 필요한 최저온도는 일반적으로 60℃ 전후이다.
④ 생전분에 물을 넣고 가열 시 소화되기 쉬운 β-전분으로 되는 현상이다.
⑤ 일반적으로 쌀과 같은 곡류 전분입자가 감자, 고구마 등 서류 전분입자에 비해 호화가 쉽게 일어난다.

07 유도지질에 속하는 것은?

① 왁 스
② 인지질
③ 지방산
④ 중성지방
⑤ 지단백질

08 요오드가(iodine value)는 유지의 어떤 화학적 성질을 표시하여 주는가?

① 유지의 경화도
② 유리지방산의 함량 백분율
③ 수산기를 가진 지방산의 함량
④ 유지에 함유된 지방산의 불포화도
⑤ 유지 1g을 검화하는 데 필요한 요오드의 양

09 유지의 자동산화 초기 단계에서 생성되는 것은?

① 유리기
② 중합체
③ 이성질체
④ 과산화물
⑤ 카르보닐 화합물

10 단백질 변성에 대한 설명으로 옳은 것은?

① 설탕은 열변성을 촉진한다.
② 수분이 많을수록 열변성을 억제시킨다.
③ 변성단백질은 용해도와 반응성이 증가한다.
④ 변성단백질은 분해효소에 의한 분해가 용이하다.
⑤ 전해질이 들어있는 염화물은 열변성을 억제시킨다.

11 효소반응에 영향을 주는 인자에 대한 설명으로 옳은 것은?

① 한 종류의 기질에 작용하는 기질특이성이 있다.
② 효소는 탄수화물로 이루어져 있어 물에 잘 녹는다.
③ 온도가 상승할수록 반응속도가 지속적으로 증가한다.
④ 강산성 또는 강알칼리성 pH에서 반응속도가 빨라진다.
⑤ 효소의 농도와 초기 반응속도 사이에는 연관성이 없다.

12 단백질 분자 내에 티로신과 같은 페놀 잔기를 가진 아미노산의 존재에 의해서 일어나는 정색반응은?

① 밀론 반응
② 뷰렛 반응
③ 유황 반응
④ 닌히드린 반응
⑤ 베네딕트 반응

13 비트에 함유된 적색 색소로 옳은 것은?

① 타 닌
② 멜라닌
③ 베타레인
④ 클로로필
⑤ 안토잔틴

14 미맹인 사람이 느낄 수 없는 쓴맛 성분은?

① 퀴닌(quinine)
② 만니톨(mannitol)
③ 글루타민(glutamine)
④ 페닐티오카바마이드(phenylthiocarbamide)
⑤ 알릴 이소티오시아네이트(allyl isothiocyanate)

15 원핵세포와 진핵세포에 대한 설명으로 옳은 것은?

① 진핵미생물은 단세포로만 구성되어 있다.
② 원핵미생물은 미토콘드리아 기관이 없다.
③ 세포벽의 유무에 따라 원핵세포와 진핵세포로 구분한다.
④ 원핵세포의 호흡과 관계하는 효소들은 미토콘드리아에 존재한다.
⑤ 진핵세포의 호흡과 관계하는 효소들은 세포막 또는 메소솜에 부착되어 있다.

16 미생물 증식에 영향을 미치는 요인으로 옳은 것은?

① 미생물은 15℃ 이하의 온도에서 사멸한다.
② 미생물은 산소가 없는 조건에서는 생존할 수 없다.
③ 모든 미생물은 생육기간 동안 필요한 수분량이 동일하다.
④ 광선, pH 농도 등은 미생물의 생육에 영향을 미치지 않는다.
⑤ 식품을 소금이나 설탕에 절이면 미생물의 생육을 억제할 수 있다.

17 식품과 미생물의 이용이 바르게 연결된 것은?

① 간장 – *Bacillus natto*
② 청국장 – *Bacillus subtilis*
③ 포도주 – *Aspergillus oryzae*
④ 된장 – *Penicillium roqueforti*
⑤ 카망베르 치즈 – *Streptococcus lactis*

18 첨가물에 따른 밀가루 반죽 변화에 대한 설명으로 옳은 것은?

① 유지는 글루텐 형성을 촉진한다.
② 소금은 글루텐을 크게 약화시킨다.
③ 식초는 가열할 때 갈색 반응에 관여한다.
④ 반죽할 때 첨가한 설탕은 팽화에 도움을 준다.
⑤ 달걀은 유화작용에 의하여 조직이나 질감을 좋게 한다.

19 감자에 대한 설명으로 옳은 것은?

① 감자의 주단백질은 이포메인이다.
② 감자의 싹에는 독성 성분인 솔라닌이 다량 존재한다.
③ 박피된 감자는 갈변을 방지하기 위해 곱게 다져서 냉동 보관한다.
④ 감자는 영양분의 손실을 막기 위해 껍질을 벗겨낸 후 오래 삶는다.
⑤ 감자의 절단면이 갈변하는 원인은 타닌에 의해 산화되기 때문이다.

20 토란을 자를 때 생기는 점성물질의 성분은?

① 뮤 신
② 알긴산
③ 얄라핀
④ 갈락탄
⑤ 이포메아마론

21 연근의 갈변을 억제하는 방법은?

① 작게 자른다.
② 실온에 보관한다.
③ 식초물에 담가놓는다.
④ 공기 중에 노출시킨다.
⑤ 베이킹소다물에 담가놓는다.

22 당류의 단맛의 강도를 순서대로 나열한 것은?

① 유당 > 엿당 > 포도당 > 설탕 > 과당
② 설탕 > 포도당 > 과당 > 엿당 > 유당
③ 포도당 > 엿당> 과당 > 유당 > 설탕
④ 과당 > 설탕 > 포도당 > 엿당 > 유당
⑤ 엿당 > 과당 > 설탕 > 유당 > 포도당

23 육류를 구성하고 있는 색소 단백질 성분으로 옳은 것은?

① 글루텐
② 젤라틴
③ 인슐린
④ 알부민
⑤ 미오글로빈

24 육류를 연화하기 위해 사용하는 과일과 연육효소가 바르게 짝지어진 것은?

① 파인애플 – 피신
② 키위 – 액티니딘
③ 배즙 – 브로멜린
④ 파파야 – 진저론
⑤ 무화과 – 프로테아제

25 햄 가공 시 첨가하는 질산염의 역할로 옳은 것은?

① 방부제
② 연육제
③ 발색제
④ 항생제
⑤ 성장촉진제

26 붉은살 생선에 해당하는 것은?

① 광 어
② 민 어
③ 도 미
④ 고등어
⑤ 가자미

27 생선 조리에 관한 설명으로 옳은 것은?

① 전이나 튀김은 지방함량이 많은 붉은살생선이 적당하다.
② 어묵은 섬유상 단백질이 전분에 녹는 성질을 이용해서 만든다.
③ 생선조림 요리 시 식초를 이용하면 생선 가시가 더욱 단단해진다.
④ 생선을 조릴 때 설탕, 간장 등의 양념을 넣으면 비린내가 증가한다.
⑤ 물이나 양념이 끓기 시작할 때 생선을 넣어야 원형을 유지할 수 있다.

28 신선란에 대한 설명으로 옳은 것은?

① 난황계수는 0.25 이하이다.
② 난백의 pH가 9.5~9.6 정도이다.
③ 11% 식염수에 넣으면 가라앉는다.
④ 기실이 크고 표면이 매끄러워야 한다.
⑤ 신선한 달걀일수록 녹변현상이 잘 일어난다.

29 달걀의 응고성에 대한 설명으로 옳은 것은?

① 설탕은 달걀의 열응고를 촉진한다.
② 난백이 난황보다 높은 온도에서 응고된다.
③ 고온에서 가열할수록 단단해지고 수축된다.
④ 마요네즈는 달걀의 응고성을 이용한 조리이다.
⑤ 응고성은 알부민과 오리제닌의 불용화 현상이다.

30 우유를 60℃ 이상 가열할 때 생기는 얇은 피막의 성분은?

① 유 당
② 레시틴
③ 카세인
④ 유청단백질
⑤ 혈청단백질

31 다음의 제조 공정을 거쳐 만들어지는 제품은?

원료 → 크림 · 지방 분리 → 탈지유 → 예열 → 농축 → 분무 → 냉각 → 충전 · 포장

① 치 즈
② 버 터
③ 요구르트
④ 탈지분유
⑤ 아이스크림

32 날콩에 함유된 단백질의 소화 · 흡수를 방해하는 것은?

① 사포닌
② 미오글로빈
③ 트립신저해제
④ 헤마글루티닌
⑤ 리폭시게나아제

33 밀가루 반죽에 지방을 넣어 음식이 연해지도록 하는 것은 유지의 어떤 특성을 이용한 것인가?

① 유화성
② 가소성
③ 쇼트닝성
④ 크리밍성
⑤ 산화 안정성

34 유화 형태에 따른 식품의 연결이 옳은 것은?

① 수중유적형 – 버터
② 수중유적형 – 마가린
③ 유중수적형 – 생크림
④ 수중유적형 – 마요네즈
⑤ 유중수적형 – 아이스크림

35 튀김을 할 때 흡유량이 많아지는 경우는?

① 튀기는 시간이 짧을 때
② 기름의 온도가 높을 때
③ 재료 중에 당의 함량이 적을 때
④ 튀기는 식품의 표면적이 작을 때
⑤ 재료 중에 수분의 함량이 많을 때

36 당근의 등황색과 토마토의 적색은 무슨 색소에 의해서 나타나는가?

① 엽록소
② 안토시안
③ 헤모글로빈
④ 카로티노이드
⑤ 플라보노이드

37 채소를 데칠 때 1%의 소금을 첨가하는 이유로 옳은 것은?

① 산소와의 접촉을 막기 위해
② 조리 시간을 단축하기 위해
③ 엽록소의 변색을 방지하기 위해
④ 카로티노이드의 형성을 막기 위해
⑤ 채소가 뭉그러지는 것을 막기 위해

38 채소 및 과일류 조리에 대한 설명으로 옳은 것은?

① 채소 및 과일류는 산성 식품이다.
② 과일은 30℃ 이상에서 보관할 때 단맛이 강해진다.
③ 영양소 손실을 막기 위해 채소 껍질을 깐 다음 삶는다.
④ 데친 채소는 빠르게 찬물에서 식혀야 영양소 손실을 최소화할 수 있다.
⑤ 과일 · 채소에 식초를 첨가하면 식품에 들어있는 산화제의 활동을 억제해 갈변을 막을 수 있다.

39 죽순, 토란, 우엉의 아린맛 성분은?

① 휴물론
② 글루타민
③ 시니그린
④ 글루코만난
⑤ 호모겐티스산

40 해조류의 연결이 옳은 것은?

① 남조류 – 톳
② 갈조류 – 김
③ 갈조류 – 매생이
④ 홍조류 – 우뭇가사리
⑤ 녹조류 – 트리코데스뮴

급식, 위생 및 관계법규

41 A 급식소 영양사는 고객으로부터 일하는 사람이 많은데도 배식이 너무 느리다는 불평을 들었다. 이에 A 급식소 영양사는 조직의 효율성을 높이기 위해 인력을 축소하고 작업 동선을 줄이려고 한다. 이러한 경영기법은?

① TQM
② 6시그마
③ 벤치마킹
④ 아웃소싱
⑤ 다운사이징

42 음식을 조리한 직후 냉장 및 냉동해서 얼마 동안 저장한 후에 데워서 급식하며, 경비가 절약되고, 계획생산이 가능하다는 장점이 있는 급식은?

① 산업체 급식
② 전통식 급식
③ 조합식 급식
④ 조리저장식 급식
⑤ 중앙공급식 급식

43 관리적 의사결정을 하는 경영층은?

① 최고 경영층
② 중간 경영층
③ 하위 경영층
④ 최고 경영층과 중간 경영층
⑤ 중간 경영층과 하위 경영층

44 급식소의 각 구성원이 1인의 직속 상급자의 지시 · 명령을 받도록 함으로써 급식소의 질서 유지를 기대할 수 있는 조직화의 원칙은?

① 전문화의 원칙
② 권한위임의 원칙
③ 명령 일원화의 원칙
④ 계층 단축화의 원칙
⑤ 감독 적정 한계의 원칙

45 식품 섭취량 산출에 활용되는 식사구성안의 영양소와 그 목표로 옳은 것은?

① 지방 – 총 에너지의 5~20%
② 단백질 – 총 에너지의 10~35%
③ 탄수화물 – 총 에너지의 55~65%
④ 트랜스지방산 – 총 에너지의 3% 미만
⑤ 포화지방산 – 총 에너지의 11~15% 미만

46 식사구성안에 대한 설명으로 옳은 것은?

① 식품군별로 식품의 양을 표시한 것으로 이를 이용하면 식품의 배합이 충실해진다.
② 급식소 나름대로 이행하는 음식별 재료의 분량과 조리방법 등을 표준화한 것이다.
③ 식품군별로 대표 식품의 1인 1회 분량을 설정하고 권장 섭취 횟수를 제시한 것이다.
④ 개인의 섭취량 조절의 어려움을 극복하고 합리적인 급식관리를 위해 실시하는 것이다.
⑤ 영양가가 비슷한 식품으로 묶인 식품군 안에서 서로 바꿔 섭취할 수 있도록 만든 표이다.

47 오징어 알레르기가 있는 학생이 교실에 게시된 2023년 4월 첫째 주 식단표를 확인하였다. 이 학생이 피해야 할 메뉴가 들어있는 요일은?

2023년 4월 식단표

날짜/요일	식 단	알레르기 유발 가능 식재료
3일/월	잡곡밥, 참치김치찌개, 돼지고기 제육볶음, 달걀찜, 배추김치, 딸기	대두, 돼지고기, 달걀,
4일/화	곤드레나물밥/양념간장, 조개된장찌개, 닭볶음탕, 고등어구이, 깍두기, 토마토	조개류, 닭고기, 고등어
5일/수	양송이 수프, 쌀밥 또는 빵, 돈가스, 토마토파스타, 우유, 땅콩소스 샐러드	밀, 돼지고기, 토마토, 우유, 땅콩
6일/목	오곡잡곡밥, 미역국, 삼색 나물, 갈치조림, 해물(오징어)파전, 백설기	대두, 밀, 오징어
7일/금	콩나물밥, 쇠고기뭇국, 꽁치조림, 계란말이, 쫄면, 호박전, 복숭아	쇠고기, 달걀, 밀, 복숭아

① 3일/월
② 4일/화
③ 5일/수
④ 6일/목
⑤ 7일/금

48 표준레시피 개발 과정 중 관능평가(감각평가)에 대한 설명으로 옳은 것은?

① 조리 전 식재료의 신선도 등을 평가하는 과정이다.
② 조리된 메뉴의 맛, 향, 질감 등을 평가하는 과정이다.
③ 조리 후 급식소 영양사가 조리과정을 평가하는 것이다.
④ 조리된 메뉴의 외관, 맛 등을 대중에게 평가받는 것이다.
⑤ 조리 전 레시피에 빠진 것은 없는지 확인하는 과정이다.

49 외식업소의 메뉴를 분석하기 위해 개발한 것으로, 마케팅적 접근에 의해 메뉴의 인기도와 수익성을 평가하는 식단 평가방법은?

① 기호도 조사
② 잔반량 조사
③ 최종구매가법
④ 메뉴엔지니어링
⑤ 고객만족도 조사

50 계절식품에 대한 설명으로 옳은 것은?

① 영양이 풍부하다.
② 가격이 저렴한 편은 아니다.
③ 특별한 재배시설이 필요하다.
④ 향은 별로 나지 않지만 맛이 좋다.
⑤ 고객만족도에 영향을 주는 요인은 아니다.

51 거래처에 송부함으로써 법적인 거래 계약이 성립되며 보통 3부를 작성하는 장표는?

① 발주서
② 납품서
③ 거래명세서
④ 구매명세서
⑤ 구매청구서

52 급식 인원이 500명인 단체급식소에서 돈가스를 하려고 한다. 돼지고기의 1인 분량이 120g이고 폐기율이 20%일 때, 돼지고기의 발주량은?

① 55kg
② 60kg
③ 65kg
④ 70kg
⑤ 75kg

53 단체급식 중 조리종사원 1인당 담당하는 식수 인원이 가장 적은 곳은?

① 군대 급식
② 중학교 급식
③ 대학교 기숙사 급식
④ 반도체 생산 공장 급식
⑤ 상급종합병원 환자 급식

54 일반경쟁입찰에 대한 설명으로 옳은 것은?

① 업자 담합 등을 완전히 방지할 수 있다.
② 공고로부터 개찰까지의 수속이 단순하다.
③ 공정성 결여 및 불리한 가격으로 계약되기 쉽다.
④ 자본, 신용, 경험 등이 불충분한 업자가 응찰하기 쉽다.
⑤ 특정 자격을 구비한 몇 개 업자만 지명하는 구매계약 방법이다.

55 단체급식소의 2022년 12월 31일 현재 마요네즈 재고 현황이다. 최종구매가법으로 재고자산을 평가한 결과는?

입고일	구입량 (개)	구매 단가 (원/개)	현재 재고 (개)
12월 05일	25	2,900	10
12월 16일	30	3,000	15

① 70,000원
② 75,000원
③ 80,000원
④ 85,000원
⑤ 90,000원

56 배식하기 전에 1인 분량을 상차림하여 조리된 음식의 품질을 검사하는 것은?

① 검 식
② 보존식
③ 영양관리
④ 이동식사
⑤ 카운터 서비스

57 조리기기 배치의 기본원칙에 대한 설명으로 옳은 것은?

① 작업원의 보행횟수를 절감할 수 있게 한다.
② 조리기기의 크기에 따라 작은 것부터 배치한다.
③ 물품 배송인의 보행거리를 절감할 수 있게 한다.
④ 작업대의 높이는 조리기의 종류를 고려하여 정한다.
⑤ 동선은 최단 거리로 하되 서로 교차되어도 상관없다.

58 ○○ 학교급식에서 지난달 종업원에 대한 영양지도 및 식품위생 교육을 실시하지 않은 것이 적발되었다. 이러한 문제에 책임이 있는 사람은?

① 교 장
② 교육감
③ 조리사
④ 영양사
⑤ 종업원

59 병원급식에 대한 설명으로 옳은 것은?

① 배식방법으로는 주로 테이블 서비스를 이용한다.
② 조리의 표준화를 위해 표준레시피 개발이 필요하다.
③ 입원 환자의 변동 때문에 예산을 계획하지 않는 급식이다.
④ 작업량을 결정짓는 직접적인 것은 입원 환자의 기호도이다.
⑤ 종합병원 환자식은 조리종사원 1인당 담당하는 식수가 가장 많다.

60 작업관리 서식 중 조직도상의 직책과 기능에 따라 각자의 업무를 명시해 놓은 표는?

① 배치도
② 과정표
③ 작업일정표
④ 작업표준서
⑤ 직무배분표

61 잔반율 조사에 대한 설명으로 옳은 것은?

① 메뉴의 인기도와 수익성을 평가하는 방법이다.
② 고객의 음식 순응도를 측정하기 위한 조사이다.
③ 필요에 따라 영양가, 단가를 산출하여 기록한다.
④ 메뉴의 생산량과 원가를 통제하는 필수 요소이다.
⑤ 기호척도를 사용하는 고객 측면의 식단 평가 방법이다.

62 1차 처리가 안 된 식재료를 다듬고 씻고 불필요한 부분을 제거하는 등의 작업은?

① 검 수
② 세 정
③ 조 리
④ 전처리
⑤ 후처리

63 집단급식소의 안전수칙으로 옳은 것은?

① 사용한 기름은 38℃ 이하로 식혀서 기름 보관 용기에 넣는다.
② 뜨거운 냄비를 옮기려면 김이 빠지지 않도록 뚜껑을 잘 닫은 후 옮긴다.
③ 칼을 사용할 때는 칼날이 바깥쪽으로 향하게 하여야 손을 보호할 수 있다.
④ 뜨거운 프라이팬 등을 옮길 때는 젖은 행주를 사용하여 손의 화상을 예방한다.
⑤ 물을 끓일 경우 솥이나 냄비의 50%만 넣어야 물이나 음식 내용물이 넘치지 않는다.

64 ○○ 단체급식소 영양사가 다음과 같은 자료를 보고 있다. 어떤 문서인가?

> 1. 직무명 : 조리사
> 2. 자격요건
>   ㄱ. 학력 : 전문대학교 졸업자 이상
>   ㄴ. 전공 : 식품영양학 및 이하 동등한 자격 취득자
>   ㄷ. 자격 : 한식조리사, 양식조리사
>   ㄹ. 능력 : 식품영양학, 조리, 급식, 물품구매, 위생, 경영, 식이요법 등의 지식 및 급식 관련 실무, 급식 관련 법규, 전산 활용 능력 등의 실무 능력

① 직무명세서
② 직원명세서
③ 직원추천서
④ 직무기술서
⑤ 직무설명서

65 단체급식소 조리종사원의 정기건강진단에 관한 설명으로 옳은 것은?

① 반드시 식품위생법에 따른 건강진단을 받아야 한다.
② 완전 포장 식품 운반에 종사하는 사람은 건강진단 대상자이다.
③ A형 간염 판정을 받은 조리종사원은 조리 작업에 참여할 수 있다.
④ 화농성 질환을 판정받는 조리종사원은 조리작업에 참여할 수 없다.
⑤ 비감염성 결핵 판정을 받은 조리종사원은 조리작업에 참여할 수 없다.

66 제품의 제조원가에 일반관리비와 판매경비를 추가한 급식원가는?

① 판매원가
② 판매가격
③ 표준원가
④ 실제원가
⑤ 통제가능원가

67 급식시설에서 청결작업구역은?

① 검수구역
② 저장구역
③ 세정구역
④ 전처리구역
⑤ 식기보관구역

68 단체급식시설에서 크리스마스 파티에 낼 케이크 제조를 외부에 맡기기로 하였다. 이로 인해 발생한 원가는?

① 고정비
② 변동비
③ 직접비
④ 간접비
⑤ 감가상각비

69 학교급식소 점심 식단을 4,000원에 판매하고 있다. 이 급식소에서 1일 기준으로 지출되는 고정비가 100,000원, 1식당 변동비가 3,200원일 경우 손익분기점의 금액은?

① 370,000원
② 400,000원
③ 450,000원
④ 500,000원
⑤ 600,000원

70 ○○대학이 2022년에 전년도보다 신입생을 더 많이 선발하자 급식소는 급식인원이 증가할 것으로 보고 종사자들이 맡아야 할 책임과 통제 범위를 늘려 이에 대응하였다. 이에 해당하는 직무설계 방법은?

① 직무 단순
② 직무 순환
③ 직무 교차
④ 직무 확대
⑤ 직무 충실

71 전문가들의 의견을 종합하는 방법으로, 집단토의에서 나타나는 약점을 보완하고자 만들어진 방법은?

① 역할연기
② 사례연구
③ 집단토의
④ 델파이기법
⑤ 브레인스토밍

72 ( ) 안에 들어갈 내용으로 옳은 것은?

> 피들러의 상황적합이론에서는 급식 관리자가 급식소의 상황이 불리하거나 유리할 경우에는 (A) 리더십을 발휘하는 것이 효과적이고, 상황이 매우 애매모호한 경우에는 (B) 리더십을 발휘하는 것이 효과적이라는 결론을 도출하였다.

	A	B
①	지시형	위양형
②	민주형	지시형
③	거래형	변혁형
④	자유방임형	자유통제형
⑤	과업지향형	종업원지향형

73 인사고과 시 조리 역량 평가 항목에서 낮은 점수를 받았음에도 평소 조리종사원의 밝은 성격과 붙임성 등을 고려하여 높게 평가하였다면 이는 어떤 오류에 해당하는가?

① 대비오차
② 현혹효과
③ 논리오차
④ 관대화 경향
⑤ 상동적 태도

74 개개인의 학력, 근속 연수, 연령, 능력 등에 생계비 등을 가미한 인적 요소에 의해 결정하는 임금 체계는?

① 연공급
② 직무급
③ 직능급
④ 시간급
⑤ 성과급

75 다음은 어떤 동기부여 이론에 관한 설명인가?

> 단체급식소 영양사가 자신이 직무에 최선을 다하고자 노력한다면 분명히 성과를 가져오리라 기대하고 또한 그러한 성과가 그에 합당한 보상을 가져다주리라고 생각하게 되자 더욱 큰 동기부여가 되었다.

① 브룸의 기대 이론
② 스키너의 강화 이론
③ 알더퍼 E.R.G 이론
④ 아담스의 공정성 이론
⑤ 맥클랜드의 성취동기 이론

76 다음에서 설명하는 급식서비스의 특성은?

> ○○학교 급식소는 A 영양사와 B 영양사가 번갈아 가며 200인분의 점심을 준비하는데, 지난달 실시한 품질 평가에서 A 영양사가 준비한 식사는 높은 점수를 받은 반면, B 영양사가 준비한 식사는 낮은 점수를 받았다. 이에 B 영양사는 자신의 부족함을 인식하고 훈련 계획을 세웠다.

① 무형성
② 소멸성
③ 이질성
④ 동시성
⑤ 일관성

77 급식서비스에 적용하는 확장된 마케팅 믹스 구성요소(7P) 중 매장의 분위기, 공간 배치, 사인, 패키지, 유니폼 등과 관련 있는 것은?

① 유통(Place)
② 사람(People)
③ 과정(Process)
④ 촉진(Promotion)
⑤ 물리적 근거(Physical evidence)

78 식품으로 인해 건강에 장해를 일으키는 내인성 위해요소는?

① 패류독
② 식중독균
③ 방사성 물질
④ 포장재 추출물
⑤ 아크릴아마이드

79 식품의 독성시험에 대한 설명으로 옳은 것은?

① 아급성 독성시험을 통해 1일 섭취 허용량을 구한다.
② LD_{50} 값이 클수록 독성물질의 독성이 높음을 의미한다.
③ 급성 독성시험은 1~3개월의 단기기간에 증상을 관찰한다.
④ 최대무작용량은 어떤 중독증상도 나타나지 않는 최대 용량을 말한다.
⑤ 만성 독성시험은 LD_{50}을 구하여 실험동물 체중 kg당 mg으로 나타낸다.

80 돼지고기에서 기인하는 독성분으로 패혈증을 유발하는 것은?

① *Brucella suis*
② *Stapylococcus aureus*
③ *Yersinia enterocolitica*
④ *Clostridium perfringens*
⑤ *Listeria monocytogenes*

81 닭 등의 가금류가 식중독의 원인 식품으로 밝혀졌다. 잠복기는 2~7일이었으며 증상으로는 복통, 발열, 설사(혈변), 두통, 근육통 등이 발생하였다. 이 경우에 해당하는 식중독균은?

① *Escherichia coli*
② *Acetobacter aceti*
③ *Morganella morganii*
④ *Campylobacter jejuni*
⑤ *Enterococcus faecalis*

82 장독소를 생성하는 포도상구균 식중독의 원인균은?

① *Bacillus cereus*
② *Proteus vulgaris*
③ *Stapylococcus aureus*
④ *Clostridium botulinum*
⑤ *Salmonella typhimurium*

83 *Vibrio parahaemolyticus*의 특징은?

① 나선균
② 호염성
③ 그람양성
④ 장내세균
⑤ 포자 형성

84 감염독소형(생체 내 독소형) 식중독을 일으키는 세균은?

① *Campylobacter jejuni*
② *Staphylococcus aureus*
③ *Clostridium perfringens*
④ *Listeria monocytogenes*
⑤ *Vibrio parahaemolyticus*

85 수수의 유독성분은?

① 듀린(dhurrin)
② 테무린(temuline)
③ 아코니틴(aconitine)
④ 에르고톡신(ergotoxin)
⑤ 프타퀼로시드(ptaquiloside)

86 *Penicillium citreoviride*가 생산하는 곰팡이 독은?

① 시트리닌(citrinin)
② 루테오스키린(luteoskyrin)
③ 이슬란디톡신(islanditoxin)
④ 시트레오비리딘(citreoviridin)
⑤ 안드로메도톡신(andromedotoxin)

87 방사선살균법에 대한 설명으로 옳은 것은?

① 보통 1일 간격으로 3회 실시한다.
② 피부암을 유발시키는 단점이 있다.
③ 보통 63~65℃에서 30분간 실시한다.
④ 아포형성균을 멸균하는 가장 좋은 방법이다.
⑤ γ선 > β선 > α선 순으로 살균력과 투과력이 강하다.

88 급성중독으로는 발열 · 경련 등을, 만성중독으로는 흑피증 · 피부각질화 · 중추신경 장애 등을 유발하는 중금속은?

① 주석(Sn)
② 비소(As)
③ 구리(Cu)
④ 안티몬(Sb)
⑤ 6가크롬(Cr^{6+})

89 육류를 통하여 감염되는 기생충은?

① 편 충
② 회 충
③ 선모충
④ 아니사키스
⑤ 요코가와흡충

90 *Coxiella burnetii*에 의해서 발생하는 인수공통감염병은?

① 큐 열
② 결 핵
③ 브루셀라증
④ 중증급성호흡기증후군(SARS)
⑤ 중증열성혈소판감소증후군(SFTS)

91 급식소에서 HACCP를 적용하여 식품 · 축산물의 위해요소를 예방 · 제어하거나 허용 수준 이하로 감소시키려 하는 것은 HACCP 7원칙의 항목 중 어디에 해당하는가?

① 검 증
② 개선조치
③ 한계기준
④ 모니터링
⑤ 중요관리점

92 「식품위생법」상 식품제조 · 가공업자는 생산 및 작업기록에 관한 서류와 원료의 입고 · 출고 · 사용에 대한 원료출납 관계 서류를 몇 년간 보관하여야 하는가?

① 1년
② 2년
③ 3년
④ 4년
⑤ 5년

93 「식품위생법」상 마황, 부자 등을 사용하여 판매할 목적으로 식품을 조리한 경우 벌칙은?

① 6개월 이상의 징역
② 1년 이상의 징역
③ 300만 원 이하의 벌금
④ 500만 원 이하의 벌금
⑤ 1천만 원 이하의 벌금

94 「식품위생법」상 조리사의 직무로 옳은 것은?

① 식단 작성
② 조리 실무에 관한 사항
③ 급식시설의 위생적 관리
④ 구매식품의 검수 및 관리
⑤ 집단급식소의 운영일지 작성

95 「식품위생법」상 조리사의 면허신청, 면허증의 재발급 · 반납 등은 누구에게 하여야 하는가?

① 질병관리청장
② 보건복지부장관
③ 식품의약품안전처장
④ 식품위생심의위원회 위원장
⑤ 특별자치시장 · 특별자치도지사 · 시장 · 군수 · 구청장

96 「식품위생법」상 식품안전관리인증기준 대상이 아닌 식품은?

① 순 대
② 커피류
③ 어육소시지
④ 레토르트식품
⑤ 전년도 총 매출액이 100억 원 이상인 영업소에서 제조 · 가공하는 식품

97 「학교급식법」상 학교급식 식재료의 품질관리기준과 관련하여 ( ) 안에 들어갈 것으로 옳은 것은?

쇠고기는 등급판정 결과 (㉠) 이상인 한우 및 육우를 사용하고, 돼지고기는 등급판정 결과 (㉡) 이상을 사용한다.

① ㉠ 1등급 ㉡ 2등급
② ㉠ 2등급 ㉡ 3등급
③ ㉠ 2등급 ㉡ 1등급
④ ㉠ 3등급 ㉡ 2등급
⑤ ㉠ 3등급 ㉡ 3등급

98 「국민건강증진법」상 국가 및 지방자치단체가 국민의 영양개선을 위하여 행하는 사업이 아닌 것은?

① 영양교육사업
② 국민건강증진사업
③ 지역사회의 영양개선사업
④ 영양개선에 관한 조사 · 연구사업
⑤ 국민의 영양상태에 관한 평가사업

99 「국민영양관리법」상 영양사의 업무에 해당하는 것은?

① 임상영양 자문 및 연구
② 영양불량상태 개선을 위한 영양관리
③ 영양관리상태 점검을 위한 영양모니터링 및 평가
④ 건강증진 및 환자를 위한 영양 · 식생활 교육 및 상담
⑤ 영양문제 수집 · 분석 및 영양요구량 산정 등의 영양판정

100 「농수산물의 원산지 표시에 관한 법률」상 원산지를 위장하여 조리 · 판매 · 제공한 행위로 그 죄에 해당하는 형을 선고받고 그 형이 확정된 후 5년 이내에 다시 같은 항목을 위반하였을 경우 벌칙은?

① 1년 이하의 징역이나 1천만 원 이하의 벌금에 처할 수 있다.
② 3년 이하의 징역이나 3천만 원 이하의 벌금에 처할 수 있다.
③ 5년 이하의 징역이나 5천만 원 이하의 벌금에 처하거나 이를 병과할 수 있다.
④ 7년 이상 10년 이하의 징역 또는 1천만 원 이상 2억 원 이하의 벌금에 처하거나 이를 병과할 수 있다.
⑤ 1년 이상 10년 이하의 징역 또는 500만 원 이상 1억5천만 원 이하의 벌금에 처하거나 이를 병과할 수 있다.

합격의공식
SD
에듀

1교시		짝수형

영양사 실전동형
봉투모의고사 제3회

응시번호		성 명	

본 시험은 각 문제에서 가장 적합한 답 하나만 선택하는 최선답형 시험입니다.

〈 유의사항 〉

○문제지 표지 상단에 인쇄된 문제 유형과 본인의 응시번호 끝자리가 일치하는지를 확인하고 답안카드에 문제 유형을 정확히 표기합니다.
 • 응시번호 끝자리 홀수 : 홀수형 문제지
 • 응시번호 끝자리 짝수 : 짝수형 문제지
○종료 타종 후에도 답안을 계속 기재하거나 답안카드의 제출을 거부하는 경우 해당 교시의 점수는 0점 처리됩니다.
○응시자는 시험 종료 후 문제지를 가지고 퇴실할 수 있습니다.

영양사 실전동형 봉투모의고사 제3회 1교시

각 문제에서 가장 적합한 답을 하나만 고르시오.

영양학 및 생화학

01 단백질의 합성장소이며, 단백질과 RNA로 이루어진 과립 형태의 세포 소기관은?

① 리보솜
② 리소좀
③ 소포체
④ 골지체
⑤ 미토콘드리아

02 당질 중 흡수 속도가 가장 빠른 것은?

① 과 당
② 포도당
③ 만노오스
④ 갈락토오스
⑤ 자일로오스

03 다음 설명에 해당하는 탄수화물은?

- 6탄당이며, 케톤기를 가진다.
- 식물계에 널리 존재한다.
- 간에서 포도당으로 전환된다.

① 과 당
② 올리고당
③ 갈락토오스
④ 자일로오스
⑤ 아라비노오스

04 위와 장에서 통과시간을 지연시켜 만복감을 주며, 혈중 콜레스테롤 수준을 낮추는 식이섬유는?

① 키 틴
② 펙 틴
③ 리그닌
④ 셀룰로오스
⑤ 헤미셀룰로오스

05 한국인의 1일 당류 섭취기준에 따른 1일 총 당류 섭취량은?

① 하루 총 에너지 섭취량의 5~15%
② 하루 총 에너지 섭취량의 10~20%
③ 하루 총 에너지 섭취량의 15~25%
④ 하루 총 에너지 섭취량의 20~30%
⑤ 하루 총 에너지 섭취량의 25~35%

06 장기간 금식하였을 때 체내에서 나타나는 변화로 옳은 것은?

① 케톤체의 생성이 감소한다.
② 간에서 글리코겐이 합성된다.
③ 혈중 인슐린 농도가 증가한다.
④ 혈중 글루카곤 농도가 감소한다.
⑤ 지방과 아미노산으로부터 당신생이 일어난다.

07 피루브산이 아세틸–CoA로 전환되는 과정에 대한 설명으로 옳은 것은?

① 가역 반응
② NADH에 의해 촉진
③ 시트르산에 의해 촉진
④ 엽산과 비오틴이 조효소로 작용
⑤ 피루브산 탈수소효소에 의해 촉진

08 TCA 회로에서 CO_2가 생성되는 단계로 옳은 것은?

① 푸마르산 → 말산
② 숙신산 → 푸마르산
③ 말산 → 옥살아세트산
④ 아세틸–CoA → 시트르산
⑤ α–케토글루타르산 → 숙시닐–CoA

09 근육에 생성된 젖산이 간으로 운반되어 일어나는 당신생 합성 경로는?

① 코리회로
② TCA회로
③ 오탄당인산경로
④ 글루쿠론산 회로
⑤ 포도당–알라닌 회로

10 간에서 포도당이 글리코겐으로 합성될 때 필수 물질은?

① 알돌라아제(aldolase)
② 글루코키나아제(glucokinase)
③ 피루브산키나아제(pyruvate kinase)
④ 시티딘 삼인산(cytidine triphosphate)
⑤ 우리딘 삼인산(uridine triphosphate)

11 공복 시 분비되어 저혈당이 되지 않도록 혈당 조절에 관여하는 호르몬은?

① 인슐린
② 세크레틴
③ 옥시토신
④ 글루카곤
⑤ 항이뇨호르몬

12 포화지방산에 해당하는 것은?

① 올레산
② 리놀레산
③ 리놀렌산
④ 팔미트산
⑤ 아라키돈산

13 아이코사노이드(eicosanoids)에 해당하며, 혈관 수축과 혈소판 응고에 관여하는 물질은?

① 팔미트산
② 트롬복산
③ 스테아르산
④ 미리스트산
⑤ 아세토아세트산

14 콜레스테롤에 대한 설명으로 옳은 것은?

① 식물성 스테롤이다.
② 효모나 표고버섯에 많다.
③ 근육에 다량 함유되어 있다.
④ 성호르몬, 부신피질호르몬의 전구체이다.
⑤ 지방산, 당질 및 질소화합물을 함유한다.

15 비타민 D의 전구체로, 자외선을 조사하면 비타민 D_2를 생성하는 것은?

① 세팔린(cephalin)
② 스테아르산(stearic acid)
③ 에르고스테롤(ergosterol)
④ 세레브로시드(cerebroside)
⑤ 아이코사노이드(eicosanoid)

16 식사 직후 지질 대사에 대한 설명으로 옳은 것은?

① 지질 합성이 감소하는 쪽으로 진행된다.
② 여분의 포도당을 지질로 저장하는 경로가 억제된다.
③ 오탄당인산경로에 관여하는 효소들의 활성이 감소한다.
④ 지방조직의 중성지방을 분해하는 효소들의 활성이 증가한다.
⑤ 세포 밖 지질을 분해시키는 지단백 분해효소들의 활성이 감소한다.

17 지방산의 β–산화가 일어나는 곳은?

① 세포질
② 소포체
③ 골지체
④ 세포막
⑤ 미토콘드리아

18 지방산의 β–산화에 관여하는 효소 중 가장 마지막에 작용하는 효소는?

① 티올라아제
② 아실–CoA 탈수소효소
③ 에노일–CoA 수화효소
④ β–케토아실–CoA 전이효소
⑤ β–히드록시아실–CoA 탈수소효소

19 부족 시 TCA회로가 원활히 진행되지 않아 케톤체를 생성하게 하는 물질은?

① 젖 산
② 아세톤
③ 옥살로아세트산
④ 아세토아세트산
⑤ β–히드록시부티르산

20 콜레스테롤 합성에 관련하는 HMG–CoA 환원효소의 활성을 촉진하는 물질은?

① 인슐린
② 글루카곤
③ 메발론산
④ 스쿠알렌
⑤ 라노스테롤

21 단백질의 기능을 옳게 연결한 것은?

① 글루카곤 – 삼투압 조절
② 프로트롬빈 – 전자 전달
③ 시토크롬 – 혈액응고 관여
④ 액토미오신 – 혈당량 조절 호르몬
⑤ γ–글로불린 – 항체 운반, 면역반응 관여

22 영유아의 필수아미노산은?

① 알라닌
② 글리신
③ 히스티딘
④ 시스테인
⑤ 글루탐산

23 완전단백질에 속하는 질 좋은 단백질은?

① 젤라틴
② 밀의 글리아딘
③ 우유의 카세인
④ 옥수수의 제인
⑤ 보리의 호르데인

24 생리활성물질과 이와 관련된 아미노산의 연결이 옳은 것은?

① 도파민 – 티로신
② 타우린 – 트립토판
③ 세로토닌 – 글루탐산
④ 히스타민 – 시스테인
⑤ 글루타티온 – 히스티딘

25 단백질 과잉섭취 시 나타날 수 있는 증상은?

① 칼슘의 배설이 증가한다.
② 체지방 축적이 감소한다.
③ 요소의 생성이 감소한다.
④ 케톤체의 합성이 증가한다.
⑤ 당질과 지방의 연소가 증가한다.

26 아미노산을 α–케토산과 암모니아로 분해하는 반응은?

① 요소회로
② 탈탄산 반응
③ 탈아미노 반응
④ 시트르산 회로
⑤ 아미노기 전이반응

27 사람의 단백질 분해대사의 최종 질소 배설 형태는?

① 요 산
② 요 소
③ 케톤체
④ 암모니아
⑤ 크레아틴

28 단백질 합성에서 tRNA의 기능은?

① DNA 복제
② DNA 분해
③ 아미노산 운반
④ 유전정보 전달
⑤ 리보솜 구성성분

29 효소반응에서 비경쟁적 저해제를 첨가할 경우 최고속도(V_{max})와 미카엘리스 상수(K_m)의 변화는?

① V_{max} 감소, K_m 감소
② V_{max} 불변, K_m 감소
③ V_{max} 감소, K_m 불변
④ V_{max} 불변, K_m 증가
⑤ V_{max} 불변, K_m 불변

30 기초대사량에 대한 설명으로 옳은 것은?

① 생후 1~2년경 가장 낮다.
② 나이가 들수록 증가한다.
③ 개인의 근육량과 무관하다.
④ 수면 시 기초대사량이 10% 감소한다.
⑤ 성장호르몬은 기초대사량을 감소시킨다.

31 측정조건이 까다로운 기초대사량 대신하여 사용할 수 있는 것은?

① 수면대사량
② 활동대사량
③ 적응대사량
④ 휴식대사량
⑤ 식품이용을 위한 에너지 소모량

32 알코올이 알코올탈수소효소에 의해 분해될 때 생성되며, 두통 및 세포 손상 등을 일으키는 물질은?

① 암모니아
② 아세틸-CoA
③ 아세트알데히드
④ 옥살로아세트산
⑤ 포스포에놀피루브산

33 지용성 비타민에 대한 설명으로 옳은 것은?

① 조리 시 손실이 크다.
② 구성원소는 C, H, O이다.
③ 전구체가 존재하지 않는다.
④ 기름과 유기용매에 녹지 않는다.
⑤ 필요량 이상 섭취 시 체외로 배출된다.

34 β-카로틴이 비타민 A로 전환되는 곳은?

① 위
② 췌 장
③ 신 장
④ 부신피질
⑤ 소장 점막

35 비타민 K의 체내 기능은?

① 시각기능 유지
② 상피조직 형성
③ 골격성장 촉진
④ 세포막 손상 방지
⑤ 프로트롬빈 형성에 관여

36 칼슘과 철분의 흡수를 돕는 비타민은?

① 니아신
② 판토텐산
③ 비타민 C
④ 비타민 D
⑤ 리보플라빈

37 자외선에 의해 잘 파괴되므로 급원식품을 불투명한 재질로 포장해야 하는 비타민은?

① 니아신
② 판토텐산
③ 비타민 A
④ 비타민 D
⑤ 리보플라빈

38 NAD와 NADP의 합성에 이용되며, 체내의 산화환원에 중요한 비타민은?

① 엽 산
② 니아신
③ 비타민 B_6
④ 비타민 B_{12}
⑤ 리보플라빈

39 콜린에 대한 설명으로 옳은 것은?

① 인슐린의 구성물질이다.
② 항지방간 인자에 해당한다.
③ 트립토판으로부터 합성된다.
④ 급원식품은 녹황색 채소이다.
⑤ 노르에피네프린 합성에 사용된다.

40 무기질에 대한 설명으로 옳은 것은?

① 과량섭취로 인한 독성이 없다.
② 매우 많은 양으로 신체조절에 관여한다.
③ 수분평형을 유지하고 항산화기능 등을 수행한다.
④ 호르몬 조절과 효소기능 등을 통해 생체기능을 조절한다.
⑤ 신체조직을 구성하지만 에너지 대사에는 관여하지 않는다.

41 식물성 식품의 비헴철 흡수율을 높이기 위해 함께 섭취하면 좋은 식품은?

① 두 부
② 근 대
③ 우 유
④ 녹 차
⑤ 오렌지

42 혈중 칼슘농도의 항상성 유지에 관한 설명으로 옳은 것은?

① 혈중 칼슘농도는 25mg/dL 정도를 유지한다.
② 혈중 칼슘농도가 저하되면 칼시토닌이 분비된다.
③ 부갑상샘호르몬이 분비되면 혈중 칼슘농도가 증가한다.
④ 비타민 D가 활성화되면 소변으로 배설되는 칼슘양이 증가한다.
⑤ 혈중 칼슘농도가 저하되면 신장에서 칼슘의 재흡수가 감소한다.

43 헤모글로빈 합성에 필요한 무기질은?

① Fe, Zn, I
② Fe, Cr, Cu
③ Fe, Cr, Co
④ Zn, Se, Cu
⑤ Cu, Fe, Co

44 알코올 중독자에게 결핍되기 쉬우며, 결핍 시 신경성 근육경련(테타니)을 일으키는 무기질은?

① 인
② 아 연
③ 철 분
④ 칼 륨
⑤ 마그네슘

45 갑상샘 기능이 항진된 경우 과잉섭취가 의심되는 무기질은?

① 철
② 구 리
③ 아 연
④ 셀레늄
⑤ 요오드

46 체내 수분의 기능에 관한 설명으로 옳은 것은?

① 영양소와 대사물질을 생성한다.
② 소화액의 성분으로 소화작용을 돕는다.
③ 열의 발생과 방출을 통해 체중을 유지한다.
④ 체액조직을 통해 여러 영양소 생성에 기여한다.
⑤ 체내 신진대사에서 생성된 노폐물을 폐, 피부, 신장으로 운반한다.

47 임신 전 정상체중이었던 단태아 임신부가 임신 25주에 다음과 같은 증상을 보였다면 의심되는 상태는?

- 체중이 임신 전보다 20kg 증가하였다.
- 혈압이 150/100mmHg이다.
- 단백뇨를 보인다.

① 자간전증
② 임신성 빈혈
③ 임신성 고혈압
④ 임신성 당뇨병
⑤ 갑상샘기능항진증

48 임신 후기에 태아가 아닌 모체에서 나타나는 특징은?

① 지방산 이용이 증가한다.
② 단백질 합성이 증가한다.
③ 케톤체 합성이 감소한다.
④ 글리코겐 합성이 증가한다.
⑤ 혈중 콜레스테롤 농도가 감소한다.

49 임신 중 모체의 혈액성분과 관련된 변화는?

① 혈장량이 감소한다.
② 알부민 합성이 감소한다.
③ 적혈구 합성이 감소한다.
④ 혈중 중성지방 농도가 감소한다.
⑤ 혈중 콜레스테롤 농도가 감소한다.

50 임신기 입덧 증상을 완화하는 방법은?

① 공복시간을 늘린다.
② 음식을 소량씩 자주 먹는다.
③ 식사 도중 물을 자주 마신다.
④ 향이 강한 조미료를 활용한다.
⑤ 담백한 음식보다는 기름진 음식을 먹는다.

51 수유부의 유즙 생성 및 분비와 관련이 있는 주요 호르몬은?

① 옥시토신, 프로락틴
② 옥시토신, 알도스테론
③ 에스트로겐, 프로락틴
④ 에스트로겐, 프로게스테론
⑤ 알도스테론, 프로게스테론

52 성숙유보다 초유에 더 많이 함유된 것은?

① 지 질
② 유 당
③ 엽 산
④ 에너지
⑤ 단백질

53 우유 알레르기와 관계가 있는 것은?

① 유지방에 대한 과민반응이다.
② 우유 단백질에 대한 과민반응이다.
③ 우유 무기질에 대한 과민반응이다.
④ 유당을 소화 흡수하지 못하여 생긴다.
⑤ 우유의 칼슘 함량이 많아서 발생된다.

54 생후 4~6개월 모유 영양아의 이유식으로 좋은 것은?

① 된 죽
② 두부구이
③ 표고버섯죽
④ 고등어구이
⑤ 연하게 으깬 달걀노른자

55 만 1세 유아기 성장의 특징에 대한 설명으로 옳은 것은?

① 출생 시 체중의 3배로 증가한다.
② 신장보다 체중의 성장속도가 더 빠르다.
③ 영아기의 성장속도가 지속적으로 유지된다.
④ 두뇌는 유아 초기에 거의 성인과 비슷한 수준으로 발달된다.
⑤ 근육량과 수분의 비율이 증가하고 피하지방의 비율은 감소한다.

56 학령기 아동에 나타나는 과잉행동 장애(ADHD)에 대한 설명으로 옳은 것은?

① 지능은 정상이나 산만하고 충동적인 행동을 보인다.
② 남자 어린이보다 여자 어린이에게서 더 많이 발생한다.
③ 일시적인 주의력 부족, 소극적 행동, 우울감이 나타난다.
④ 식품첨가물, 설탕 과잉섭취가 원인으로, 식사요법만으로 완치될 수 있다.
⑤ 사춘기가 되면 증세가 증가하지만, 대부분 청소년기와 성인기가 되면 사라진다.

57 다음과 같은 식행동을 보이는 경우는?

> • 먹는 음식은 고열량이고 소화하기 쉬운 음식물이다.
> • 폭식과 굶기, 구토를 반복하고 하제, 이뇨제를 사용한다.
> • 체중은 정상범위에 있으나 관심과 걱정이 지나치게 많다.

① 섭식장애
② 신경성 거식증
③ 역류성 식도염
④ 신경성 폭식증
⑤ 신경성 식욕부진증

58 성인기의 생리적 특성에 대한 설명으로 옳은 것은?

① 성인기의 체중증가는 대체로 수분의 축적에 기인한다.
② 체중에서 차지하는 체지방 비율이 여자보다 남자가 높다.
③ 대부분의 신체기능은 30대 중반까지 발달하여 최대가 된다.
④ 다른 생애주기에 비하여 거의 변화가 없는 안정된 시기이다.
⑤ 신체의 기능 감소 및 퇴화는 누구에게나 일정하다.

59 노년기의 면역기능 장애와 특히 관련이 큰 영양소는?

① 칼 슘
② 당 질
③ 아 연
④ 섬유소
⑤ 비타민 K

60 운동을 장시간 했을 때 체내 변화는?

① 혈당 저하
② 호흡계수 증가
③ 적혈구 수 증가
④ 혈액의 비중 증가
⑤ 소변 중 칼륨 배설량 감소

영양교육, 식사요법 및 생리학

61 영양교육의 목표를 가장 바르게 설명한 것은?

① 친환경 먹거리를 소개한다.
② 다양한 조리방법을 개발한다.
③ 만성질환을 조기에 진단한다.
④ 전문적인 영양지식을 보급한다.
⑤ 영양수준 및 식생활의 향상을 꾀한다.

62 사회인지론의 구성요소에 대한 설명으로 옳은 것은?

① 행동수행력 : 목표지향적인 행동에 대한 개인적 규제
② 관찰학습 : 행동이 계속될 가능성을 높이거나 낮추는 것
③ 자아효능감 : 목표를 달성할 수 있다는 자신의 능력에 대한 자신감
④ 강화 : 타인의 행동과 그 결과를 관찰하면서 그 행동을 습득하는 것
⑤ 자기조절 : 특정 목표를 달성하거나 수행하는 데 요구되는 지식과 기술

63 영양사가 독거노인을 대상으로 하는 조리교육 프로그램의 홍보 자료를 제작하여 지역사회의 여러 기관에 배포하였다. 해당하는 마케팅 믹스의 요소는?

① 유 통
② 가 격
③ 제 품
④ 사 람
⑤ 촉 진

64 영양교육을 실시한 후 그 효과 판정을 비교적 단시간에 측정할 수 있는 방법은?

① 섭취하는 식품 품목의 변화, 건강 상태의 변화
② 건강 상태의 변화, 교육에 참가하는 횟수의 변화
③ 교육에 임하는 자세의 변화, 신체 발육 상태의 변화
④ 신체 발육 상태의 변화, 교육에 참가하는 횟수의 변화
⑤ 섭취하는 식품 품목의 변화, 교육에 임하는 자세의 변화

65 A구에 소재한 보건소의 영양사들이 60세 이상 노인들을 대상으로 한 영양교육 프로그램을 개발하기 위해 모였다. 참가자 전원이 차례로 생각하고 있는 아이디어를 제시하고 그 가운데에서 가장 좋은 프로그램이 무엇인지 찾아가는 토의 방식은?

① 연구집회
② 사례연구
③ 시범교수법
④ 브레인스토밍
⑤ 6 · 6식 토의법

66 병원 및 보건소의 외래환자들을 대상으로 하며, 중심 기사가 드러나게 하고, 만화식 기사로 게재하는 등 대상자들에게 적합한 내용으로 편집할 수 있는 매체는?

① 벽 보
② 포스터
③ 융판그림
④ 슬라이드
⑤ 정기간행물

67 국민건강영양조사에 대한 설명으로 옳은 것은?

① 식품위생법에 근거하여 실시한다.
② 건강설문조사 부문 항목에는 신체계측, 근력검사, 혈액검사 등이 포함된다.
③ 영양조사 부문 항목에는 비만 및 체중조절, 정신건강, 안전의식 등이 포함된다.
④ 조사항목은 기초조사, 건강설문조사, 검진조사, 영양조사 등 4개 부문으로 나눌 수 있다.
⑤ 국민건강영양조사는 국민의 건강수준, 건강관련 의식 및 행태 등을 파악하는 것을 목적으로 한다.

68 영양상담에 대한 질문 중 폐쇄형 질문은?

① 간식은 주로 어떤 걸 드시나요?
② 환절기 때 감기에 자주 걸리나요?
③ 오늘 아침식사로 무엇을 드셨나요?
④ 식단 관리는 어떤 방식으로 하시나요?
⑤ 어떤 운동을, 하루에 얼마나 하시나요?

69 일반인들이 식생활에서 쉽고 편리하게 식품을 선택할 수 있도록 고안한 것으로, 하루에 섭취해야 할 적절한 식품군의 횟수를 교육할 때 활용할 수 있는 도구는?

① 식품모형
② 식품교환표
③ 식사구성안
④ 식량수급표
⑤ 식품성분표

70 기획재정부에서 주관하는 업무는?

① 영양상태 조사 및 평가
② 맞춤형 방문 건강관리사업
③ 대사증후군 관리를 위한 교육
④ 생애주기별 영양교육 및 상담
⑤ 영양교육 등에 관한 예산 책정

71 국민영양관리법에 따라 한국인 영양소 섭취기준을 정하는 곳은?

① 법제처
② 보건복지부
③ 행정안전부
④ 농림축산식품부
⑤ 식품의약품안전처

72 지역사회의 영양지도 방법에 대한 설명으로 옳은 것은?

① 단체급식을 통해 전문적인 영양지식을 가르친다.
② 질병예방 및 치료를 위한 영양지도는 고려 대상이 아니다.
③ 대상자의 경제적 여건은 영양지도 시 고려할 대상이 아니다.
④ 개별 · 세부적 지도를 먼저 한 후 집단 · 획일적 지도의 방향으로 진행한다.
⑤ 대상을 선정하기 전에 사전조사를 실시하고, 선정한 후에는 실태를 파악한다.

73 행동수정요법은 자기관찰, 자기조절, 보상의 단계로 구분할 수 있다. 비만을 치료하기 위해 행동수정요법을 적용하려고 할 때 자기관찰 단계에 해당하는 것은?

① 식후에 장보기
② 식사일기 작성하기
③ 먹을 만큼만 조리하기
④ 벌을 주거나 야단을 치기
⑤ 구매목록 작성해서 구매하기

74 우리나라 영양표시제에 대한 설명으로 옳은 것은?

① 식품, 기구 등을 수입하는 자는 반드시 영양표시를 해야 한다.
② 지방, 나트륨, 수분, 탄수화물은 영양성분 의무표시대상에 속한다.
③ 특수영양식품, 농산가공식품류, 건강기능식품은 영양표시 대상식품이다.
④ 영양성분표시란 제품 전체에 함유된 영양성분의 함량을 표시하는 것이다.
⑤ 영양표시란 농산물, 축산물에 들어있는 영양성분의 양을 표시하는 것이다.

75 양질의 영양관리를 위한 표준화 모델인 영양관리과정(NCP) 단계는?

① 영양중재 → 영양진단 → 영양판정 → 영양모니터링 및 평가
② 영양판정 → 영양진단 → 영양중재 → 영양모니터링 및 평가
③ 영양진단 → 영양판정 → 영양모니터링 및 평가 → 영양중재
④ 영양판정 → 영양중재 → 영양모니터링 및 평가 → 영양진단
⑤ 영양모니터링 및 평가 → 영양중재 → 영양진단 → 영양판정

76 50세 남성의 신체검사 결과가 다음과 같다. 이 결과를 보고 바르게 판정한 것은?

• 신장 : 175cm	• 체지방률 : 23%
• 체중 : 80kg	• 허리둘레 : 93cm
• BMI : 26.12kg/m^2	• 엉덩이둘레 : 95cm
• 비만도 : 118.5%	

① 비만도 118.5%로 비만이다.
② 체지방률 23%로 마른비만이다.
③ 허리둘레 93cm로 복부비만이다.
④ BMI 26.12kg/m^2로 정상체중이다.
⑤ 허리−엉덩이둘레비 0.98로 내장비만이다.

77 영양판정 방법 중 가장 객관적이고 정량적인 방법은?

① 임상조사
② 식사기록법
③ 신체계측법
④ 식사력 조사법
⑤ 생화학적 검사

78 임상조사 결과 구순염, 구각염, 설염 등의 증상이 나타났을 때 결핍이 예상되는 영양소는?

① 아 연
② 티아민
③ 피리독신
④ 비타민 A
⑤ 리보플라빈

79 식품교환표에서 식품군의 1교환단위당 영양가를 바르게 표시한 것은?

① 과일군 : 열량 20kcal
② 지방군 : 열량 45kcal
③ 곡류군 : 열량 50kcal
④ 일반우유 : 열량 100kcal
⑤ 고지방 어육류군 : 열량 125kcal

80 맑은 유동식으로 제공할 수 있는 식품은?

① 푸 딩
② 옥수수차
③ 흰살생선
④ 아이스크림
⑤ 잘 익은 바나나

81 정맥영양액의 성분으로 옳은 것은?

① 무기질은 상한섭취량으로 공급한다.
② 비타민은 권장량보다 많이 공급한다.
③ 지질 공급원으로서 MCT를 사용한다.
④ 탄수화물 공급원으로서 덱스트린을 사용한다.
⑤ 단백질은 비필수아미노산은 제외하고 필수아미노산만 공급한다.

82 위산과다성 위염 환자에게 가장 적합한 식단은?

① 라면, 김치, 콜라
② 흰죽, 가자미찜, 연두부
③ 흰밥, 육회, 시금치나물
④ 토스트, 야채샐러드, 커피
⑤ 보리밥, 된장찌개, 생채 나물

83 소화성 궤양 환자에게 가장 적합한 식품은?

① 영계백숙
② 생선튀김
③ 삼겹살 구이
④ 고등어 조림
⑤ 돼지갈비 구이

84 음식물을 삼킬 때 연하통증을 호소하는 식도염 환자에게 적합한 영양관리 방법은?

① 고지방 · 저단백 식사를 제공한다.
② 자극적이지 않은 연식을 제공한다.
③ 식사 후 바로 누워 안정을 취하게 한다.
④ 한꺼번에 많은 양의 식사를 하도록 한다.
⑤ 흡인의 위험이 있으므로 끈적끈적한 음식을 제공한다.

85 저잔사식 식단으로 가장 적절한 것은?

① 쌀밥, 달걀찜
② 밀가루빵, 커피
③ 보리밥, 상추쌈
④ 콜라, 과일 통조림
⑤ 옥수수죽, 양배추찜

86 체중감소 증상과 지방변 증상이 있는 50대 남자 환자에게 적합한 식품은?

① 열량 함유량이 적은 식품
② 칼슘 함유량이 적은 식품
③ 지방 함유량이 많은 식품
④ 단백질 함유량이 적은 식품
⑤ 비타민 K 함유량이 많은 식품

87 글루텐 과민성 장질환에 대한 설명으로 옳은 것은?

① 글리아딘의 소화 · 흡수 장애로 나타난다.
② 탄수화물과 지방의 흡수가 잘 이루어진다.
③ 쌀, 감자녹말, 옥수수 가루 등을 제한해야 한다.
④ 비만 증상이 나타날 수 있으므로 식사량을 제한한다.
⑤ 밀, 호밀, 귀리, 메밀, 보리 등을 섭취하는 것이 좋다.

88 크론병 환자에게 권장하는 식품은?

① 부드러운 죽
② 커피와 홍차
③ 과일과 채소
④ 우유 및 유제품
⑤ 기름기 많은 고기

89 간성혼수 환자에게 제한해야 하는 음식은?

① 감 자
② 호 박
③ 시금치
④ 강낭콩
⑤ 땅콩버터

90 급성 췌장염 환자가 통증이 완화될 때까지 금식하고, 정맥영양으로 수분과 전해질을 공급받았다. 그 이후에 제공하는 식사요법은?

① 고당질, 저지방식
② 저당질, 고단백식
③ 저당질, 저지방식
④ 고단백, 고지방식
⑤ 저단백, 고지방식

91 비만의 원인은?

① 갑상선 기능 저하증
② 식사를 천천히 하는 습관
③ 하루 세 끼 균형잡힌 식사
④ 부신피질 호르몬 분비 저하
⑤ 활동량 대비 에너지 섭취 과소

92 대한비만학회에서 제시한 성인의 비만 체질량지수(BMI, kg/m^2) 범위는?

① $5kg/m^2$ 이상
② $10kg/m^2$ 이상
③ $15kg/m^2$ 이상
④ $20kg/m^2$ 이상
⑤ $25kg/m^2$ 이상

93 다음은 50세 여성의 건강검진 결과표이다. 이 여성은 어느 경우에 해당하는가?

- 허리둘레 : 여자 95cm
- 혈압 : 140/90mmHg
- 공복혈당 : 105mg/dL
- 중성지방(TG) : 180mg/dL
- HDL-콜레스테롤 : 55mg/dL

① 골다공증
② 대사증후군
③ 동맥경화증
④ 심근경색증
⑤ 고콜레스테롤혈증

94 제1형 당뇨병과 제2형 당뇨병에 관한 설명으로 옳은 것은?

① 제1형 당뇨병은 부모가 당뇨 병력이 있으면 발병 가능성이 높다.
② 제1형 당뇨병의 주된 발병 원인은 비만, 과식, 운동 부족 등이다.
③ 제2형 당뇨병은 치료 시 인슐린 투여가 필수적이다.
④ 제2형 당뇨병은 식사조절과 운동으로 합병증을 예방할 수 있다.
⑤ 제2형 당뇨병은 아동이나 30세 미만의 젊은 층에서 주로 발병한다.

95 경구당부하 검사에서 포도당 경구 투여 후 2시간 정맥혈당치가 190mg/dL인 경우는 어떤 상태인가?

① 고혈압
② 뇌졸중
③ 당뇨병
④ 내당능 장애
⑤ 공복혈당 장애

96 임신성 당뇨병에 대한 설명으로 옳은 것은?

① 인슐린 민감도가 증가하여 발생하는 병이다.
② 당뇨병이 있는 여성이 임신한 경우를 말한다.
③ 선천성 기형, 저체중아 출산의 주요 원인이 된다.
④ 출산 후 정상으로 돌아가고, 재발하는 경우가 극히 드물다.
⑤ 원래 당뇨병이 없던 사람이 임신 중 처음으로 당뇨병이 발생한 것이다.

97 당뇨병 환자에게 나타나는 단백질 대사의 특징은?

① 당신생이 감소한다.
② 간의 단백질 분해가 감소한다.
③ 소변 중 질소 배설량이 증가한다.
④ 체단백 감소로 인해 병에 대한 저항력이 강해진다.
⑤ 포도당이 아미노산으로 전환되어 혈당을 상승시킨다.

98 당뇨병성 신증의 식사요법은?

① 칼륨을 섭취한다.
② 나트륨을 섭취한다.
③ 지방 섭취를 제한한다.
④ 단백질 섭취를 제한한다.
⑤ 식이섬유소 섭취를 제한한다.

99 제2형 당뇨병 환자의 식사요법은?

① 식이섬유소 섭취를 제한한다.
② 혈당지수가 높은 식품을 이용한다.
③ 탄수화물은 하루 100g 이상 섭취한다.
④ 인공감미료 사용을 엄격하게 제한한다.
⑤ 잡곡보다는 소화가 잘되는 백미를 섭취한다.

100 고혈압 환자를 위한 DASH Diet에서 제한하는 식품은?

① 과 일
② 소 금
③ 채 소
④ 전곡류
⑤ 저지방 유제품

101 혈압을 낮추는 요인은?

① 심박출량의 증가
② 혈관 저항의 감소
③ 혈관 직경의 감소
④ 혈액 점성의 증가
⑤ 혈관 수축력의 증가

102 고콜레스테롤혈증 환자의 식사요법은?

① 섬유소 섭취를 제한한다.
② 콜레스테롤이 높은 음식을 섭취한다.
③ 불포화지방 대신 포화지방을 섭취한다.
④ 육류 조리 시 눈에 보이는 지방은 제거한다.
⑤ 조리법은 구이나 찜보다는 튀김을 선택한다.

103 심근경색증 환자에게 적합한 식사요법은?

① 고열량식, 고염식, 고단백식
② 고열량식, 저염식, 저단백식
③ 저열량식, 고염식, 고단백식
④ 저열량식, 저염식, 고단백식
⑤ 저열량식, 저염식, 저단백식

104 프랑크 · 스탈링 법칙과 가장 관계가 있는 것은?

① 대정맥의 축압
② 심장의 박출량
③ 대동맥의 산소분압
④ 모세혈관의 투과성
⑤ 심장 수축기와 이완기의 압력 차이

105 동맥경화, 뇌출혈 등의 심혈관계질환을 예방하는 데 도움이 되고 꽁치와 고등어 등의 등푸른생선에 함유된 지방산은?

① EPA
② 올레산
③ 팔미트산
④ 라우르산
⑤ 스테아르산

106 만성 콩팥병으로 인한 요독증 환자에게 제한해야 하는 식품은?

① 저염 식품
② 고단백 식품
③ 고열량 식품
④ 단순당 식품
⑤ 저칼륨 식품

107 혈액투석 시 제한해야 하는 것은?

① 수분, 나트륨, 인
② 인, 지방, 무기질
③ 비타민, 칼륨, 당질
④ 수분, 무기질, 지방
⑤ 당질, 나트륨, 비타민

108 신결석 환자의 식사요법으로 적절한 것은?

① 칼슘 결석의 경우 염분을 제한한다.
② 시스틴 결석의 경우 고단백식을 섭취한다.
③ 수산칼슘 결석의 경우 비타민 C를 보충한다.
④ 요산 결석의 경우 퓨린 함량이 높은 식품을 섭취한다.
⑤ 요산 결석의 경우 멸치, 고등어 등을 섭취하는 것이 좋다.

109 급성 사구체신염 환자에게 적합한 식사요법은?

① 부종이 있을 경우 나트륨을 제공한다.
② 핍뇨 증상이 있는 경우 수분을 충분히 제공한다.
③ 당질 위주로 에너지를 충분히 섭취할 수 있도록 한다.
④ 결뇨 증상이 있는 경우 칼륨 함량이 높은 식품을 제공한다.
⑤ 신장 기능이 회복됨에 따라 단백질 제공량을 서서히 줄인다.

110 원위세뇨관과 집합관에서 나트륨 이온의 재흡수와 칼륨 이온의 방출에 관여하는 호르몬은?

① 글루카곤
② 코르티솔
③ 알도스테론
④ 에스트로겐
⑤ 항이뇨호르몬

111 암 환자의 영양소 대사에 대한 설명으로 옳은 것은?

① 당신생 감소
② 양의 질소평형
③ 지방 합성 증가
④ 기초대사량 감소
⑤ 인슐린 저항성 증가

112 항암치료나 방사선 치료 후 백혈구 수치가 감소한 암 환자의 식사요법은?

① 게장이나 젓갈을 많이 섭취한다.
② 된장은 볶거나 끓여서 섭취한다.
③ 생선은 신선하게 회로 섭취한다.
④ 굴과 같은 해산물을 충분히 섭취한다.
⑤ 여름철에는 끓인 물보다 생수를 마시는 것이 좋다.

113 아토피성 피부염을 판단하기 위해 혈액검사에서 측정하는 것으로, 아토피성 피부염이나 식품 알레르기와 관련 있는 면역글로불린은?

① Ig A
② Ig D
③ Ig E
④ Ig G
⑤ Ig M

114 화상 환자의 영양 공급 방법은?

① 단백질 섭취를 제한한다.
② 비타민 섭취를 제한한다.
③ 수분의 섭취를 제한한다.
④ 단순당을 충분히 섭취한다.
⑤ 충분한 에너지를 섭취한다.

115 체조직 소모가 심한 폐결핵 환자의 식사요법으로 옳은 것은?

① 고단백 식사를 한다.
② 저열량 식사를 한다.
③ 수분 섭취를 제한한다.
④ 칼슘 섭취를 제한한다.
⑤ 비타민 섭취를 제한한다.

116 원심분리한 혈액에서 적혈구가 차지하는 용적비를 의미하는 용어는?

① hematocrit
② hemoglobin
③ platelet count
④ red blood cell count
⑤ white blood cell count

117 철 결핍성 빈혈 환자에게 권장하는 식품은?

① 홍 차
② 우 유
③ 감 자
④ 호밀빵
⑤ 소고기

118 케톤식 식사요법을 해야 하는 질환은?

① 당뇨병
② 골다공증
③ 뇌전증(간질)
④ 알츠하이머병
⑤ 아토피성 피부염

119 통풍 환자의 식사요법은?

① 수분 섭취를 제한한다.
② 섬유질 섭취를 제한한다.
③ 퓨린 함량이 적은 식품을 섭취한다.
④ 고등어와 같은 등푸른생선을 섭취한다.
⑤ 요산의 배출을 위해 지방을 많이 섭취한다.

120 지능 장애, 담갈색 모발, 피부의 색소 결핍 등의 증상이 나타나며, 혈액 내 페닐알라닌이 축적되어 발생하는 선천성 질환은?

① 당원병
② 단풍당뇨증
③ 티로신혈증
④ 갈락토스혈증
⑤ 페닐케톤뇨증

2교시

짝수형

영양사 실전동형
봉투모의고사 제3회

응시번호		성 명	

본 시험은 각 문제에서 가장 적합한 답 하나만 선택하는 최선답형 시험입니다.

〈 유의사항 〉

○문제지 표지 상단에 인쇄된 문제 유형과 본인의 응시번호 끝자리가 일치하는지를 확인하고 답안카드에 문제 유형을 정확히 표기합니다.
- 응시번호 끝자리 홀수 : 홀수형 문제지
- 응시번호 끝자리 짝수 : 짝수형 문제지

○종료 타종 후에도 답안을 계속 기재하거나 답안카드의 제출을 거부하는 경우 해당 교시의 점수는 0점 처리됩니다.

○응시자는 시험 종료 후 문제지를 가지고 퇴실할 수 있습니다.

영양사 실전동형 봉투모의고사 제3회 2교시

각 문제에서 가장 적합한 답을 하나만 고르시오.

식품학 및 조리원리

01 전자레인지의 특징에 대한 설명으로 옳은 것은?

① 파장이 길어 영양분이 쉽게 파괴된다.
② 도자기, 유리 재질의 그릇은 사용할 수 없다.
③ 전자레인지로 조리 시 갈변현상이 일어나기 쉽다.
④ 열전달 방식 중 전도 현상을 이용한 가열기구이다.
⑤ 물 분자가 진동하며 식품을 겉에서 안쪽으로 빠르게 익힌다.

02 결합수에 대한 설명으로 옳은 것은?

① 0℃ 이하에서 결빙된다.
② 자유수보다 밀도가 낮다.
③ 미생물의 생육에 이용된다.
④ 식품을 건조 · 압착시켜도 제거되지 않는다.
⑤ 보통의 물에 가까운 형태로 화학반응에 관여한다.

03 오이초무침을 할 때 조미료 첨가순서는?

① 소금 → 설탕 → 고추장 → 식초
② 소금 → 식초 → 고추장 → 설탕
③ 고추장 → 소금 → 식초 → 설탕
④ 설탕 → 소금 → 식초 → 고추장
⑤ 설탕 → 식초 → 소금 → 고추장

04 전분의 호화에 영향을 미치는 요인으로 옳은 것은?

① 산성 조건에서 호화가 촉진된다.
② 당류의 첨가는 호화를 촉진시킨다.
③ 온도가 낮을수록 호화가 촉진된다.
④ 전분의 종류가 호화에 영향을 미친다.
⑤ 수분함량이 낮을수록 호화가 잘 일어난다.

05 복합다당류에 속하는 것은?

① 펙 틴
② 이눌린
③ 덱스트린
④ 셀룰로스
⑤ 글리코겐

06 녹말을 가수분해하는 효소로서 α-1,4 결합뿐 아니라 분지점의 α-1,6 결합도 분해하는 효소는?

① 말타아제
② α-아밀라아제
③ β-아밀라아제
④ 탈분지아밀라아제
⑤ 글루코아밀라아제

07 불포화지방산에 대한 설명으로 옳은 것은?

① 포화지방산보다 융점이 높다.
② 수소결합이 많을수록 산화되기 쉽다.
③ 일반 동 · 식물성 유지에 많이 존재한다.
④ 체내에서 합성되지 않아 식품으로 섭취해야 한다.
⑤ 주요 불포화지방산으로는 리놀레산, 아라키돈산, 올레산 등이 있다.

08 단순지질에 해당하는 것은?

① 지방산
② 당지질
③ 황지질
④ 중성지방
⑤ 콜레스테롤

09 유지 1g 중에 존재하는 유리지방산을 중화하는 데 소요되는 KOH의 mg수로 표시되는 값은?

① 산 가
② 검화가
③ 요오드가
④ 아세틸가
⑤ 과산화물가

10 단백질에 대한 설명으로 옳은 것은?

① 단백질의 등전점에서 점도와 삼투압은 최대가 된다.
② 베네딕트 반응으로 단백질 분자 중 펩타이드 결합을 확인할 수 있다.
③ 펩타이트 결합을 하고 있는 아미노산의 배열 순서를 단백질의 2차 구조라고 한다.
④ 아미노산은 한 분자 내에 아미노기($-NH_2$)와 카복실기($-COOH$)를 동시에 갖는다.
⑤ C(탄소), H(수소), O(산소)로 구성되어 있으며, 일반식은 $C_m(H_2O)_n$으로 표시한다.

11 아미노산만으로 구성된 단백질은?

① 젤라틴
② 인슐린
③ 알부민
④ 파라카세인
⑤ 헤모글로빈

12 단백질의 등전점에서 나타나는 현상은?

① 팽윤 최대
② 점도 최대
③ 기포성 최소
④ 용해도 최소
⑤ 흡착성 최소

13 박피한 배나 사과의 갈변을 일으키는 데 관여하는 색소로 옳은 것은?

① 타 닌
② 멜라닌
③ 베타레인
④ 안토시안
⑤ 카로티노이드

14 마이야르 반응에 대한 설명으로 옳은 것은?

① 적외선이 갈변을 촉진한다.
② pH가 낮아질수록 갈변이 잘 일어난다.
③ 온도가 낮을수록 반응속도가 빨라진다.
④ 초기 단계에서 알돌 축합반응이 일어난다.
⑤ 아미노기와 카보닐기가 공존할 때 일어나므로 amino-carbonyl 반응이라고도 한다.

15 미생물 증식단계 중 세포수가 급격히 증가하는 구간은?

① 유도기
② 대수기
③ 정체기
④ 사멸기
⑤ 쇠퇴기

16 미생물 증식에 영향을 미치는 요인들로 묶인 것은?

① 온도, pH, 산소
② pH, 기압, 광선
③ 수분, 광선, 용해도
④ 탄수화물, 부피, 밀도
⑤ 색소, 무기염류, 삼투압

17 포도주 제조에 이용되는 미생물은?

① *Acetobacter aceti*
② *Aspergillus oryzae*
③ *Saccharomyces cerevisiae*
④ *Leuconostoc mesenteroides*
⑤ *Saccharomyces ellipsoideus*

18 쌀의 특성에 관한 설명으로 옳은 것은?

① 쌀의 주단백질은 글루테닌이다.
② 밥물은 산성에 가까울수록 밥맛이 좋아진다.
③ 쌀겨층을 50% 제거한 쌀이 백미보다 소화가 잘된다.
④ 쌀은 불순물을 완벽하게 제거하기 위해 6회 이상 거칠게 씻는다.
⑤ 밥 짓기 전에 쌀을 미리 물에 담가놓으면 가열 시 열전도율이 좋아진다.

19 **밀가루의 종류와 글루텐 함량, 용도가 바르게 연결된 것은?**

밀가루	글루텐 함량	용 도
① 강력분	10% 이상	튀김옷
② 강력분	10~13%	스폰지케이크
③ 중력분	10~13%	국수면
④ 중력분	10~13%	식 빵
⑤ 박력분	10% 이하	만두피

20 **곡류에 함유된 주 단백질의 연결이 옳은 것은?**

① 쌀 - 제인
② 밀 - 카세인
③ 콩 - 글루테닌
④ 보리 - 호르데인
⑤ 옥수수 - 오브알부민

21 **당류에 대한 설명으로 옳은 것은?**

① 마시멜로는 결정형 캔디에 해당한다.
② 포도당은 과당보다 단맛의 강도가 크다.
③ 당류는 온도가 낮아질수록 용해성이 증가한다.
④ 캐러멜화는 단백질에 의해서 일어나는 갈변 반응이다.
⑤ 설탕을 단맛의 표준물질로 삼는 이유는 이성질체가 없기 때문이다.

22 **고구마 절단 시 나오는 흰색 유액의 특수성분은?**

① 사포닌
② 잘라핀
③ 솔라닌
④ 이눌린
⑤ 이포메아마론

23 **고기의 숙성에 대한 설명으로 옳은 것은?**

① 육색이 암갈색에서 적자색으로 변한다.
② 고기가 숙성되면 수용성 물질이 감소한다.
③ 숙성한 고기는 조직이 단단해지고 질기다.
④ 숙성 과정에서 이노신산, 유리아미노산이 생성된다.
⑤ 동일한 온도에서는 동물의 종류와 상관없이 숙성 속도가 같다.

24 **육류를 연화하는 방법으로 옳은 것은?**

① 고기를 결 반대 방향으로 썰어 조리한다.
② 단백질 분해효소는 많이 넣을수록 고기가 연하고 맛있다.
③ 육류는 pH 5~6에서 수화력이 증가되어 고기가 연하고 맛있다.
④ 고기를 단단하게 만드는 소금과 설탕은 조리가 다 끝난 후 넣는다.
⑤ 양념 조리 시 아보카도를 넣으면 단백질 분해효소인 피신에 의해 식육이 연해진다.

25 육류의 조리법으로 옳은 것은?

① 쇠고깃국을 끓일 때 고기를 냉수에 넣어 서서히 끓인다.
② 숯불구이는 약한 불에 고기를 올린 다음 불을 서서히 올린다.
③ 편육을 끓는 물에 삶는 이유는 잡내와 독성물질을 제거하기 위해서이다.
④ 양지와 사태 같은 질긴 고기는 건열조리를 하여야 맛과 조직감이 좋아진다.
⑤ 가열은 고기의 색을 변화시키는데 돼지고기가 소고기의 색보다 변화가 더 크다.

26 해수어의 비린내 원인물질은?

① 캄 펜
② 아세톤
③ 피페리딘
④ 트리메틸아민
⑤ 디알릴디설파이드

27 신선한 어류를 감별하는 방법으로 옳은 것은?

① 안구가 들어가 있다.
② 어류는 비린내가 강할수록 신선하다.
③ 아가미 색이 푸른색을 띠는 것이 신선하다.
④ 비늘은 손으로 잡았을 때 쉽게 떨어져야 한다.
⑤ 복부를 손으로 눌렀을 때 탄력이 있어 팽팽해야 한다.

28 달걀의 녹변현상에 대한 설명으로 옳은 것은?

① pH가 산성일 때에 더 잘 일어난다.
② 가열 온도가 낮을수록 반응속도가 빠르다.
③ 가열 시간이 짧을수록 녹변현상이 잘 일어난다.
④ 신선한 달걀이 오래된 달걀보다 녹변현상이 잘 일어난다.
⑤ 달걀을 삶은 후 즉시 찬물에 담그면 녹변현상을 방지할 수 있다.

29 난황의 높이가 10mm, 지름이 30mm라면, 이 달걀의 난황계수는?

① 0.180
② 0.275
③ 0.333
④ 0.540
⑤ 1.600

30 다음에서 설명하는 우유 가공처리는?

• 크림층 형성을 방지한다. • 유지방의 분리를 막아준다. • 우유의 소화흡수율을 높인다. • 지방구의 크기를 균일하게 미세화한다.

① 청 정
② 건 조
③ 강 화
④ 균질화
⑤ 고온살균

31 우유에 대한 설명으로 옳은 것은?

① 요구르트는 우유의 지방을 모아 압착시킨 것이다.
② 열에 의해 변성되는 유청단백질에는 카세인과 오브알부민이 있다.
③ 우유에 과당을 넣어 가열하면 캐러멜화 반응에 의해 갈변이 일어난다.
④ 우유의 피막은 거품을 내어 데우거나 마시멜로를 띄워 방지할 수 있다.
⑤ 토마토수프를 만들 때 우유를 센 불에 끓이다가 토마토를 넣어야 응고되지 않는다.

32 두류에 대한 설명으로 옳은 것은?

① 콩의 주 단백질은 카세인이다.
② 콩나물은 대두에 비하여 비타민 C의 함량이 많다.
③ 두부는 $C_6H_{12}O_6$을 첨가하여 단백질을 응고시킨 것이다.
④ 두류 식품의 소화율은 비지 > 두부 > 콩장 > 된장 순이다.
⑤ 콩에는 거품이 나고 용혈작용을 하는 글리시닌이라는 독성 성분이 있다.

33 기름을 계속 가열하면 검푸른 연기가 나면서 발생하는 자극적인 냄새의 성분은?

① 솔라닌
② 글리세롤
③ 다이옥신
④ 아크롤레인
⑤ 니트로사민

34 유지의 산패에 영향을 미치는 요인에 대한 설명으로 옳은 것은?

① 온도를 높게 유지하면 유지의 산패를 방지할 수 있다.
② 지방산의 불포화도가 심할수록 유지의 산패가 방지된다.
③ 칼슘, 마그네슘 등의 무기염류에 의해 산패가 촉진된다.
④ 유지를 장시간 방치하면 공기 중의 산소와 결합하여 산패가 일어난다.
⑤ 참기름에는 천연항산화물인 카테킨이 함유되어 있어 산패가 덜 일어난다.

35 면실유에 있는 천연 항산화 성분은?

① 세사몰
② 고시폴
③ 레시틴
④ 카테킨
⑤ 로즈메놀

36 시금치나 양배추를 데칠 때 뚜껑을 덮고 끓이면 산화에 의해 누렇게 변화한다. 그 원인으로 옳은 것은?

① 페오피틴 형성
② 금속과의 반응
③ 알칼리와의 반응
④ 카로티노이드 형성
⑤ 클로로필라아제에 의한 가수분해

37 생강을 식초에 절였을 때 일어나는 현상은?

① 적색으로 변한다.
② 보라색으로 변한다.
③ 선명한 녹색을 띤다.
④ 누런 갈색으로 변한다.
⑤ 흰색을 띠며 전분이 스며 나온다.

38 과일 및 채소의 조리 방법으로 옳은 것은?

① 플라보노이드 색소는 산에서 불안정하다.
② 당근은 무와 함께 갈면 영양소 파괴를 막을 수 있다.
③ 가지를 삶을 때 백반을 넣으면 보라색을 보존할 수 있다.
④ 사과와 배는 구리로 된 칼을 사용하면 갈변을 막을 수 있다.
⑤ 푸른 채소를 데칠 때 색의 손실을 막기 위해 뚜껑을 덮고 10분 이상 끓인다.

39 식품의 분류와 해당 식품이 바르게 연결된 것은?

① 두류 – 콩, 율무, 토란
② 서류 – 감자, 고구마, 밀
③ 곡류 – 옥수수, 보리, 쌀
④ 육류 – 소고기, 닭고기, 조개
⑤ 과일류 – 사과, 바나나, 토마토

40 아이오딘(요오드)을 가장 많이 함유하고 있는 식품은?

① 콩
② 사 과
③ 미 역
④ 우 유
⑤ 돼지고기

급식, 위생 및 관계법규

41 중앙공급식 급식체계에 대한 설명으로 옳은 것은?

① 운송시설에 투자할 필요가 없다.
② 식재료의 대량구입으로 식재료비를 절감할 수 있다.
③ 식중독과 같은 음식의 안전성 문제가 발생하지 않는다.
④ 최대의 공간에서 급식이 가능하고 음식의 질과 맛을 통일시킬 수 없다.
⑤ 한 주방에서 모든 음식 준비가 이루어져 같은 장소에서 소비되는 체계이다.

42 집단급식소 운영자가 영양사를 두지 않아도 되는 경우는?

① 집단급식소를 주 3회만 운영하는 경우
② 조리사가 직접 영양 지도를 하는 경우
③ 집단급식소 운영자 자신이 조리사인 경우
④ 1회 급식인원이 100명 미만의 산업체인 경우
⑤ 급식인원이 영양사의 필요성을 느끼지 못하는 경우

43 **프로젝트 조직에 대한 설명을 옳은 것은?**

① 수평적으로 조직되어 있다.
② 조직 전체로서의 관리통제가 수월하다.
③ 목표가 달성되면 또 다른 프로젝트를 진행한다.
④ 경영상의 독립성을 인정하여 책임의식을 갖게 한다.
⑤ 여러 부문에서 여러 사람을 뽑아 부서 간 이견을 조절할 수 있다.

44 **최고의 경쟁력을 보유한 상대를 정해서 전체 또는 부분적으로 비교하여 상대의 강점을 파악하고 최고와 비교함으로써 동등 이상이 되기 위한 경영혁신 기법은?**

① 아웃소싱
② 벤치마킹
③ 스왓분석
④ 다운사이징
⑤ 종합적품질경영

45 **학교급식의 영양관리기준에 대한 설명으로 옳은 것은?**

① 월별로 연속 5일씩 1인당 평균영양공급량을 평가한다.
② 학교급식의 영양관리기준은 하루의 기준량을 제시한 것이다.
③ 학생 집단의 성장 등을 고려하여 비탄력적으로 적용하여야 한다.
④ 비타민 A, 티아민, 리보플라빈 등은 최대 필요량 이상이어야 한다.
⑤ 총공급에너지 중 단백질 에너지가 차지하는 비율이 20%를 넘지 않도록 한다.

46 **순환식단(주기식단)에 대한 설명으로 옳은 것은?**

① 물품의 구입절차가 복잡하다.
② 이용 가능한 설비가 한정되어 있다.
③ 학교급식 · 산업체급식 등에서 많이 사용한다.
④ 급식 대상자가 비교적 고정적인 곳에 적합한 식단이다.
⑤ 조리과정에서 작업부담의 고른 분배를 이룰 수 있다.

47 **표준레시피에 대한 설명으로 옳은 것은?**

① 생산성 향상에 영향을 미치지는 않는다.
② 다양한 유형의 급식을 제공하기 위해 필요하다.
③ 필요에 따라 영양가, 단가를 산출하여 기록한다.
④ 조리사가 급식 대상자들의 특징을 파악하여 작성한다.
⑤ 급식 대상자들이 선호하는 음식의 조리법을 표준화한 것이다.

48 **절차나 순서의 나열이 옳은 것은?**

① 식재료 세척 순서 : 채소류 → 어류 → 가금류 → 육류
② 영양사의 임무 순서 : 식품 구입 → 식단 작성 → 조리 감독 → 배식
③ 일반경쟁입찰 절차 : 개찰 → 입찰 공고 → 응찰 → 낙찰 → 계약 체결
④ 구매절차에 필요한 장표의 순서 : 구매청구서 → 발주서 → 납품서→ 구매명세서
⑤ 식품검수 절차 : 납품서 대조 및 품질검사 → 물품의 인수 또는 반품 → 인수 물품의 입고 → 검수에 관한 기록 및 문서정리

49 식사구성안에서 식품의 1인 1회 분량으로 옳은 것은?

① 쌀밥 100g
② 수박 200g
③ 쇠고기 60g
④ 우유 100g
⑤ 요구르트(호상) 50g

50 식품 검수에 관한 설명으로 옳은 것은?

① 영양사가 배송에 관한 내용을 정확하게 기록한다.
② 검수 장소는 사무실과 멀리 떨어진 창고가 적합하다.
③ 검수실은 자연조명으로 유지하고, 조명시설은 없어도 된다.
④ 식품 검수 시 우선적인 확인사항은 식품의 품질과 수량이다.
⑤ 납품업체 및 물품에 대한 정보를 관리하는 장표는 납품서이다.

51 재고관리기법 중 ABC 관리 기법에서 B형 품목에 해당하는 것은?

① 과 일
② 육 류
③ 주 류
④ 조미료
⑤ 밀가루

52 주로 소규모 급식소에서 많이 이용하며 구매한 물품 검수 후 창고에 저장 시 물품에 구입단가를 표시하여 두면 좋은 재고자산평가 방법은?

① 총평균법
② 선입선출법
③ 후입선출법
④ 실제구매가법
⑤ 최종구매가법

53 단체급식소의 대량조리 관련 사항에 대한 설명으로 옳은 것은?

① 필수적인 품질관리 요소는 주방기기이다.
② 생산량과 원가를 통제하는 필수적인 요소는 식재료이다.
③ 조리할 때는 온도 조절기기 및 타이머 등을 사용해서는 안 된다.
④ 식품구성표에는 정확한 조리온도와 시간이 기재되어 있어야 한다.
⑤ 배식 담당자는 배식도구의 용량을 파악하여 동일한 분량을 제공해야 한다.

54 기업체 급식소에서 1주일 동안 밥류 1,500식, 면류 1,800식을 제공하였다. 이 급식소의 1주간 총 작업 시간이 400시간이라면 작업시간당 식당량은? (면류의 1식은 1/2 식당량에 해당한다)

① 5식당량/시간
② 6식당량/시간
③ 7식당량/시간
④ 8식당량/시간
⑤ 9식당량/시간

55 비공식조직에 대한 설명으로 옳은 것은?

① 이성적 · 합리적 조직이다.
② 권한은 위양에 의해 생긴다.
③ 조정은 미리부터 정해진 방법에 따라 실시된다.
④ 일종의 사회규제 기관으로서의 기능을 수행한다.
⑤ 비용의 논리와 능률의 논리를 기본으로 하는 조직이다.

56 생산량의 증가 및 원가 절감을 위하여 작업의 생산적, 비생산적 요소를 가려내는 것은?

① 원가분석
② 공정분석
③ 작업분석
④ 작업관리
⑤ 동작연구

57 분산조리에 대한 설명으로 옳은 것은?

① 수요에 맞게 조리한다.
② 배식시간에 앞서 미리 조리한다.
③ 한 번 조리할 때 대량으로 조리한다.
④ 조리사에게 가장 편한 조리방법이다.
⑤ 급식원가를 줄일 수 있는 조리방법이다.

58 집단급식소 영양사가 2022년 11월 17일 목요일 점심으로 제공할 급식을 그날 오전 10시에 보존식 용기에 넣어 냉동 보관하였다. 이 보존식의 최초 폐기가 가능한 일시는?

① 2022년 11월 22일 화요일 오전 10시
② 2022년 11월 22일 화요일 오후 14시
③ 2022년 11월 23일 수요일 오전 10시
④ 2022년 11월 23일 수요일 오후 14시
⑤ 2022년 11월 24일 목요일 오전 10시

59 현재 보유한 재고품목들이 얼마나 빈번히 주문되고 이 품목들이 어느 정도의 기간 동안 사용되었는지를 계산하는 것은?

① 재고회전율
② 재고주문율
③ 재고사용율
④ 물품회전율
⑤ 물품주문율

60 식품 감별 방법에 대한 설명으로 옳은 것은?

① 관능 검사법으로 미생물의 존재 유무를 확인할 수 있다.
② 관능 검사법으로 유해성분의 혼입 여부를 등 확인할 수 있다.
③ 쌀은 광택이 있고 투명하며 앞니로 씹었을 때 경도가 높은 것이 좋다.
④ 소고기는 엷은 분홍색, 돼지고기는 살코기가 밝은 빨간색인 것이 좋다.
⑤ 이화학적 방법 사용 시 우선 먼저 맛, 색, 향기, 광택, 촉감 등을 관찰한다.

61 채소류의 식품위생관리에 관한 설명으로 옳은 것은?

① 파 : 뿌리에 가까운 부분의 흰색이 짧고 잎이 싱싱한 것
② 배추 : 연백색으로 잎이 두꺼우며 굵은 섬유질이 있는 것
③ 당근 : 둥글고 살찐 것으로 마디가 있고, 잘랐을 때 단단한 심이 있는 것
④ 우엉 : 길게 쭉 뻗은 모양이 좋은 것으로, 살집이 좋고 외피가 부드러운 것
⑤ 오이 : 만졌을 때 가시가 없고 끝에 꽃 마른 것이 달렸으며 가벼운 느낌이 드는 것

62 식품의 원가 통제관리를 위한 영구 재고조사에 관한 설명으로 옳은 것은?

① 저가 품목의 재고조사에 주로 적용된다.
② 물품의 회전속도가 빠른 것에 주로 적용된다.
③ 식품의 원가관리를 위한 가장 정확한 방법이다.
④ 현재의 잔고 재고품의 수량을 헤아리는 것이다.
⑤ 각 품목의 입고량과 출고량이 같은 서식에 기록되는 방법이다.

63 화학적 소독법 중 소독제의 구비 조건으로 옳은 것은?

① 방취력이 있어야 한다.
② 용해도가 낮아야 안전하다.
③ 사용 방법이 복잡해야 안전하다.
④ 안전을 위해 쉽게 구할 수 없어야 한다.
⑤ 낮은 석탄산 계수를 가져야 살균력이 높다.

64 소독액의 농도는 3~5% 수용액으로, 의류, 용기, 실험대, 배설물 등의 소독에 이용하는 소독제는?

① 승 홍
② 석탄산
③ 크레졸
④ 생석회
⑤ 과산화수소

65 급수 및 배수관리에 대한 설명으로 옳은 것은?

① 조리용 온수의 적온은 30~40℃이다.
② 배수관 종류로는 곡선형과 수조형이 있다.
③ 온수 공급방법으로는 지역 공급식이 가장 좋다.
④ 물이 잘 빠지게 하기 위해 배수관에 트랩을 설치한다.
⑤ 조리장 중앙부에 바닥 배수트렌치를 설치하면 악취가 제거된다.

66 작업동선을 고려하여 조리작업이 순서적으로 행해질 수 있도록 해야 하는 구역은?

① 검수구역
② 저장구역
③ 조리구역
④ 배선구역
⑤ 전처리구역

67 급식시설의 세부기준으로 옳은 것은?

① 검수구역의 조명은 220룩스(lx) 이상이 되도록 한다.
② 식품과 직접 접촉하는 부분은 위생적인 내수성 재질이어야 한다.
③ 식품보관실과 소모품보관실을 반드시 공간구획 등으로 구분하여야 한다.
④ 냉장실와 냉동고는 각각 2℃ 이하, 냉동고 −20℃ 이하를 유지하여야 한다.
⑤ 병원 · 학교의 조리장은 음식물을 먹는 객석에서 그 내부를 볼 수 있어야 한다.

68 원가의 3요소는?

① 간접비, 고정비, 경비
② 재료비, 노무비, 경비
③ 노무비, 직접비, 경비
④ 직접비, 간접비, 고정비
⑤ 재료비, 노무비, 직접비

69 일정시점에 있어서의 기업의 재무상태를 나타내는 재무제표는?

① 자본흐름표
② 손익계산서
③ 손익분기점
④ 대차대조표
⑤ 재정상태표

70 급식소의 일정기간 동안의 경영성과를 나타내는 재무제표는?

① 급식일지
② 대차대조표
③ 식품수불부
④ 재고관리표
⑤ 손익보고서

71 조리원 20명의 인사고과 결과 A 2명, B 3명, C 10명, D 4명, E 1명이었다면 어느 인사고과 오류에 해당하가?

① 현혹효과
② 논리오차
③ 대비오차
④ 중심화 경향
⑤ 관대화 경향

72 직무평가 중 질적평가는?

① 면접법
② 점수법
③ 분류법
④ 태도 비교법
⑤ 요소 비교법

73 객관적으로 평가하기 어렵기 때문에 질의평가와 커뮤니케이션 활동이 어렵다는 점 등을 해결하기 위해 인적 접촉과 기업의 이미지를 세심히 관리해야 한다는 결론을 내리게 하는 서비스의 특성은?

① 동시성
② 이질성
③ 무형성
④ 소멸성
⑤ 비일관성

74 동일 직종에 종사하는 숙련공들이 자기들의 지위를 확보하기 위하여 결성하는 형태의 노동조합은?

① 일반 노동조합
② 특수 노동조합
③ 기업별 노동조합
④ 산업별 노동조합
⑤ 직업별 노동조합

75 단체급식소에서 점장으로 승진한 관리자에게 영양사와 조리종사원 간의 갈등상황을 제시한 후 해결책을 찾도록 하는 교육훈련 방법은?

① 강의법
② 사례연구
③ 집단토의
④ 역할 연기법
⑤ 프로그램 학습

76 조직적 · 사실적으로 정보를 제공하는 일정 양식의 표로서 주로 직무 중심으로 기술된 서식은?

① 직무기술서
② 직무명세서
③ 직무설명서
④ 직무분석표
⑤ 직무보고서

77 마케팅 관리 전략 중 시장세분화에 대한 설명으로 옳은 것은?

① 전체시장을 제품별로 분류한다.
② 하나의 시장을 하나의 부서가 책임지게 한다.
③ 개성 있는 소비 패턴을 보이는 소비자만 추려낸다.
④ 동일한 제품을 판매하는 타 기업의 전략을 분석한다.
⑤ 소비자의 구매행동 및 욕구, 선호, 필요 등을 분석한다.

78 실험동물에게 시험물질을 1회만 투여하여 그 독성의 영향을 관찰하는 시험법은?

① 발암성 시험
② 변이원성 시험
③ 만성독성 시험
④ 급성독성 시험
⑤ 아급성독성 시험

79 식품의 분변오염 지표균으로 이용되는 것은?

① 일반세균
② 대장균군
③ 콜레라균
④ 살모넬라균
⑤ 포도상구균

80 충분히 살균하지 않은 통조림에서 번식하는 식중독의 원인 세균은?

① *Serratia marcescens*
② *Clostridium botulinum*
③ *Lactobacillus bulgaricus*
④ *Pseudomonas fluorescens*
⑤ *Leuconostoc mesenteroides*

81 병원성 대장균 O157 : H7이 생성하는 독소는?

① 베로톡신(verotoxin)
② 시큐톡신(cicutoxin)
③ 뉴로톡신(neurotoxin)
④ 아플라톡신(aflatoxin)
⑤ 에르고톡신(ergotoxin)

82 대학교에서 축제 기간 중 점심식사로 제공된 광어회를 먹고, 오한과 급성발열뿐만 아니라 패혈증까지 진단된 집단 식중독이 발생하였다. 광어회를 검사한 결과 원인균은 그람음성의 무포자 간균이었다. 식중독을 일으킨 균은?

① *Vibrio vulnificus*
② *Morganella morganii*
③ *Campylobacter jejuni*
④ *Yersinia enterocolitica*
⑤ *Staphylococcus aureus*

83 그람양성의 통성혐기성 간균으로, 생육 최적온도는 37℃이고, 냉장 상태 및 10%의 염 농도에서도 생육이 가능한 식중독균은?

① *Bacillus cereus*
② *Enterococcus faecalis*
③ *Listeria monocytogenes*
④ *Salmonella typhimurium*
⑤ *Vibrio parahaemolyticus*

84 포자를 생성하는 편성혐기성균으로, 튀김 · 두부 등 가열 조리 후 실온에서 장시간 경과한 단백질성 식품에서 증식하여 식중독을 일으키는 균은?

① *Clostridium butylicum*
② *Stapylococcus aureus*
③ *Clostridium perfringens*
④ *Lactobacillus bulgaricus*
⑤ *Clostridium pasteurianum*

85 반감기는 29년이며, 뼈에 침착하여 조혈기능 장애를 일으켜 골수암, 백혈병 등을 유발하는 방사성 물질은?

① I^{131}
② Sr^{90}
③ Cs^{137}
④ PCB
⑤ THM

86 벌꿀에 함유되어 있는 독성분은?

① 테무린(temuline)
② 고시폴(gossypol)
③ 아코니틴(aconitine)
④ 프타퀼로시드(ptaquiloside)
⑤ 안드로메도톡신(andromedotoxin)

87 자연독 식중독에 대한 설명으로 옳은 것은?

① 복어독 중독은 치사율이 높지 않다.
② 무당버섯, 화경버섯은 위장염 증상을 유발한다.
③ 테트라민 중독은 독꼬치, 곤들매기 등을 섭취할 경우 일어난다.
④ 베네루핀(venerupin) 중독증상은 혀 · 입술의 마비, 호흡곤란이다.
⑤ 삭시톡신(saxitoxin) 조개류는 모시조개, 바지락, 굴, 고동 등이다.

88 감미도가 설탕의 40~50배이면서, 방광암 등을 일으키는 발암성 감미료는?

① 둘신(dulcin)
② 페릴라틴(perillartine)
③ 시클라메이트(cyclamate)
④ 에틸렌글리콜(ethylene glycol)
⑤ 파라니트로올소토루이딘(ρ-nitro-o-toluidine)

89 감염을 예방하기 위해서는 은어와 같은 민물고기의 생식을 피하는 것이 가장 좋은 기생충은?

① 선모충
② 페디스토마
③ 간디스토마
④ 광절열두조충
⑤ 요코가와흡충

90 주로 소, 산양, 돼지 등의 유산과 불임증을 유발하며, 사람에게 감염되면 파상열을 일으키는 인수공통감염병은?

① 결 핵
② 탄 저
③ 큐 열
④ 돈단독
⑤ 브루셀라병

91 HACCP 적용을 위한 12절차 중 준비(예비)단계에 속하는 것은?

① 위해요소 분석
② 중요관리점 결정
③ 모니터링체계 확립
④ 개선조치방법 수립
⑤ 공정흐름도 현장확인

92 「식품위생법」상 식품을 조리하는 데 직접 종사하는 사람이 받아야 하는 건강진단에 대한 설명으로 옳은 것은?

① 매 2년마다 1회 이상 건강진단을 받아야 한다.
② 집단급식소 종사자는 장티푸스 검사를 받아야 한다.
③ 집단급식소 종사자는 폐결핵 검사를 받지 않아도 된다.
④ 식품위생 관련 영업 종사자는 장티푸스 검사를 받지 않아도 된다.
⑤ 식품위생 관련 영업 종사자는 전염성 피부질환 검사를 받지 않아도 된다.

93 「식품위생법」상 조리사 면허를 받을 수 있는 사람은?

① 정신질환자
② 감염병 환자
③ 마약 중독자
④ B형 간염환자
⑤ 면허 취소 일부터 1년이 지나지 아니한 자

94 「식품위생법」상 집단급식소에서 제공한 식품 등으로 인하여 식중독 환자나 식중독으로 의심되는 증세를 보이는 자를 발견한 집단급식소의 설치 · 운영자는 누구에게 보고하여야 하는가?

① 질병관리청장
② 관할 보건소장
③ 보건복지부장관
④ 식품의약품안전처장
⑤ 관할 특별자치시장 · 시장 · 군수 · 구청장

95 「식품위생법」상 조리사와 영양사의 교육과 관련하여 ( ) 안에 들어갈 것은?

> 집단급식소에 종사하는 조리사와 영양사는 (㉠) 마다 (㉡)의 교육을 받아야 한다.

① ㉠ 6개월 ㉡ 3시간
② ㉠ 6개월 ㉡ 6시간
③ ㉠ 9개월 ㉡ 3시간
④ ㉠ 1년 ㉡ 3시간
⑤ ㉠ 1년 ㉡ 6시간

96 「식품위생법」상 집단급식소를 설치 · 운영하는 자가 영양사의 업무를 방해한 경우 벌칙은?

① 500만 원 이하의 과태료
② 1천만 원 이하의 과태료
③ 3년 이하의 징역 또는 3천만 원 이하의 벌금
④ 5년 이하의 징역 또는 5천만 원 이하의 벌금
⑤ 10년 이하의 징역 또는 1억 원 이하의 벌금

97 「학교급식법」상 영양관리기준에 따라 식단을 작성할 때 고려하여야 할 사항이 아닌 것은?

① 다양한 조리방법을 활용할 것
② 청소년의 선호 식품을 조리할 것
③ 다양한 종류의 식품을 사용할 것
④ 가급적 자연식품과 계절식품을 사용할 것
⑤ 식품첨가물 등을 과다하게 사용하지 않을 것

98 「국민영양관리법」상 영양관리를 위한 영양 및 식생활 조사의 내용이 아닌 것은?

① 영양상태 조사
② 식생활 행태 조사
③ 음식별 식품 재료량 조사
④ 건강 위해가능 식품 조사
⑤ 식품 및 영양소 섭취 조사

99 프랑스에서 수입한 닭을 국내에서 1개월 이상 사육한 후 국내산(국산)으로 유통하는 닭을 집단급식소에서 구입하여 삼계탕을 끓여 제공하였다. 「농수산물의 원산지 표시에 관한 법률」상 원산지 표시방법은?

① 삼계탕(닭고기: 국내산)
② 삼계탕(닭고기: 프랑스산)
③ 삼계탕(닭고기: 프랑스에서 수입)
④ 삼계탕(닭고기: 프랑스산(사육국 : 국내))
⑤ 삼계탕(닭고기: 국내산(출생국 : 프랑스))

100 「식품 등의 표시 · 광고에 관한 법률」상 나트륨 함량 비교 표시를 하여야 하는 식품이 아닌 것은?

① 즉석섭취식품 중 햄버거
② 즉석섭취식품 중 샌드위치
③ 즉석섭취식품 중 삼각김밥
④ 조미식품이 포함되어 있는 면류 중 국수
⑤ 조미식품이 포함되어 있는 면류 중 냉면

합격의공식
SD
에듀

영양사 실전동형
봉투모의고사

정답 및 해설

영양사 실전동형 봉투모의고사 제1회 1교시 해설

01	02	03	04	05	06	07	08	09	10
④	②	③	⑤	②	④	④	②	②	⑤
11	12	13	14	15	16	17	18	19	20
⑤	③	②	⑤	④	⑤	③	③	②	①
21	22	23	24	25	26	27	28	29	30
⑤	②	⑤	②	①	⑤	⑤	②	②	④
31	32	33	34	35	36	37	38	39	40
⑤	③	①	④	③	③	⑤	②	③	①
41	42	43	44	45	46	47	48	49	50
④	④	⑤	④	①	①	②	①	④	④
51	52	53	54	55	56	57	58	59	60
④	①	②	③	⑤	⑤	⑤	③	④	⑤
61	62	63	64	65	66	67	68	69	70
②	②	④	⑤	①	③	③	④	⑤	①
71	72	73	74	75	76	77	78	79	80
⑤	④	①	⑤	①	③	①	⑤	④	④
81	82	83	84	85	86	87	88	89	90
⑤	⑤	①	①	⑤	⑤	③	③	①	⑤
91	92	93	94	95	96	97	98	99	100
③	④	④	④	②	④	③	②	④	⑤
101	102	103	104	105	106	107	108	109	110
②	③	④	④	④	②	①	③	⑤	④
111	112	113	114	115	116	117	118	119	120
①	③	①	②	⑤	③	④	④	④	③

01 ④ 상한섭취량(UL) : 인체에 유해한 영향이 나타나지 않는 최대 영양소 섭취 수준을 의미한다.

① 충분섭취량(AI) : 영양소의 필요량을 추정하기 위한 과학적 근거가 부족할 경우 대상 인구집단의 건강을 유지하는 데 충분한 양을 설정한 수치로, 건강한 사람들의 영양소 섭취량 중앙값을 기준으로 정한다.

② 평균필요량(EAR) : 건강한 사람들의 일일 영양소 필요량의 중앙값으로부터 산출한 수치이다.

③ 권장섭취량(RNI) : 인구집단의 약 97~98%에 해당하는 사람들의 영양소 필요량을 충족시키는 섭취수준으로, 평균필요량에 표준편차 또는 변이계수의 2배를 더하여 산출한다.

⑤ 에너지적정비율 : 영양소를 통해 섭취하는 에너지의 양이 전체 에너지 섭취량에서 차지하는 비율의 적정 범위를 나타낸다.

02 ② 공복 시 혈당이 130mg/dL인 사람은 고혈당 상태이므로, 혈당지수(GI지수)가 낮은 음식을 섭취해야 한다. 따라서 저혈당지수 식품(GI 55 이하)에 해당하는 현미밥을 섭취하는 것이 적당하다.

①·③·④·⑤ 떡, 늙은 호박, 구운 감자, 콘플레이크는 모두 고혈당지수 식품(GI 70 이상)에 해당한다(떡 : 91, 늙은 호박 : 75, 구운 감자 : 85, 콘플레이크 : 81).

03 ③ 타액 중에 있는 프티알린(α－아밀라아제)이 전분(starch)을 맥아당(maltose)과 덱스트린(dextrin)으로 분해하는 기능을 한다.

① 펩신 : 위에서 단백질을 프로테오스와 펩톤으로 분해한다.

② 트립신 : 췌장에서 트립시노겐 형태로 분비되며, 장에서 활성화되어 펩티드 결합을 분해한다.
④ 가스트린 : 위의 말단에서 분비되는 호르몬으로, 위산 분비를 촉진한다.
⑤ 콜레시스토키닌 : 십이지장 점막에서 분비되는 호르몬으로, 쓸개즙 분비를 촉진한다.

04 ⑤ 흡수된 단당류는 모세혈관으로 들어가 문맥을 통해 간으로 이동한다.
① 과당은 촉진확산에 의해 흡수되므로, 능동수송과 관련 있는 나트륨이 관여하지 않는다.
②·③ 포도당과 갈락토오스는 능동수송에 의해 흡수된다.
④ 당질에서 흡수 속도가 가장 빠른 것은 갈락토오스이다.

05 ② 리보오스(ribose)는 단당류 중 5탄당의 한 종류이며, ATP와 NAD, FAD와 같은 조효소 및 핵산(RNA)의 주요 구성성분이다.

06 ④ 게실염은 대장 벽이 부풀어 생긴 게실 안에 변이 쌓여 염증을 일으키는 질병으로, 변비를 초래하는 식이섬유의 섭취 부족과 관련이 깊다.

식이섬유 섭취 부족 → 대변량 감소 → 대장의 지름 감소 → 대장 내 압력 증가 → 대장 벽을 부풀려 게실 형성(게실증) → 대장의 게실 안에 변이 쌓여 염증 일으킴 → 게실염

07 ④ 1포도당 → 2피루브산 + 2ATP + 2NADH
①·② 세포질에서 산소와 무관하게 일어나는 과정이다.
③ ATP, Citrate, NADH는 해당과정을 억제한다.
⑤ 해당과정 중 포도당이 포도당-6-인산이 될 때와 과당-6-인산이 과당-1,6-이인산이 될 때 각각 1ATP가 사용된다.

08 ② 해당과정을 거쳐 생성된 피루브산은 미토콘드리아에서 일어나는 TCA회로 및 산화적 인산화 과정을 거쳐 CO_2와 H_2O로 최종 산화되고, ATP를 생성하여 세포에 에너지를 공급한다.
① 산소가 충분할 때 진행되는 과정이다.
③ 최초 생성물은 시트르산이다.
④ 핵산 합성에 필요한 리보오스(ribose)를 공급하는 대사경로는 오탄당인산경로이다.
⑤ 포도당 1분자를 완전히 분해하기 위해서는 TCA회로가 2회 진행되어야 하며, 2회 순환으로 8NADH, $2FADH_2$, 2ATP가 생성된다.

09 ② 당신생(gluconeogenesis)은 아미노산(주로 알라닌과 글루타민), 글리세롤, 피루브산, 젖산 등으로부터 포도당이 합성되는 과정으로, 주로 간과 신장에서 일어난다.

10 ⑤ 근육에서 에너지 생성에 쓰인 피루브산은 아미노산 대사에서 나온 아미노기와 함께 알라닌 형태로 간으로 이동한다. 간에서 아미노기 제거 후(요소를 합성하여 소변으로 배설됨), 다시 포도당 합성에 쓰이는데 이를 포도당-알라닌 회로라고 한다.

11 ⑤ 간의 글리코겐은 포도당으로 분해되어 혈당원으로서 혈당을 조절하지만 근육에는 포도당-6-인산 가수분해효소(glucose-6-phosphatase)가 존재하지 않기 때문에 포도당으로 전환되지 못하고 혈당을 증가시킬 수 없다.

12 ③ 프로피온산은 짧은사슬지방산으로, 수용성인 글리세롤과 함께 바로 문맥으로 흡수가 가능하다.
①·②·④·⑤ 모두 긴사슬지방산이다. 긴사슬지방산은 장의 점막에서 중성지방으로 재합성되며, 흡수된 중성지방은 킬로미크론(chylomicron) 형태로 림프계를 거쳐 정맥으로 들어간다.

13 ② 동물의 성장과 피부 건강에 필수적이며, 일반 식물성유(옥수수기름, 콩기름, 참기름 등)에 다량 함유되어 있는 지방산은 리놀레산(linoleic acid)이다.

14 ⑤ 프로스타글란딘(prostaglandin)은 필수지방산, 특히 아라키돈산에서 만들어지며, EPA에서도 만들어진다. C_{20}의 불포화지방산으로 되어 있다.

15 ④ 초저밀도지단백질(VLDL)은 간에서 생성된 지질을 다른 조직으로 운반할 때 단백질과 합쳐져 형성된다.

16 ⑤ 인지질은 복합지질로, 친수성기(극성)와 소수성기(비극성)가 있어 유화작용이 가능하며, 분자 내에 지방이 아닌 물질을 포함할 수 있다.

17 ③ 지방산은 CoA와 결합해 acetyl-CoA로 된 뒤 미토콘드리아 내로 운반되어 산화 분해된다. 이때 acetyl-CoA는 미토콘드리아 내막을 통과할 수 없는데 카르니틴(carnitine)과 결합하여 아세틸카르니틴 형이 되면 미토콘드리아 내로 진입할 수 있다.

18 ③ acetyl-CoA가 옥살로아세트산의 결핍이나 부족으로 인해 TCA회로로 순조롭게 들어가지 못해 과잉 축적되면 acetyl-CoA가 축합하여 케톤체 생성반응이 진행된다.

> **케톤체의 합성 경로**
> acetyl-CoA → acetoacetyl-CoA → HMG CoA → acetoacetate → Acetone, β-hydroxybutyrate

① 간에서 합성된다.
② 심한 당뇨, 기아, 마취, 산독증일 때 케톤체가 과잉으로 생성되고 이것이 처리되지 못하면 케톤증이 나타난다.
④ 지방의 산화로 생성된 다량의 아세틸 CoA가 과잉 축적될 때 케톤체 형성 반응이 증가한다.
⑤ 케톤체는 아세토아세트산(acetoacetate), β-하이드록시뷰티르산(β-hydroxybutyrate), 아세톤(acetone) 등이 해당한다.

19 ② 담즙산(bile acid)과 결합하는 아미노산에는 글리신, 타우린이 있으며 담즙산과 결합하여 각각 글리코콜산(glycocholic acid), 타우로콜린산(taurocholic acid)으로 전환된다.

20 ① 왁스는 고급알코올과 고급지방산의 에스테르 결합 산물로 동 · 식물체의 표면에 존재하고 습윤 건조방지를 한다. 밀랍이나 경랍 등의 성분이며, 영양적 의의는 없다.

21 ⑤ 소장에서는 트립신 및 키모트립신에 의해 펩톤이 작은 펩티드로 분해된다.
① 입에는 단백질 소화효소가 없으며, 위에서 활성화된 소화효소인 펩신에 의해 단백질 소화가 시작된다.
② 위액의 염산에 의해 펩시노겐이 펩신으로 활성화되며, 이때 최적 pH는 1.5~2.0이다.
③ 트립시노겐, 키모트립시노겐, 프로카르복시펩티다아제는 췌장에서 분비되는 단백질 소화효소로 각각 트립신, 키모트립신, 카르복시펩티다아제로 활성화된다.
④ 소장에서의 최종 흡수산물은 아미노산이다.

22 ② 알부민은 구형의 단순단백질로 달걀흰자와 혈장 등에 많이 존재한다. 달걀흰자에서 발견되는 알부민을 난알부민(ovalbumin), 혈장에 존재하는 알부민을 혈장 알부민(plasma albumin)이라고 한다.
① · ③ · ④ · ⑤ 콜라겐(연골 성분), 케라틴(머리카락, 손톱 성분), 미오신(근육 구성 성분), 피브로인(견사 성분)은 모두 섬유상 단백질이다.

23 **필수아미노산**
필수아미노산은 체내에서 합성되지 않아 반드시 식품으로 섭취해야 하는 아미노산으로, 발린, 류신, 이소류신, 트레오닌, 메티오닌, 페닐알라닌, 트립토판, 리신이 있으며, 유아의 경우에는 여기에 히스티딘이 더해진다.

24 ② 아미노산가(amino acid score) : 기준 아미노산에 대한 식품 단백질 중 제1 제한아미노산의 백분율로, 제한 아미노산을 이용하여 단백질의 질을 평가할 수 있다.
① 생물가(BV ; Biological Value) : 생물 체내로 흡수된 질소량과 체내에 보유된 질소량의 비율을 백분율로 나타낸 것으로, 질소 평형실험에 의해 산출한다.
③ 단백질 효율(PER ; Protein Efficiency Ratio) : 섭취한 단백질 1g에 대한 체중증가량이다(단, 에너지와 단백질의 섭취량이 적당량이어야 함).
④ 질소평형지표(NBI ; Nitrogen Balance Index) : 식사 중의 질소가 체내 보유된 것을 측정하는 방법이다 [NBI = (질소평형의 양 − 대사된 질소의 양) / 흡수된 질소의 양].

⑤ 진정 단백질 이용률(NPR : Net Protein Ratio) : 단백질효율(PER)과 무단백 식이를 병행 실험하여 체중유지를 위해 필요한 단백질의 양을 측정한 것이다.

25 ① 곡류는 리신, 트레오닌이 부족하므로 콩류 및 유제품을 함께 섭취하면 단백질 상호보완 효과가 크다.

26 ⑤ 아미노기의 전이 반응은 비타민 B_6 유도체인 PLP(PALP)를 보조효소로 하는 아미노기전이효소(transaminase)의 촉매에 의해서 아미노산의 아미노기를 다른 α-케토산에 전달하여 새로운 아미노산을 생성하는 반응이다.

27 ⑤ 요소회로는 미토콘드리아와 세포질에서 진행되는데, 시트룰린(citrulline)은 미토콘드리아에서 생성된다.

요소회로

- 미토콘드리아에서 진행
  - 암모니아는 카바모일인산합성효소에 의해 카바모일인산을 생성한다.
  - 카바모일 인산의 카바모일기가 오르니틴으로 전이되어 시트룰린을 생성한다.
- 세포질에서 진행
  - 시트룰린이 아스파르트산과 반응하여 아르기노숙신산을 생성한다.
  - 아르기노숙신산이 아르기닌과 푸마르산으로 분해된다.
  - 아르기닌이 가수분해되어 요소를 형성하거나 오르니틴이 재생된다.

28 ② 단백질의 합성은 세포 내 소기관 중 리보솜에서 일어나며, N-말단으로부터 시작된다.

29 ② mRNA는 전령 RNA로, 핵 속에서 DNA의 유전정보를 세포 핵 밖의 소기관(리보솜)으로 전달하는 역할을 한다. 또한, 단백질 합성 시 주형 역할을 하며, 아미노산의 배열순서를 결정한다.

30 ④ 식사성 발열효과(Thermic Effect of Food, TEF) : 식품섭취에 따른 영양소의 소화 · 흡수 · 대사에 필요한 에너지 소비량으로, 지방은 0~5%, 탄수화물은 5~10%, 단백질은 20~30%로 영양소별로 차이를 보인다.

① 기초대사량(Basal Energy Expenditure, BEE) : 인체의 기본적인 생리적 기능을 유지하는 데 소비되는 최소한의 에너지이다. 1일 총에너지소비량(TEE)의 60~75%를 차지한다.

② 기초대사율(BMR) : 기초대사량의 표준과 측정한 기초대사율의 차를 측정 기초대사량으로 나눈 값이다.

③ 신체활동대사량(Physical Activity Energy Expenditure, PAEE) : 신체활동에 의한 에너지소비량으로 개인 간에 차이가 있고, 동일인에서도 하루하루 차이가 나타나기도 한다.

⑤ 1일 총에너지소비량(Total Energy Expenditure, TEE) : 기초대사량(60%) + 신체활동대사량(30%) + 식사성 발열효과(10%)이다. 추가적으로 적응대사량이 더해지기도 한다.

31 ⑤ 갑상샘 기능 항진증인 경우 기초대사량이 약 50~75% 증가한다.

기초대사량 상승 요인

체온 상승, 근육량 증가, 체표면적 증가, 피하지방량 감소, 성장호르몬, 기온 하강 등

32 ③ 알코올 과량섭취 시 알코올 분해과정에서 체내의 젖산 농도가 증가하며, 혈액과 조직으로 확산된 젖산은 신장에서의 요산 배설을 저해하여 통풍을 유발한다.

① · ⑤ 알코올성 간질환 시 간의 비타민 A 저장량 감소, 비타민 B_1 결핍, 엽산 결핍, Mg 결핍, 비타민 B_6 대사장애 등이 나타난다.

② 알코올의 과량섭취 시 지방 대사의 불균형으로 당신생은 감소되고, 지방산 합성은 증가한다.

④ 소량의 알코올 섭취는 HDL 콜레스테롤을 상승시키지만 다량의 알코올 섭취는 HDL 콜레스테롤을 감소시킨다.

33 ① 비타민 A가 로돕신(rhodopsin) 형성에 관여하므로 비타민 A가 결핍될 경우 야맹증에 걸리며, 각막건조증, 각막 연화증, 시신경 변성 등을 일으키기도 한다.

34 ④ 비타민 E는 항산화, 노화 방지, 세포막 보호 기능을 한다. 주로 식물성 기름, 견과류, 푸른 채소 등에 함유되어 있고 결핍되면 적혈구의 용혈작용, 불임증 등이 나타난다.

35 ③ 아몬드는 비타민 E가 풍부한 견과류로, 노화지연 및 혈액순환 개선, 성인병 억제 등의 효능이 있다.

36 ③ 비타민 B_6의 활성 형태인 피리독살인산(PLP)은 아미노산 대사의 보조효소로서, 아미노기 전이반응, 아미노기 대사과정, 탈아미노반응 등 단백질 대사에 관여한다.

37 ⑤ 비타민 B_{12}는 소고기, 달걀, 우유 등 동물성 식품에만 함유되어 있어 식물성 식품만 섭취하는 채식주의자는 결핍되기 쉬운 비타민이다.

38 ② 지용성 비타민 중 비타민 A · D · E와 수용성 비타민 중 니아신, 엽산, 비타민 B_6, 비타민 C는 상한섭취량이 설정되어 있어 섭취에 주의를 요해야 한다.

비타민의 1일 상한섭취량(성인기준)

지용성 비타민	수용성 비타민
• 비타민 A : 3,000μg RAE • 비타민 D : 100μg • 비타민 E : 540mg α-TE	• 비타민 B_6 : 100mg • 비타민 C : 2,000mg • 니아신 : 35/1,000mg NE • 엽산 : 1,000μg DFE

①·③·④·⑤ 티아민, 비타민 K, 비타민 B_{12}, 리보플라빈은 상한섭취량이 설정되어 있지 않다.

39 ③ 생난백에 있는 아비딘(avidin) 단백질은 장 내에서 비오틴(biotin)과 결합하여 비오틴의 흡수를 저해한다. 따라서 생난백 과다 섭취 시 비오틴이 결핍된다.

① 항구순구각염 인자는 리보플라빈이며, 비오틴은 항피부염 인자이다.

② 엽산을 활성화시키는 것은 비타민 C이다.

④ 결핍 시 말초신경 장애를 유발하는 것은 티아민으로, 말초신경질환으로 발이 타는 듯한 증상을 동반하는 각기병을 유발하기도 한다.

⑤ 비오틴은 카르복실화(carboxylation) 작용을 돕는 조효소로 쓰인다.

40 **혈액 응고**

- 혈액 응고 관여물질 : 혈소판, 칼슘이온, 섬유소원, 트롬빈, 피브리노겐, 트롬보플라스민
- 혈액 응고 억제물질 : 플라즈민, 헤파린, 옥산산나트륨, 구연산소다

41 ① 나트륨은 주로 세포외액에 존재하며 혈장의 삼투압 유지에 기여한다.

② 칼륨은 주로 세포내액에 존재하며 세포내액의 삼투압 유지에 기여한다.

③ 나트륨의 흡수율은 체내 요구량에 관계없이 매우 높다.

⑤ 혈액의 알칼리성 유지는 나트륨의 작용 중 하나이다.

42 ④ 세룰로플라스민(ceruloplasmin)은 혈액 내에서 구리를 운반하는 물질로, 철분을 흡수하는 과정에서 소장세포의 세포막을 통과하려면 2가의 철이온이 3가로 산화되어야 하는데, 이 과정에서 구리가 주성분인 세룰로플라스민이 작용한다.

43 ⑤ 요오드는 갑상샘호르몬의 구성성분으로 기초대사의 조절을 한다. 티록신이 결핍되면 갑상샘종, 점액수종, 크레틴병이 나타나고 과잉이 되면 그레이브스병이 나타난다.

44 ④ 셀레늄은 글루타티온 과산화효소(glutathione peroxidase, GSH-Px)의 촉매 활성에 필요한 구성성분이며, 세포와 조직에서 생성되는 과산화물을 제거함으로써 세포막과 세포 내의 산화를 방지하는 항산화 작용을 하는 미량원소이다.

45 ① 아연 결핍 시 성장장애, 성기능 부전, 기형 유발, 미각감퇴 등이 나타나며, 쇠고기 등의 육류, 굴, 간, 게, 콩류, 전곡, 견과류가 좋은 급원식품이다.

46 ② 세포외액 20%, 세포내액 40%로 세포외액은 세포내액보다 작다.
③ 성인 체중의 약 60%가 수분이다.
④ 나이가 어릴수록 체내 수분 비율이 높다.
⑤ 근육이 많을수록 체내 수분 비율이 높다.

47 ② 에스트로겐 : 자궁내막의 선상피조직 증가, 자궁평활근 발육촉진, 뼈의 칼슘방출 저해, 자궁수축, 결합조직의 친수성 증가로 인한 부종 초래 등의 역할을 한다.
① 프로락틴 : 임신 중과 분만 후에 프로락틴 분비량이 증가하여 유즙 합성을 돕고 자궁 수축을 억제하여 조기 출산을 방지한다.
③ 태반락토겐 : 태반에서 분비되는 호르몬으로 인슐린 저항성을 증가시키는 가장 효과적인 인슐린 길항체이다.
④ 프로게스테론 : 수정란의 착상을 돕고 자궁근육을 이완시켜 임신의 유지에 관여하며, 위장근육도 이완시켜 변비 등을 유발한다.
⑤ 갑상샘자극호르몬 : 갑상샘 내로 요오드의 유입 증가, 티록신 분비 자극에 관여한다.

48 ① 엽산은 태아의 척추, 뇌, 두개골의 정상적인 성장을 위해 필요한 영양소로, 임신기간 초기 1~4개월 동안 특히 중요하다. 임신 초기에 엽산이 결핍되면 신경관결손, 심장기형 등 태아의 척추와 신경계에 선천적인 장애를 초래할 수 있으며, 임신부에게는 태반조기박리, 빈혈 등이 발생될 수도 있다. 수유부는 모유로 엽산을 분비하기 때문에 비임신 비수유 여성보다 필요량이 증가한다. 성인여성의 평균필요량 320μg DFE/일에 +200μg DFE/일, 권장섭취량 400μg DFE/일에 +220μg DFE/일을 추가하여야 한다.

49 ④ 모유는 필수지방산인 리놀레산(linoleic acid)의 함량이 높고, 우유는 포화지방산(특히, 저급의 휘발성 지방산)이 많다.

50 ① 수유부가 섭취한 알코올은 흘러내림반사를 억제함으로써 젖의 분비를 방해한다.
② 수유부의 영양상태가 극히 불량하면 모유 분비량이 감소할 수 있다.
③ 불안, 공포가 있게 되면 젖의 분비량이 감소한다.
⑤ 지질은 모유성분 중 영양상태에 가장 민감하게 반응하는 영양소이다.

51 ④ 면역글로불린(IgA)은 모유에 있는 항감염성 인자(장점막세포 침입 방지)로 모유의 우수한 면역체이다.
① 필수지방산인 리놀레산(linoleic acid)의 함량이 높다.
② 뇌하수체 후엽의 옥시토신은 유선을 수축시켜 모유의 배출을 도와준다.
③ 모유 속의 칼슘과 인의 비율은 2 : 1이다.
⑤ 모유영양아가 변비가 적은 이유는 모유 중 카세인 함량이 적고 유당 함량이 많기 때문이다.

52 ① 영아기에는 단위체중당 체표면적이 성인에 비해 크고 체표면을 통한 열과 수분 발산이 많아 열량, 단백질, 당질 등 영양소 필요량이 많다. 영아는 생후 1년간이 단위체중당 필요한 단백질의 양이 일생 중 가장 높은데 성장, 면역기능 증가, 효소 합성, 호르몬 생성, 단백질 합성 등에 이용된다.

53 ① 젖병으로 이유식 섭취 시 편식, 발육부진, 우유병우식증 등의 부작용이 나타나므로 숟가락으로 먹여야 한다.
③ 이유식을 먼저 주고 이후에 모유나 우유를 준다.
④ 하루 한 가지 식품을 한 숟갈 정도로 시작하여 차츰 증량시킨다.
⑤ 공복 상태에서 기분이 좋을 때 이유식을 제공한다.

54 근육 성장에 영향을 주는 호르몬
- 사춘기 이전 : 뇌하수체와 갑상샘에서 분비되는 호르몬에 의해 성장
- 사춘기 : 에스트로겐, 테스토스테론, 안드로겐, 프로게스테론 등의 성호르몬에 의해 성장

55 ① 유아가 싫어하는 음식을 강제로 먹이지 않는다.
② 이유 시 다양한 식품을 접하지 못하면 편식을 일으킬 수 있다.
③ 이유기에 당분이 많은 음식을 과량 주었을 때 다른 맛을 배울 기회가 없어진다.
④ 식사시간에는 적당한 공복감을 느낄 수 있도록 일상생활에서 계획을 세운다.

유아 편식

- 유아의 식습관은 부모의 식습관, 이유식 식품의 다양성, 이유식의 공급 방법, 가정경제, 사회적 여건, 부모의 식사 시 태도 등에 영향을 받는다.
- 부모의 지나친 강요, 야단 등은 그 식품이나 식사에 대한 거부감과 편식을 유도할 수 있다. 특히 부모의 역할이 올바른 식습관 형성에 중요하며, 가족 모두가 편식하지 않도록 해야 한다.

56 **신경성 식욕부진증**

- 정의 : 마른 체형 선호와 체지방 축적에 대한 부담으로 음식 섭취를 제한하고 체중감소에 희열을 느끼는 왜곡된 생각을 하는 질환이다.
- 증상 : 피로감, 무기력증, 집중 감소, 월경 중지, 서맥(1분당 맥박수 60회 이하), 과장된 행동, 구토, 피하지방 감소, 체표면에 솜털 증가
- 치료 대책 : 초기에 이런 장애를 발견하여 적절한 심리 상담, 정신의학적 치료 및 영양관리가 이루어져야 한다.

57 ⑤ 철분 부족으로 인한 빈혈은 철분을 보충해야 한다. 철분이 많은 소간, 소고기, 굴, 달걀, 완두콩, 시금치, 검정콩, 참깨, 파래 등이 급원식품이고, 이런 식품을 이용하여 식욕부진을 해소할 수 있는 레시피로 제공한다.

청소년기의 철분 섭취

- 권장 섭취량 : 12~18세 남자는 14mg/일, 12~14세 여자는 16mg/일, 15~18세 여자는 14mg/일
- 헤모글로빈과 미오글로빈을 형성하기 때문에 보조효소로 중요하다.
- 남자는 근육 증가로 여자는 월경으로 철분의 요구량이 증가한다.

58 ③ 노인기의 혈관계는 혈관의 지질 축적 및 탄력성이 떨어지고 동맥경화성 침착이 생겨 말초저항이 증가되어 수축기 혈압이 상승하고 1회 심박출량은 감소한다.
① 체지방률이 증가한다.
② 기초대사량이 감소한다.
④ 소화액 분비 저하된다.
⑤ 사구체 여과속도가 저하된다.

59 ④ 불포화지방산이 다량 함유된 식물성 식품은 혈중 지질의 농도를 낮추는 효과가 있어 혈중 지방량이 증가되는 노인기에 적합한 식품이다.

노인기의 영양 관리

- 에너지 제한
- 식염 제한
- 지방 제한(불포화지방산이 다량 함유된 식물성 식품 섭취)
- 무기질, 비타민 충분히 섭취

60 **운동의 효과**

- 최대의 산소흡수력 증가
- 근육에 글리코겐 축적의 증가
- 근육의 증가, 골손실 방지
- 심장근력의 강화
- 체지방량 감소
- LDL 수준 감소
- HDL 수준 증가
- 혈청지질 수준 감소

61 ② 식습관이 보수적이어서 개선하기 힘들기 때문에 영양교육을 실시하는 것이 어렵다.
① 영양교육의 효과는 장기적으로 나타나므로 실행하는 데 곤란을 겪게 된다.
③ 식생활은 피교육자의 경제적인 상황과 직접적인 관련이 있다.
④ 영양의 결함으로 야기되는 해독이나 위험은 즉시 인식되지 않는다.
⑤ 영양교육은 나이, 교육수준, 지식, 식습관, 경제상태 등 피교육자의 상황에 따라 다양하게 이루어져야 한다.

62 **건강신념 모델의 구성요소**

- 인지된 민감성 : 특정 질병에 걸릴 가능성의 정도에 대한 인지
- 인지된 심각성 : 특정 질병과 그 질병이 가져올 수 있는 결과의 심각성에 대한 인지
- 인지된 이익 : 행동변화로 얻을 수 있는 이익에 대한 인지
- 인지된 장애 : 행동변화가 가져올 물질적 · 심리적 부담, 비용 등에 대한 인지
- 행위의 계기 : 변화를 촉발시키는 계기
- 자기효능감 : 행동을 실천할 수 있다는 스스로에 대한 자신감

63 **행동변화단계**

- 고려 전 단계 : 문제에 대한 인식이 부족하고, 향후 6개월 이내에 행동변화를 실천할 예정이 없는 단계
- 고려 단계 : 문제에 대한 인식을 하고, 향후 6개월 이내에 행동변화를 실천할 의도가 있는 단계
- 준비 단계 : 향후 1개월 이내에 행동변화를 실천할 의도가 있으며, 변화를 계획하는 단계
- 실행 단계 : 행동변화를 실천한 지 6개월 이내인 단계
- 유지 단계 : 행동변화를 6개월 이상 지속하고 바람직한 행동을 지속적으로 강화하는 방법을 찾는 단계

64 ⑤ 결과 목표(Outcome objective)란 영양프로그램으로 도달하고자 하는 최종 목표로, 구체적이고 타당하게 설정되어야 한다.

65 ① 인쇄매체 : 팸플릿, 리플릿, 벽보, 신문, 포스터 등
② 영상매체 : 슬라이드, 실물환등기, 영화 등
③ 전시매체 : 전시, 게시판, 도판, 그림판, 융판자료 등
④ 입체매체 : 실물, 표본, 모형, 인형 등
⑤ 전자매체 : VTR, 텔레비전, 컴퓨터, 팩시밀리 등

66 ③ 대량매체에는 영화, 라디오, 신문, TV 등이 있다. 일시에 많은 대중에게 전달되지만, 효과를 판정하기 어렵다.

67 ③ 연구집회는 비교적 수준이 높은 특정 직종의 사람들이 공통으로 필요한 문제를 가지고 전문가의 협조하에 서로 경험이나 연구하고 있는 것을 의논하며 진행한다.

68 ④ 24시간 회상법 : 조사원이 피조사자의 하루 전(24시간)에 섭취한 음식의 종류와 양을 기억하도록 하여 기록하는 방법이다.
① 식품재고조사 : 조사기간 시작과 마지막에 식품잔고와 조사기간에 구입된 양을 조사하여 식품 소비량을 조사하는 방법이다.
② 생화학적 검사 : 혈액, 소변, 면역기능 등을 측정하는 것으로, 다른 방법들에 비해 객관적이고 정량적인 영양판정 방법이다.
③ 식사력 조사법 : 개인의 장기간에 걸친 과거의 일상적 식이섭취 경향을 설문지를 통해 조사하는 방법이다.
⑤ 식품섭취 빈도조사법 : 100여 종류의 개개 식품을 정해 놓고 일정기간에 걸쳐 평상적으로 섭취하는 빈도를 조사하는 방법이다.

69 ⑤ 질문 : 적절한 질문을 통해 내담자를 깊이 이해할 수 있으며, 내담자의 적극적인 참여를 유도하기 위해서는 개방형 질문을 하는 것이 좋다.
① 반영 : 내담자의 말과 행동, 감정, 생각 등을 상담자가 부연해 줌으로써 내담자가 이해받고 있다는 느낌이 들도록 한다.
② 조언 : 지나친 조언을 삼가고, 내담자가 내면에 지니고 있는 그릇된 생각을 스스로 깨닫도록 유도하는 것이 좋다.
③ 수용 : 내담자에게 지속적으로 관심을 표현하는 것으로, '~ 이해가 갑니다.' 등의 긍정적인 언어표현을 사용한다.
④ 요약 : 상담 과정에서 내담자가 한 표현을 요약한다.

70 제9기 국민건강영양조사의 검진조사항목 중 신체계측에서는 만 1세 이상의 조사대상자는 신장, 체중을 잰다. 만 6세 이상의 조사대상자는 허리둘레, 만 40세 이상의 조사대상자는 목둘레도 함께 잰다.

71 ⑤ 어린이 식생활 안전관리종합계획 수립(식품의약품안전처) : 식품의약품안전처장은 3년마다 관계 중앙행정기관의 장과 협의하여 어린이 기호식품과 단체급식 등의 안전 및 영양관리 등에 관한 어린이 식생활 안전관리종합계획을 위원회의 심의를 거쳐 수립하여야 한다(어린이 식생활안전관리 특별법 제26조 제1항).

① 학교급식에 관한 계획 수립(교육부) : 특별시 · 광역시 · 도 · 특별자치도의 교육감은 매년 학교급식에 관한 계획을 수립 · 시행하여야 한다(학교급식법 제3조 제2항).

② 국민건강증진종합계획의 수립(보건복지부) : 보건복지부장관은 국민건강증진정책심의위원회의 심의를 거쳐 국민건강증진종합계획을 5년마다 수립하여야 한다. 이 경우 미리 관계중앙행정기관의 장과 협의를 거쳐야 한다(국민건강증진법 제4조 제1항).

③ 식생활 교육 기본계획의 수립(농림축산식품부) : 농림축산식품부장관은 식생활 교육 관련 정책을 종합적이고 체계적으로 추진하기 위하여 5년마다 관계 중앙행정기관의 장과 협의하여 식생활 교육 기본계획을 수립하여야 한다(식생활교육지원법 제14조 제1항).

④ 신체활동장려사업계획의 수립(보건복지부) : 국가 및 지방자치단체는 신체활동장려에 관한 사업 계획을 수립 · 시행하여야 한다(국민건강증진법 제16조의2).

72 **영양플러스사업**

- 영양적으로 빈혈이나 저체중, 영양불량 등 위험요인이 큰 취약계층의 임산부, 수유부 및 영유아를 대상으로 한다.
- 건강증진을 위한 영양교육을 실시하고, 영양불량 문제를 해소하기 위한 보충 식품을 일정기간 동안 지원하여 스스로 식생활 관리 능력을 향상시키고자 하는 사업이다.
- 국민의 건강을 태아 단계부터 관리하여 전 생애에 걸쳐 건강할 권리를 보장하는 국가영양지원제도이다.
- 개별상담과 집단교육을 병행하여 영양교육을 한다.

73 ① 비타민을 다량 공급하고 칼슘과 철 공급도 보충해야 하므로, 신선한 과일 및 녹황색 채소를 충분히 섭취한다.

② 동물성 유지는 피하고 식물성 유지를 적당히 섭취하도록 한다.

③ 단백질을 너무 많이 제한하면 태아의 영양이 나빠지고 미숙아가 태어나기 쉬우므로 단백질을 충분히 섭취한다.

④ 부종이 있으면 수분을 제한하고, 부종이 심한 경우에는 전날 요량에 500mL 많게 수분을 섭취한다.

⑤ 부종이 심하고 혈압이 높은 경우에는 소금 섭취를 제한한다. 된장, 고추장, 간장, 화학조미료에 함유된 소금의 양도 환산한다.

74 ⑤ 집단생활에서의 단체급식을 통해 사회성과 인간관계를 터득하도록 지도한다.

① 아동들이 자발적으로 참여하도록 유도한다.

② 지도내용은 처음부터 끝까지 일관성이 있어야 효과가 있다.

③ 어린이의 정신발달 연령에 맞추어 지도한다.

④ 보호자와의 의견교환 및 빈번한 접촉이 필요하다.

75 ① 영양검색(영양스크리닝) : 영양결핍이나 영양상 위험이 있는 사람을 신속하게 알아내기 위하여 실시하는 것으로, 영양검색 후 문제가 있다고 판단되는 사람에 대하여 영양판정을 실시한다.

② 영양진단 : 영양판정에서 발견된 영양문제의 원인 및 증상 등을 고려하여 환자의 문제점을 확인하고 위험요인을 도출한다.

③ 영양중재 : 영양진단에서 도출된 문제를 해결하기 위하여 가장 적절하고, 비용면에서도 효과적인 영양치료계획을 환자 개인별로 구체적으로 수립한다.

④ · ⑤ 영양모니터링 및 평가 : 영양치료의 정기적인 평가를 통하여 영양치료의 효과를 판정하고, 계획하였던 목표와의 차이를 분석한다.

76 혈청 페리틴 농도는 조직 내 철분 저장 정도(페리틴)를 알아보기 위한 민감한 지표로 사용되어, 빈혈의 초기 진단에 이용한다.

77 ① 임상조사는 영양판정 방법 중 가장 예민하지 못한 방법으로, 영양불량에 의해서 나타나는 신체적 징후를 시각적으로 진단하는 주관적인 영양판정 방법이다.

78 **입원 환자의 영양평가지표**
입원 환자의 영양평가지표에는 입원 시 체중변화 유무, 식욕상태, 혈중 알부민 수치, 혈중 콜레스테롤 수치, 헤모글로빈 수치, 임파구 수치 등이 있다. 생화학적 영양평가에서 알부민은 혈액검사로 쉽게 측정 가능하고 비용이 저렴하여 단백질 영양상태를 평가하는 핵심지표로 사용하고 있다.

79 ① 경식 : 연식에서 일반식으로 전환하는 회복기 환자에게 공급하는 식사
② 연식 : 소화가 잘되고 부드러운 죽식
③ 유동식 : 수술 후 회복기 환자 또는 고형 식품을 섭취할 수 없는 환자가 처음으로 경구급식을 시작하는 경우 제공되는 식사
⑤ 정맥영양 : 구강이나 위장관으로 영양 공급이 어려울 때 정맥주사에 의하여 영양요구량을 공급하는 방법

80 **경관급식의 공급경로**
- 비장관 : 경관급식 공급이 3주 이하로 단기간 사용이 예상되는 경우
  - 비십이지장관, 비공장관 : 흡인의 위험이 높은 경우
  - 비위관 : 흡인의 위험이 적은 경우
- 관조루술 : 경관급식 공급이 4~8주 이상 장기간 사용이 예상되는 경우
  - 공장조루술 : 흡인의 위험이 높은 경우
  - 위조루술 : 흡인의 위험이 적은 경우

81 ⑤ 정맥영양 : 구강이나 위장관으로 영양 공급이 어려울 때 정맥주사에 의하여 영양요구량을 공급하는 방법이다.
① 연식 : 소화가 잘되고 부드러운 죽식으로, 위벽에 자극을 주지 않는 식품을 제공한다.
② 유동식 : 수술 후 회복기 환자 또는 고형 식품을 섭취할 수 없는 환자가 처음으로 경구급식을 시작하는 경우 제공되는 식단으로 당질과 물로만 구성된다.
③ 경구급식 : 식욕부진, 질병의 회복 등을 위하여 입을 통하여 영양을 공급하는 방법이다.
④ 경관급식 : 혼수상태, 의식 불명, 식도장애 등에 의해 구강으로 음식을 섭취할 수 없는 환자에게 제공한다.

82 **위선(위액을 분비하는 샘)**
- 주세포 : 펩시노겐 분비
- 벽세포 : 염산, 내적인자 분비
- 점액세포 : 당단백질로 이루어진 점액 분비
- 지(G)세포 : 가스트린 분비

83 ① 궤양 부위의 빠른 상처 치유를 위해 철, 비타민 C 등을 충분히 섭취한다.
② 산미가 강한 음식은 위산 분비를 촉진하기 때문에 피하는 것이 좋다.
③ 강한 자극성 식품은 위산 분비 촉진, 위장관점막 손상 등을 가져오므로 피한다.
④ 기름에 튀긴 음식, 생채소, 햄, 소시지는 위에 자극을 주는 식품이므로 피하는 것이 좋다.
⑤ 경질 식품, 섬유질 식품, 자극성이 강한 조미료, 향신료 등은 피하는 것이 좋다.

84 ① 산도가 높은 음식, 카페인이 함유된 음식 등은 제한한다.
② 위 팽창을 억제하기 위해 한꺼번에 많이 먹지 않도록 한다.
③ 고지방 · 자극성 음식은 피하도록 한다.
④ 취침 2~3시간 전에는 식사를 마치도록 한다.
⑤ 음식은 가능하면 천천히 먹도록 하고, 식사 후 바로 눕지 않는다.

85 ⑤ 위장관을 절제한 후에는 소장이 위의 역할까지 대신하게 되므로, 위장관을 수술한 후의 식사요법은 매우 엄격하게 지켜야 한다.

① 수술 후 빠른 회복을 위해서는 충분한 영양을 섭취하는 것이 좋으며, 이를 위해서는 양질의 단백질을 공급한다.

② 소화 기능이 완전하지 못하므로 소화가 쉬운 식품과 조리법을 선택한다.

③ 위 절제 후 1~2개월 정도까지는 단순당의 과다한 섭취를 제한한다.

④ 음식은 환자의 위장관 상태를 고려하여 공급하여야 하는데, 일반적으로 처음에는 맑은 유동식을, 이어서 전유동식을, 수술 후 1~2주 동안은 자극성이 없는 연식을, 점차 완쾌되면 일반식을 준다.

86 **이완성 변비**

- 대장의 운동능력이 저하되어 장 내용물이 오랫동안 머물러 있어 나타난다.
- 노인, 임신부, 비만자, 수술 후 환자에게 많이 나타나는 증상이다.
- 물을 충분히 섭취하고, 고식이섬유 식사가 필요하다.
- 과일에는 섬유소, 펙틴, 유기산 등이 많아 장의 운동에 도움이 되므로 충분히 섭취한다.
- 청량음료는 대장의 연동운동을 도와준다.

87 ③ 저잔사식 · 무자극성식을 제공하고, 찬음식 · 생채소 · 생야채 등은 제한한다.

① 장을 자극하는 찬 음료는 제한한다.

② 수분과 전해질의 손실이 크므로 충분히 보충해야 한다.

④ 고지방, 고섬유소 식품을 제한한다.

⑤ 설사가 심한 경우 위장에 휴식을 주기 위해 1~2일간 금식한다.

88 **글루텐 과민성 장질환 환자의 식사요법**

- 글루텐 성분이 있는 음식(밀, 보리, 호밀, 햄버거, 돈가스, 어묵, 빵, 크래커, 쿠키, 피자, 국수, 마요네즈, 크림수프, 푸딩, 파이, 케이크, 아이스크림 등)을 제한한다.
- 쌀, 옥수수, 감자 등으로 보충한다.

89 **궤양성 대장염 환자의 식사요법**

- 영양불량을 예방하고 장점막의 회복에 중점을 둔다.
- 소량씩 자주(하루 6회 이상) 먹는다.
- 대변의 양을 줄이기 위해 저잔사 식사를 한다.
- 설사로 인한 탈수를 방지하기 위해 수분을 충분히 섭취한다.
- 우유 및 유제품을 제한한다.
- 중쇄지방(MCT)과 영양음료를 사용하여 부족한 칼로리를 보충한다.
- 고열량식, 고단백식, 저섬유식 식사를 한다.

90 **담낭염 환자의 식사요법**

- 저열량식 : 비만자의 체중감소를 위해서 저열량식을 권장한다.
- 저지방식 : 기름기 없는 고기(삼겹살 제한), 흰살생선, 탈지우유 등을 섭취한다.
- 고당질식 : 쌀밥, 식빵, 죽, 과일 등을 섭취한다.
- 알코올, 카페인, 탄산음료, 향신료, 자극성 식품, 가스 형성 식품 등은 제한한다.

91 ③ 비알코올성 지방간은 비만, 당뇨병, 대사증후군 등과 관련이 있으므로 체중조절을 위해 식사를 조절하는 것이 가장 중요하다. 따라서 비알코올성 지방간 환자에게 가장 적절한 영양치료 방법은 하루 총 열량 섭취를 줄이는 것이다.

92 ① 수분을 제한하지 않고 충분히 섭취해야 한다.

② 알코올은 1g당 7kcal를 내므로 금하는 것이 좋다.

③ 채소, 현미, 과일 등을 통해 복합당질과 섬유소를 섭취해야 한다.

⑤ 동물성 단백질과 식물성 단백질을 골고루 섭취해야 한다.

93 ④ 체지방 열량가는 1kg당 7,700kcal이므로, 2kg를 감량하고자 한다면 15,400kcal 적게 섭취해야 한다. 한 달을 30일로 볼 때 하루에 약 500kcal(15,400kcal/30일)를 줄이면 된다. 따라서 하루 에너지 필요량은 2,800kcal이므로 하루에 약 2,300kcal 정도를 섭취하는 것이 적합하다.

94 제1형 당뇨병(인슐린 의존성 당뇨병)

췌장 세포의 자가면역성 파괴로 인슐린의 분비량이 부족하여 발생하는 질병으로, 아동이나 30세 이전의 젊은 층에 많이 발생하므로 소아성 당뇨라고도 한다.

95 ② BMI 지수 정상범위 : 18.5kg/m^2 이상, 23kg/m^2 미만

96 공복혈당 장애

8시간 공복 후 측정한 공복혈당이 100~125mg/dL인 경우로, 정상과 당뇨병의 중간 단계이다. 임상적 치료가 필요하지 않지만 향후 당뇨병이 발생하지 않도록 주의가 필요한 단계이다.

97 당뇨병 시 탄수화물 대사

- 인슐린의 양이나 작용의 부족으로 인해 포도당이 세포 내로 유입되지 않아, 글리코겐 합성이 저하되고 분해는 증가되며, 혈액으로 포도당 방출이 증가한다.
- 당뇨병 환자의 공복 시 혈당은 126mg/dL 이상, 식후 2시간 혈당은 200mg/dL 이상이다.

98 ② 수용성 식이섬유는 음식물을 위장에 오래 머물게 해 혈당을 천천히 상승시키며, 인슐린이 한꺼번에 분비되는 것을 방지하므로 권장한다.

① 혈당지수가 낮은 식품을 제공해야 한다.

③ 총에너지의 10~20%를 단백질로 섭취할 것을 권장한다.

④ 알코올 섭취는 고혈당이나 저혈당을 초래하므로 제한한다.

⑤ 단맛을 원하는 경우 설탕 대신 인공감미료를 사용한다.

99 ① 인슐린, 글루카곤, 갑상선호르몬, 성장호르몬, 부신피질호르몬, 부신수질호르몬 등이 혈당조절에 관여한다.

② 정상 공복혈당 수치는 100mg/dL 미만이며, 100~125mg/dL이면 공복혈당장애, 126mg/dL 이상이면 당뇨병이다.

③ 식후 2시간 후면 혈당이 정상 수치로 회복된다.

⑤ 고혈당 시 인슐린이 혈액으로 분비되어 혈액 내 포도당을 간과 근육 세포 내로 이동시켜 혈당을 정상범위로 낮춰준다. 이렇게 혈액에서 조직으로 이동된 포도당은 일부 에너지원으로 사용되고, 나머지는 글리코겐이나 지방으로 저장된다.

100 혈압을 상승시키는 요인

- 혈액 점성의 증가
- 혈관 저항의 증가
- 혈관 직경의 감소
- 혈관 수축력의 증가
- 심박출량의 증가
- 레닌-안지오텐신-알도스테론계 활성화

101 울혈성 심부전 환자의 식사요법

- 저열량식을 하면서 정상체중을 유지하도록 노력한다.
- 동물성 지방이나 콜레스테롤이 많은 식품은 제한하되, 불포화지방산이 많은 식물성 지방을 섭취한다.
- 부종이 생기기 쉬우므로 부종을 줄이기 위해 나트륨 섭취를 제한한다.
- 정상 기능을 유지하기 위하여 양질의 단백질을 섭취한다.
- 부종이 있는 경우 1일 소변량에 따라 수분 섭취를 제한한다.
- 수용성 비타민을 섭취한다.

102 오메가-3 지방산

오메가-3 지방산은 지방을 분해하고 지방의 생성을 저해하여 혈액 중 중성지방이 감소하는 효과가 있다. 혈액 중 필요 이상으로 지방이 많은 환자는 오메가-3 지방산를 섭취하는 것이 좋다.

103 동맥경화증 환자의 식사요법

- 열량 섭취를 줄여, 정상체중을 유지한다.
- 양질의 단백질을 충분히 섭취한다.
- 동물성 지방 및 콜레스테롤 섭취를 제한한다.
- 염분의 섭취를 제한한다.
- 당질은 복합당질로 섭취한다.
- 식이섬유를 충분히 섭취한다.
- 알코올의 섭취를 제한한다.

104 뇌졸중 환자의 식사요법

- 연하곤란 시 다소 걸쭉하게 점도를 높인 형태의 식사로 공급한다.
- 콜레스테롤, 포화지방산, 염분 등은 제한한다.
- 식이섬유소를 충분히 공급한다.

105 ④ 라면(건면, 스프 포함) 100g당 평균 나트륨 함량은 1,338mg이다.

① 떡 261mg/100g, ② 우유 36mg/100g, ③ 달걀 131mg/100g, ⑤ 돼지고기(살코기) 49mg/100g이다.

106 신증후군 환자의 식사요법

- 열량을 충분히 섭취한다.
- 단백질 섭취를 적절히 조절한다.
- 콜레스테롤과 동물성 지방 함량이 높은 식품을 제한한다.
- 염분 섭취를 줄인다.

107 만성 콩팥병 환자의 식사요법

- 만성 콩팥병 환자의 경우 사구체여과율이 저하되고 소변량이 감소하면 칼륨이 배설되지 않아 고칼륨혈증이 발생할 수 있으므로 칼륨의 섭취를 제한해야 한다.
- 제한해야 하는 식품(칼륨 함량이 높은 식품)
  - 과일류 : 토마토, 바나나, 참외, 멜론, 천도복숭아, 키위 등
  - 곡류 : 도정이 덜 된 잡곡류 등
  - 기타 : 감자, 고구마, 옥수수, 토란, 밤, 초콜릿 등

108 ③ 투석으로 우리 몸에 필요한 단백질이 투석액 내로 유출되므로 충분한 양의 단백질을 섭취해야 한다.

① 정상체중을 유지하기 위하여 적절한 열량을 섭취한다.

② 신장기능이 떨어지면 비타민 D의 결핍증을 초래하여 칼슘 흡수가 저해되므로 칼슘을 충분히 섭취한다.

④ 투석으로 무기질의 손실이 있으므로 무기질을 보충해야 한다.

⑤ 투석으로 비타민의 손실이 있으므로 비타민을 보충해야 한다.

109 항이뇨호르몬

짠 음식을 섭취하면 뇌하수체후엽에서 항이뇨호르몬인 ADH 분비를 자극하고, ADH는 신장에 작용하여 수분의 배출을 억제한다.

110 ④ 사구체에서 여과된 원뇨가 세뇨관을 흐르는 동안 원뇨 중의 유용성분이 모세혈관의 혈액 속으로 다시 흡수된다. 이때 포도당, 아미노산, 물 등은 재흡수되지만, 요소나 요산 등의 질소 노폐물은 재흡수되지 않는다.

111 암 환자의 대사 변화

- 기초대사량 증가
- 당신생 증가
- 인슐린 민감도 감소, 인슐린 저항성 증가
- 근육 단백질 합성 감소
- 지방 분해 증가
- 음의 질소평형

112 구토, 메스꺼움, 식욕부진 등을 호소하는 암 환자의 식사요법

- 음식 냄새가 나지 않고 환기가 잘 되는 장소에서 식사를 제공한다.
- 조금씩 자주 천천히 식사를 하도록 한다.
- 메스꺼움이 심한 경우 억지로 먹지 않고 잠시 휴식을 취하도록 한다.
- 위에 부담이 적은 부드러운 음식을 섭취한다.
- 기름진 음식, 매우 단 음식, 향이 강한 음식, 자극적인 음식, 뜨거운 음식 등은 피하도록 한다.

113 급성 감염성 질환으로 인한 생리적 대사 변화

- 대표적인 증세가 발열이며 기초대사량은 증가한다.
- 탈수 및 전해질 손상이 나타난다.
- 단백질 대사가 항진되어 체단백의 붕괴가 나타난다.
- 호흡 및 맥박수가 증가한다.

114 ② 우유 알레르기 증상을 보이는 환자에게는 유제품인 치즈, 버터, 요구르트, 아이스크림은 물론 빵, 케이크 등 우유 성분이 함유된 모든 식품 섭취를 제한한다. 우유 알레르기 증상을 보이는 환자에게 제공할 수 있는 대체식품에는 두유가 있다.

115 ⑤ 폐결핵 시 체중감소와 체조직 소모를 방지하기 위하여 충분하게 식사를 하고, 매끼 양질의 살코기, 생선살, 두부, 달걀 등을 통한 단백질 식품의 섭취가 병행되어야 한다.

116 ③ 혈액 내에 존재하는 성분으로 지혈 기전을 담당하는 물질은 혈소판이다.

117 악성 빈혈

- 비타민 B_{12}는 엽산의 대사과정에 필수요소로 엽산과 함께 DNA 합성을 촉진하여 적혈구의 합성과 성숙에 관여한다. 비타민 B_{12} 결핍 시 거대적아구성 빈혈과 악성 빈혈을 일으킨다.
- 원 인
  - 비타민 B_{12}를 흡수하는 데 필요한 위 내적 인자(IF) 부족
  - 비타민 B_{12} 흡수장소인 회장의 질환, 회장 절제 시
  - 비타민 B_{12} 함유식품인 동물성 식품을 금하는 채식주의자

118 케톤식 식사요법

- 케톤체가 발작을 억제하는 효과가 있어 간질(뇌전증)에 사용하는 식사요법이다.
- 당질을 극도로 제한함으로써 뇌세포가 당을 에너지원으로 사용하지 못하고, 지방으로부터 공급되는 케톤체를 에너지원으로 사용하게 만드는 법이다.

119 ④ 탄산음료의 인산 성분은 골다공증의 원인이 되므로 섭취를 제한한다.

① 커피 등 카페인 섭취를 제한한다.
② 칼슘을 충분히 섭취해야 한다.
③ 김치, 젓갈 등 고염분 음식을 많이 섭취하지 않도록 한다.
⑤ 칼슘 흡수에 도움이 되는 비타민 D를 충분히 섭취한다.

120 갈락토스혈증

- 효소 대사 결핍으로 체내에 갈락토스와 그 대사산물이 축적되어 생기는 질병이다.
- 갈락토스를 함유한 우유 및 유제품을 엄격하게 제한해야 한다.
- 두유나 카세인 가수분해물, 특수조제분유 등을 섭취한다.

영양사 실전동형 봉투모의고사 제1회 2교시 해설

01	02	03	04	05	06	07	08	09	10
①	⑤	②	⑤	①	④	②	⑤	④	⑤
11	12	13	14	15	16	17	18	19	20
①	④	⑤	③	③	④	①	③	⑤	②
21	22	23	24	25	26	27	28	29	30
③	⑤	⑤	④	⑤	③	③	③	②	③
31	32	33	34	35	36	37	38	39	40
⑤	④	④	①	④	①	①	④	⑤	①
41	42	43	44	45	46	47	48	49	50
①	④	⑤	②	④	③	⑤	④	③	④
51	52	53	54	55	56	57	58	59	60
①	④	⑤	③	②	①	④	④	②	①
61	62	63	64	65	66	67	68	69	70
③	⑤	①	②	①	④	③	⑤	③	④
71	72	73	74	75	76	77	78	79	80
①	②	⑤	④	③	④	①	②	③	③
81	82	83	84	85	86	87	88	89	90
⑤	③	①	③	②	④	②	①	③	⑤
91	92	93	94	95	96	97	98	99	100
④	⑤	①	①	②	⑤	④	②	①	③

01 ① 복사는 중간 매체 없이 열이 직접 전달되는 현상으로 전도, 대류보다 열에너지 이동속도가 빠르다.

② · ③ 열전달 속도는 복사 > 대류 > 전도 순이다.

④ 산화는 물질이 산소와 화합하거나 수소를 잃는 화학 반응이다.

⑤ 삼투압은 낮은 농도의 액체가 농도가 높은 쪽으로 스며드는 현상이다.

02 ⑤ 물에 젖어도 되는 고체 식품은 식품을 넣기 전과 후의 물의 용량 차이로 부피를 측정하며, 물에 젖으면 안 되는 고체 식품은 그릇에 담겨있는 종실의 일부를 빼고 식품을 넣은 뒤 들어낸 종실을 다시 넣어 구석구석 채우고 마지막으로 남은 종실의 부피를 측정한다.

① 1작은술은 5mL, 1큰술은 15mL로, 1큰술은 3작은술의 용량과 같다.

② 1갤런 = 128온스이며, 1온스는 30mL이다.

③ 흑설탕은 계량컵에 꾹꾹 눌러 담고 수평으로 깎아서 계량한다.

④ 점성이 없는 액체는 평평한 바닥에 용기를 놓고, 눈높이를 액체 표면의 밑선에 맞추어 눈금을 읽는다.

03 **식품의 수분활성도**

- 곡류, 두류 : 0.60~0.64
- 과일, 채소, 육류, 생선류 : 0.98~0.99
- 건조과일 : 0.72~0.80

04 ⑤ 글리코겐(glycogen)은 에너지가 필요할 때 포도당으로 분해되어 사용되는 저장다당류이다.
① 탄수화물은 물에는 잘 녹으나, 알코올에는 잘 녹지 않는다.
② 탄소의 수에 따라 2탄당, 3탄당, 4탄당, 5탄당, 6탄당으로 구분한다.
③ 알긴산(alginic acid)은 복합다당류이다.
④ 탄수화물은 C(탄소), H(수소), O(산소)로 구성되어 있으며, 일반식은 $C_m(H_2O)_n$으로 표시한다.

05 **전분의 노화를 억제하는 방법**
- 수분 제거
- 냉동 보관
- 설탕 첨가
- 유화제 사용

06 부제탄소가 n개이면 이성질체의 수는 2^n개이므로, $2^3=8$개이다.

07 ① 불포화도가 높을수록, 저급지방산 함량이 많을수록 비중이 높아진다.
③ 불포화도가 높을수록 용해성은 감소한다.
④ 저급지방산 함량이 많을수록 검화가가 크다.
⑤ 지방산의 탄소사슬이 길수록, 평균분자량이 클수록 굴절률이 커진다.

08 **유지의 산패에 영향을 주는 인자**
- 온 도
- 산 소
- 수 분
- 광 선
- 금속이온
- 지방산의 불포화도

09 과산화물가는 유지 1kg에 함유된 과산화물의 밀리 몰수를 나타내는 것으로, 고온에서 조리 시 과산화물이 생성되어 과산화물가가 증가하다가 분해 속도가 가속화되면서 다시 감소하는 경향을 보인다.

10 ⑤ 단백질의 1차 구조는 사슬 내 펩타이드 결합을 하고 있는 아미노산의 배열순서를 의미한다.
①·②·③·④ 단백질의 3차 구조는 매우 긴 나선형 사슬이 구상으로 되기 위하여 더 압축되고 구부러져서 복잡한 구조를 이루며 수소 결합, 이온 결합, 소수성 결합, S-S 결합에 의해 안정화된다.

11 ① 중성 아미노산에는 글리신(glycine), 발린(valine), 알라닌(alanine), 류신(leucine) 등이 있다.
② 메티오닌(methionine), ③ 시스테인(cysteine)은 함황 아미노산에 해당한다.
④ 아르기닌(arginine)은 염기성 아미노산에 해당한다.
⑤ 글루탐산(glutamic acid)은 산성 아미노산에 해당한다.

12 ④ 젤라틴은 동물의 뼈, 껍질을 원료로 콜라겐을 가수분해하여 얻은 경질단백질이다. 젤리·족편 등의 응고제로 쓰이고, 마시멜로·아이스크림 및 기타 얼린 후식 등에 유화제로 사용된다.

13 ⑤ 카로티노이드 관련 현상으로 청록색의 아스타잔틴(astaxanthin)에 열을 가하게 되면 붉은색의 아스타신(astacin)으로 변한다.
① 카로티노이드, 클로로필은 지용성 색소이며, 플라보노이드, 베타라인, 안토시아닌, 타닌 등은 수용성 색소에 해당한다.
② 카로티노이드계 색소는 산이나 알칼리에 의해 파괴되지 않는다.
③ 안토시안계 색소는 알칼리성에서 청색, 중성에서 무색~자색, 산성에서 적색을 띤다.
④ 클로로필의 분해는 효소와 산에 의해 촉진된다.

14 ③ 맛의 상쇄는 두 가지 맛이 혼합하면 각각의 고유한 맛이 느껴지지 않고 조화된 맛으로 느껴지는 현상이다.
①·⑤ 한 가지 맛을 느낀 직후 다른 맛 성분을 정상적으로 느끼지 못하는 맛의 변조현상이다.
② 맛을 내는 물질에 다른 물질이 섞임으로써 미각이 증가되는 맛의 대비현상이다.
④ 서로 다른 맛이 혼합되었을 때 주된 맛이 약해지는 맛의 억제현상이다.

15 미생물 증식곡선

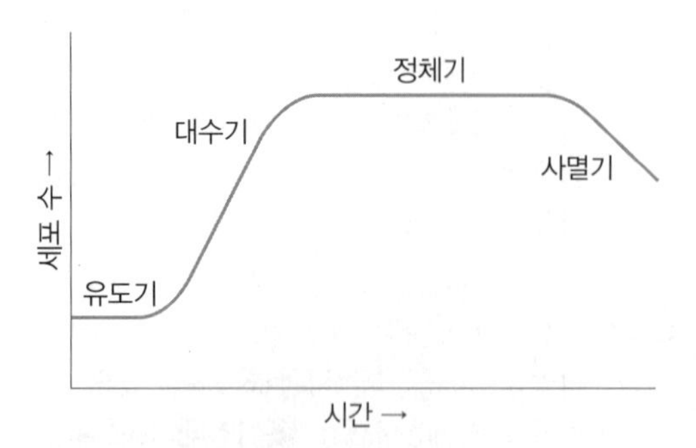

- 유도기 : 새로운 생육환경에 적응하는 기간
- 대수기 : 세포수가 급격히 증가하는 기간
- 정체기 : 최대의 세포수가 일정하게 유지되는 기간
- 사멸기 : 미생물 수가 감소하는 기간

16 ④ · ⑤ *Leuconostoc mesenteroides*은 김치 발효 초기에 관여하는 이상발효젖산균, *Lactobacillus plantarum*은 김치 발효 후기에 관여하는 정상발효젖산균이다.

① 요구르트, ② 맥주, ③ 간장, 된장에 관여하는 젖산균이다.

17 ① 갓 지은 쌀밥 1g 중의 *Bacillus* 속의 포자수는 $10^{2\sim3}$개이지만, 부패 시의 포자수는 $10^{7\sim8}$개로 먹을 수 없게 된다.

② 빵의 점질물질 생성원인균은 *Bacillus subtilis*, *Bacillus mesentericus*이다.

③ 육류에 번식하여 흙냄새가 나게 하는 미생물은 *Actinomycetes*이다. *Lactobacillus* 미생물은 고기 색소를 변색시킨다.

④ 달걀을 흑백으로 부패시키고 악취가 풍기게 하는 미생물은 *Proteus* 속이다.

⑤ *Pseudomonas fluorescens*은 우유를 녹색으로 변화시키며 불쾌한 냄새를 동반한다.

18 ① 밀가루 반죽에 첨가되는 소금은 글루텐 강도를 높여준다.

② 설탕, 지방, 전분 등은 글루텐 형성을 방해한다.

④ 밀가루의 글루텐 함량은 강력분이 13% 이상, 중력분이 10~13%, 박력분이 10% 이하이다.

⑤ 밀가루의 종류와 용도는 글루텐의 함량에 따라 결정된다. 오리제닌은 쌀의 주단백질 성분이다.

19 ⑤ β-아밀라아제(발효 온도 60℃)는 고구마가 가열되는 동안 전분을 당화시켜 단맛(맥아당)을 만든다.

20 ② 쌀을 도정함에 따라 외피 속의 비타민과 무기질이 소실되므로 상대적으로 전분의 비율이 높아진다.

21 ③ 엿기름은 보리에 싹을 틔어 말린 것으로 엿과 식혜 제조 시 사용된다.

22 ⑤ 호정화(Dextrinization)란 식품을 볶거나 구울 때 물을 가하지 않고 가열하는 방법으로 가용성 전분을 거쳐 덱스트린으로 변화하는 현상이다.

23 ⑤ 액틴(actin)과 미오신(myosin)의 결합으로 액토미오신(actomyosin)이 생성된다.

① phosphatase 작용으로 ATP가 분해된다.

② 근육의 보수성이 낮아지고 단단해진다.

③ · ④ 글리코겐이 혐기 상태에서 젖산(lactic acid)을 생성하기 때문에 pH가 저하된다.

24 ① 피신(ficin) – 무화과

② 파파인(papain) – 파파야

③ 액티니딘(actinidin) – 키위

⑤ 프로테아제(protease) – 배 · 무

25 ⑤ 육류는 산화되면 미오글로빈(적자색) → 옥시미오글로빈(선홍색) → 메트미오글로빈(갈색) 순으로 색이 변한다.

26 ③ 생선의 근섬유를 주체로 하는 섬유상 단백질인 미오신(myosin), 액틴(actin), 액토미오신(actomyosin)은 전체 단백질의 70%를 차지하고 있어 2~3%의 소금을 넣고 갈게 되면 점성과 탄력성이 생겨 어묵 형성에 이용된다.

27 ① 생선을 가열하면 단백질이 응고 수축되고 지방이 용출된다.

② 생선 조리 시 산을 첨가하면 트리메틸아민과 결합하여 비린내가 감소한다.

④ 소금 농도가 15% 이상에서 탈수 현상이 발생한다.
⑤ 소금 농도가 2% 이상이 되면 단백질 용출이 급격히 증가하고 점도가 높아진다.

28 ① 신선한 달걀보다 오래된 달걀이 거품이 잘 일어난다.
② 농후난백보다 수양난백이 기포성은 좋으나 안정성이 낮다.
④ 달걀흰자의 기포성을 증가시키는 재료는 레몬즙, 주석산 등이다. 설탕, 노른자, 우유 등은 달걀흰자의 기포성을 저하시킨다.
⑤ 냉장온도보다 실온에서 기포형성이 잘된다.

29 ② 난백의 단백질은 오브알부민, 콘알부민 등이 있으며, 난황에 함유된 단백질은 리보비텔린, 리보비텔레닌 등이 있다.
① 반숙의 소화시간은 90분으로 달걀프라이의 소화시간인 3시간보다 빠르다.
③ 표면에 거친 큐티클이 많은 달걀이 신선한 달걀이며, 신선한 달걀은 수양난백보다 농후난백이 많다.
④ 삶은 달걀에 황화철(FeS)이 적게 하려면 삶은 직후 찬물에 넣어서 식혀야 한다.
⑤ 달걀의 농후제 역할을 이용한 음식에는 달걀찜, 커스터드, 푸딩 등이 있으며, 전과 만두소, 커틀렛 등은 달걀의 결합제 역할을 이용한 음식이다.

30 우유 단백질의 80%인 카세인은 산이나 레닌을 가하면 응고하고, 열에 의해서는 응고되지 않는다.

31 우유 살균 방법

종 류	저온 장시간 살균(LTLT)	고온 단시간 살균(HTST)	초고온 순간 살균(UHT)
특 징	• 저렴하고 간편함 • 비병원성 세균 잔존	• 대량 · 연속 처리 가능 • 내열성균 거의 사멸	• 영양소 손실 최소화 • 완전멸균 가능
온 도	63~65℃	72~75℃	130~150℃
시 간	30분	15~20초	0.5~5초

32 ④ 두부는 콩 단백질인 글리시닌(glycinin)이 무기염류에 의해 응고되는 성질을 이용한 것이다.

33 ④ 유리지방산 함량이 높은 기름이 발연점이 낮다.
① 기름 이외의 이물질이 섞여 있으면 발연점이 낮아진다.
② 기름은 사용할 때마다 약 10℃씩 발연점이 낮아진다.
③ 기름을 담은 그릇이 넓으면 발연점이 낮아지므로 그릇은 되도록 좁은 것을 사용한다.
⑤ 글루텐이 흡유량을 감소시키기 때문에 글루텐 함량이 낮을수록(박력분) 발연점이 낮다.

34 ② 불포화지방산이 포화지방산보다 쇼트닝 파워가 크다.
③ 0.2%의 식소다를 첨가하거나 설탕을 약간 첨가하면 바삭한 튀김을 만들 수 있다.
④ 산패를 막으려면 공기와의 접촉을 피하고, 사용한 기름과 새 기름을 섞지 말아야 한다.
⑤ 반죽을 지나치게 많이 하면 글루텐이 많이 생겨 쇼트닝 파워가 감소한다.

35 좋은 튀김기름의 조건
- 요오드가 · 발연점 ↑
- 굴절률 · 산가 · 과산화물가 · 검화가 ↓

36 청록색의 지용성 클로로필(chlorophyll)이 산과 반응하게 되면 Mg^{2+}이 H^{+}와 치환되어 갈색의 페오피틴(pheophytin)으로 변환된다.

37 ① 감자와 고구마는 티로시나아제(tyrosinase)에 의해서 갈변이 일어나는데, 이 효소는 수용성이므로 물에 담가두면 갈변을 방지할 수 있다.
② 사과와 배는 묽은 소금물에 담가둔다.
③ 바나나는 레몬즙을 뿌려둔다.
④ 김치나 오이지 등의 녹색식품은 중탄산소다(알카리)를 첨가하면 변색을 막을 수 있다.
⑤ 녹색잎채소는 뚜껑을 열고 끓는 물에 단시간 데친다.

38 ① 당근 – 카로티노이드(carotinoid)
② 녹색잎채소 – 엽록소(chlorophyll)
③ 토마토 – 카로티노이드(carotinoid)
⑤ 가지 – 안토시안(anthocyan)

39 ⑤ 생표고를 건조하면 구아닐산과 레티오닌이 생성되어 특유의 향과 감칠맛을 낸다.

40 ① 한천은 우뭇가사리 등의 홍조류를 삶아 얻은 액을 냉각시켜 엉키게 한 것으로 과자, 아이스크림, 양갱, 양장피의 원료로 사용된다.

41 ② 조합식 급식체계 : 식품 제조업체나 가공업체로부터 완전조리된 음식을 구입하여 배식하는 형태로 소규모 급식인 경우에 많이 이용하는 급식체계이다.

③ 중앙공급식 급식 : 단체급식의 체계 중 공동조리장에서 음식을 대량생산한 후 인근의 단체급식소로 운송하여 배식하는 방식의 급식체계이다.

④ · ⑤ 조리저장식 급식체계(예비저장식 급식체계) : 음식을 조리한 직후 냉장 및 냉동해서 얼마 동안 저장한 후에 데워서 급식하는 방법이다.

42 ① 평정척도법 : 고과 요소마다 등급 척도를 만들어 평가하는 방법

② 목표관리법 : 경영자와 종업원이 협의하여 목표를 설정하고, 성과를 객관적으로 평가하여 그에 상응하는 보상을 주는 방법

③ 강제선택법 : 주어진 4~5개의 선택해야 할 기술 중에서 피고과자가 가장 적합한 기술 또는 가장 적합하지 않은 기술 중 그 어느 하나를 선택하는 방법

⑤ 체크리스트법 : 적당한 몇 가지 표준행동을 배열하고 해당사항을 체크하여 평가하는 방법

43 ⑤ 네트워크 조직 : 업무의 핵심 부문만을 남기고 그 외의 부분은 아웃소싱과 제휴로 운영하는 조직 형태이다.

① 기능식 조직 : 관리자 업무를 전문화하고 각 기능별로 전문가를 두어 관리하는 방식이다.

② 위원회 조직 : 경영정책이나 특정한 과제를 합리적으로 해결하기 위해 만든 조직으로, 다양한 부문에서 여러 사람들을 선출하여 부서 간의 이견을 조정할 수 있는 조직 형태이다.

③ 프로젝트 조직 : 기업의 경영활동을 과제(project)별로 조직하는 형태로, 동태적 조직이라고도 하는 조직 형태이다.

④ 매트릭스 조직 : 기능식 조직과 프로젝트 조직을 병합한 조직으로, 행렬 조직이라고도 하는 조직 형태이다.

44 ② 전문화의 원칙 : 조직 구성원은 하나의 업무를 전문적으로 담당함으로써 경영활동의 능률을 높일 수 있도록 해야 한다는 원칙으로, 가장 적절한 실현 방법은 직능을 분화하는 것이다.

① 기능화의 원칙 : 인간 본위가 아닌 업무를 중심으로 접근하고자 하는 원칙이다.

③ 명령 일원화의 원칙 : 경영조직의 질서를 유지하기 위해 조직의 각 구성원이 1인의 직속 상급자로부터 지시 · 명령을 받아야 한다는 원칙이다.

④ 계층 단축화의 원칙 : 상하 계층이 많으면 의사소통 불충분, 명령 전달 지연, 인건비 증대와 같은 폐단이 생기므로, 조직 계층을 단축하여 업무를 효율화하여야 한다는 원칙이다.

⑤ 책임과 권한의 원칙 : 해당 직위에 있는 사람은 권한을 행사한 결과에 책임을 져야 한다는 원칙이다.

45 ④ 영양기준량에 따른 식품구성 결정방법은 5가지 기초식품군을 기본으로 13종류로 나눈다.

① 표준레시피 : 급식소에서 영양사가 식재료명, 재료량, 조리법, 총생산량, 1인 분량 및 배식방법 등을 기재하여 일관된 품질의 음식을 제공하고 생산량을 통제하는 도구로 활용하는 것이다.

② 식품교환표 : 비슷한 영양가를 가진 식품들을 하나의 군으로 묶어서 같은 군 안에 포함된 식품들을 여러 가지 다른 종류의 식품과 바꿔서 섭취할 수 있도록 만든 표이다.

③ 식품구성표 : 식품군별로 식품의 양을 표시한 것으로 이를 이용하면 식품의 배합이 충실해진다.

⑤ 급식 대상자의 영양필요량 : 식단작성 시 고려할 사항 중 하나이다.

46 **식단작성의 순서**

- 영양제공량 목표 결정 : 급식 대상자의 연령, 성별, 활동 정도 등을 고려하여 영양필요량 산출
- 식품섭취량 산출 : 한국인 영양권장량을 기준으로 하루 영양량을 3끼에 배분하여 식품을 선택하고 섭취량 산출
- 세끼 영양량 분배 결정

- 음식수 계획
- 식품구성의 결정(주식, 부식 결정)
- 미량 영양소의 보급방법 : 강화식품, 강화제 첨가
- 식단표 작성
- 식단 평가

47 메뉴엔지니어링(Menu engineering)

분 류	메뉴 분석	개선 방법
Stars	인기도(판매량)와 수익성 모두 높은 품목	유 지
Plowhorses	인기도(판매량)는 높지만 수익성이 낮은 품목	• 세트메뉴 개발 • 1인 제공량 줄이기
Puzzles	수익성은 높지만 인기도(판매량)는 낮은 품목	• 가격인하 • 품목명 변경 • 메뉴 게시 위치 변경
Dogs	인기도(판매량)와 수익성 모두 낮은 품목	• 메뉴 삭제

48 주식과 부식의 비율

- 주식 : 끼니별로 동량 배분(1 : 1 : 1)
- 부식 : 활동시간 분포를 고려하여 끼니별로 차이를 두되, 일반적으로 점심과 저녁에 비중을 둔다(1 : 1.5 : 1.5)

49 순환식단(cycle menu, 회전식단, 주기식단)

장 점	• 이용 가능한 여러 설비를 잘 이용할 수 있다. • 물품의 구입 절차 간소화로 경제적 구입이 가능하다. • 메뉴 개발과 발주서 작성 등에 소요되는 시간 절약할 수 있다. • 식자재를 효율적으로 관리할 수 있으므로 재고정리가 용이하다. • 단기로 순환하는 메뉴를 사용함으로써 식재료 관리가 효율적이다. • 조리과정의 능률화 및 표준화와 작업부담의 고른 분배를 이룰 수 있다.
단 점	• 식단의 변화가 한정되어 섭취할 수 있는 식품의 종류가 제한적이다. • 계절 식품이 적당한 시기에 식단에 포함되지 않아서 식비가 비쌀 수 있다. • 식단주기가 너무 짧으면, 단조롭다고 느껴 고객의 불만이 증가할 수 있고 잔식량이 늘어나며 식비가 상승할 수 있다.

50 ④ 구매명세서 : 식품에 관한 여러 가지 자세한 내용을 명확하게 제시한 것으로, 구입명세서, 물품명세서, 시방서, 물품사양서라고도 한다.

① 발주서 : 구매요구서에 의하여 작성되며, 거래처에 송부함으로써 법적인 거래 계약이 성립하는 것으로, 발주전표, 주문서, 구매표라고도 한다.

② 납품서 : 공급업체가 납품 시 함께 가져오는 서식으로, 검수담당자는 납품된 품목에 납품서에 적힌 것과 일치하는지를 확인해야 하며, 송장, 거래명세서라고도 한다.

③ 구매청구서 : 청구번호, 필요량, 품목에 대한 간단한 설명, 배달 날짜, 예산 회계번호, 공급업체 상호명과 주소, 주문날짜, 가격이 기재되기도 한다.

⑤ 거래명세서 : 공급업체가 물품을 납품할 때 구매 담당자에게 제공하는 서식으로, 물품의 명세와 거래대금에 대한 내용이 기록되어 있다.

51 ① 정기구매 : 쌀, 공산품(조미료 등) 등 계속해서 사용하는 물품을 구입할 때 이용하는 방법으로, 표준재고량이 일정량에 도달하면 자동적으로 구매하는 경우와 구입계획에 의해 정기적으로 구매하는 경우가 있다.

② 중앙구매 : 본부에서 일괄 구매하는 구매 유형으로, 대량구매의 이점을 얻을 수 있어 비용 절약이 가능하며, 집중구매라고도 한다.

③ 분산구매 : 업소별로 필요한 물품을 분산(독립)해서 구매하는 유형으로, 비중앙구매라고도 한다.

④ 당용구매 : 당장 필요한 물품을 그때그때 즉시 구매하는 유형이다.

⑤ 공동구매 : 운영주체가 다른 급식소들이 함께 대량 구매하여 원가 절감의 효과를 기대할 수 있는 구매 유형이다.

52 발주량

- 가식부율 = 100 − 폐기율(%) = 100 − 20 = 80%
- 발주량 $= \dfrac{\text{표준레시피의 1인당 중량}}{\text{가식부율}} \times 100 \times \text{예상식수}$

$$= \frac{80}{80} \times 100 \times 400 = 40\text{kg}$$

53 ① 전수검사법 : 물품의 검수법 중 하나로, 납품된 물품을 하나하나 전부 검사하는 검사법이다.
② 실사재고방식 : 창고에 보유한 물품의 수량과 목록을 주기적으로 기록하는 재고관리 방식이다.
③ 영구재고방식 : 급식소에서 입 · 출고되는 물품의 양을 계속적으로 기록하여 남아 있는 물품의 목록과 수량을 파악하고 적정 재고량을 유지하는 재고관리 방식이다.
④ ABC관리방식 : 재고를 물품의 가치도에 따라 A, B, C 등급으로 분류하여 차별적으로 관리하는 재고관리 방식이다.

54 ① 선입선출의 원칙 : 먼저 입고된 물품이 먼저 출고되어야 한다는 원칙이다.
② 품질보존의 원칙 : 납품된 상태 그대로 품질의 변화 없이 보존해야 한다는 원칙이다.
④ 분류저장 체계화의 원칙 : 창고에 식품을 저장할 때, 가나다 또는 알파벳 순으로 진열하여 출고 시 노력과 시간을 줄이는 원칙이다.
⑤ 공간활용 극대화의 원칙 : 확보된 공간의 활용을 극대화함으로써 경제적 효과를 높이는 원칙이다.

55 ② 선입선출법 : 가장 먼저 들어온 품목이 나중에 입고된 품목들보다 먼저 사용된다는 재고회전 원리에 기초한 재고자산 평가방법으로, 마감 재고액은 가장 최근에 구입한 식품의 단가가 반영된다.
① 총평균법 : 특정 기간에 구입한 물품 총액을 전체 구입 수량으로 나누어 평균 단가를 계산한 후 이 단가를 이용하여 남아 있는 재고량의 가치를 산출하는 방법이다.
③ 후입선출법 : 선입선출법과 반대 개념으로 최근에 구입한 식품부터 사용한 것으로 기록하며, 가장 오래된 물품이 재고로 남아 있게 되는 방법이다.
④ 실제구매가법 : 마감 재고 조사 시 남아 있는 물품들을 실제로 그 물품을 구입했던 단가로 계산하는 방법이다.
⑤ 최종구매가법 : 가장 최근 단가를 이용하여 산출하는 방식으로, 급식소에서 가장 널리 사용되며 간단하고 빠른 방법이다.

56 **단순이동평균법**
가장 근접한 과거의 일정 기간에 해당하는 시계열의 평균값을 다음 기간의 예측치로 사용하는 방법이다 [(12,270 + 11,250 + 12,100)/3 = 35,620/3 = 11873.33].

57 **농산물이력추적관리**
농산물의 정보를 생산에서 판매 단계까지 기록 · 관리하여 안전성 관련 문제가 발생했을 때 원인 규명 및 필요한 조치를 할 수 있도록 하는 제도이다.

58 ④ 카페테리아 서비스 : 셀프 서비스 중 하나로, 선택한 음식별로 금액을 지불하는 배식 서비스이다.
① 트레이 서비스 : 병원 환자식이나 기내식에 이용되는 배식 서비스이다.
② 카운터 서비스 : 배식원에 의한 서비스 중 급식 요구자가 필요한 음식을 바로 배식하거나 조리사가 카운터 앞의 손님에게 식사를 제공하는 배식 서비스이다.
③ 테이블 서비스 : 배식원에 의한 서비스 중 식탁에 편히 앉아 정식으로 음식을 먹을 수 있도록 서비스 받는 배식 서비스이다.
⑤ 드라이브-인 서비스 : 배식원에 의한 서비스 중 주차된 차 내에서 주문하고 종업원이 서빙하는 배식 서비스이다.

59 **산업체 급식에서 위탁경영의 장 · 단점**

장 점	• 대량구매와 경영합리화로 운영비를 절감할 수 있고 자본투자 유치가 가능하다. • 조직이 형성되어 있으므로 문제 발생 시 전문가의 의견과 조언으로 쉽게 해결할 수 있다. • 소수 인원이 교육과 훈련을 받아 관리하므로 전문관리층의 임금지출이 적다. • 인건비가 절감되고, 노사문제로부터 해방될 수 있다.
단 점	• 개개의 급식소에서 발생하는 사소한 문제를 소홀히 다루는 경우가 있다. • 영양관리와 영양교육 및 급식서비스에 문제가 생길 수 있다. • 만기 전에 계약을 파기하는 상황이 생길 수 있다. • 위탁경영자를 잘못 선택하면 원가 상승의 결과를 가져올 수 있다. • 급식의 질에 일관성이 결여될 수 있다.

60 **세척제**

- 1종 세척제 : 채소 · 과일용
- 2종 세척제 : 식기류용
- 3종 세척제 : 식품의 가공 · 조리 기구용

61 ③ 스왓분석 : Strengths(강점), Weaknesses(약점), Opportunities(기회), Threats(위협)

① 벤치마킹 : 최고 수준에 있는 다른 조직의 제품, 서비스, 업무방식 등을 서로 비교하여 새로운 아이디어를 얻고 경쟁력을 확보해나가는 체계적 · 지속적 개선 활동 과정이다. 즉, 최고의 경쟁력을 보유한 상대를 정해서 전체 또는 부분적으로 비교하여 상대의 강점을 파악하고 최고와 비교함으로써 동등 이상이 되기 위한 기법이다.

② 아웃소싱 : 시장 경쟁이 심해지고 기업의 특화 정도가 고도화됨에 따라 핵심 능력이 없는 부품이나 부가가치 활동은 자체 내에서 조달하는 것보다 외부의 전문 업체에 주문하여 더 좋은 품질의 부품이나 서비스를 더 값싸게 생산 또는 제공받는 기법이다.

④ 다운사이징 : 조직의 효율성을 향상시키기 위해 의도적으로 조직 내 인력, 계층, 작업, 직무, 부서 등의 규모를 축소하는 기법이다.

⑤ 종합적 품질경영 : 위탁급식 회사 구성원의 전사적 참여로 급식 품질을 지속적으로 개선하여 고객의 기대를 충족하는 기법이다.

62 **노동시간당 식수 및 1식당 노동시간**

- 노동시간당 식수 = 일정기간 제공한 총 식수/일정 기간의 총 노동시간 = 600/40 = 15식/시간
- 1식당 노동시간 = 일정기간의 총 노동시간(분)/일정기간 제공한 총 식수 = 2400/600 =4분/식

63 교차오염을 방지하기 위하여 생선 · 육류 등 날음식은 냉장고 하단에, 가열조리 식품 · 가공식품 · 채소 등은 상부에 보관한다.

64 **개인위생(학교급식법 시행규칙 별표 4)**

- 식품취급 및 조리작업자는 6개월에 1회 건강진단을 실시하고, 그 기록을 2년간 보관하여야 한다. 다만, 폐결핵검사는 연 1회 실시할 수 있다.
- 손을 잘 씻어 손에 의한 오염이 일어나지 않도록 하여야 한다. 다만, 손 소독은 필요시 실시할 수 있다.

65 ② 용기 · 식기 등에 사용한다.

③ 생채소 및 과일의 표면을 소독하기 위한 차아염소산나트륨 소독액의 농도는 100ppm이다.

④ 표백과 탈취의 목적으로도 사용 가능하다.

⑤ 역성비누에 대한 설명이다.

66 **작업구역의 분류**

검수구역	• 외부로부터 물품의 운송이 편리한 장소, 저장구역과 전처리구역에 인접 • 물품의 상태 판정과 정확한 계량을 위해 540룩스 이상의 조도 유지(급식시설의 작업구역 중 조도가 가장 높음)
저장구역	검수구역과 조리구역 사이에 배치
전처리 구역	• 1차 처리가 안 된 식재료가 반입되므로 불필요한 부분을 제거하고 다듬고 씻는 작업 진행 • 저장구역과 조리구역에서 접근이 쉬워야 함 • 세미기와 구근탈피기 등의 기기를 설치해야 함
조리구역	작업동선을 고려하여 조리작업이 순서적으로 행해질 수 있도록 함
배선구역	조리실에서 만들어진 음식을 그릇에 담아 식당으로 운반하는 장소로, 조리구역과 식당 사이에 배치
세정구역	식기를 회수하여 세정 · 소독하는 장소

67 ③ 스팀쿠커 : 가압조리기

① 번철 : 상판 위에서 부침 및 볶음을 할 수 있는 기기

② 보냉고 : 조리된 음식을 차게 보관하여 음식의 맛과 신선도를 유지하게 하는 기기(내부 온도는 3~5℃ 유지)

④ 다용도 조리기 : 채소 · 육류 등의 재료를 볶음 · 끓임 · 부침 등의 방법으로 넓게 사용하는 만능 조리기

⑤ 스팀컨벡션 오븐 : 구이, 찜, 데침, 볶음, 튀김 등의 다양한 조리가 가능하며, 공간절약의 장점이 있는 기기

68 ⑤ 전처리된 식재료를 사용하였을 때 투여 인력의 감소와 인건비 절감에 효과가 있다.

①·②·③·④ 생산성이 높아지는 상황이다.

69 식재료비 비율 = 식재료비/매출액 ×100

- 식재료비 = 3,000,000 + 18,000,000 − 5,000,000 = 16,000,000원
- 매출액 = 40,000,000원
- 식재료비 비율 = 16,000,000원/40,000,000원 ×100 = 40%

70 1식당 원가 = 원가(재료비 + 노무비 + 경비)/제공 식수

- 원가 = 21,000,000 + 8,000,000 + 6,000,000 = 35,000,000원
- 제공 식수 = 7,000식
- 1식당 원가 = 35,000,000/7,000 = 5,000원

71 ① 강제할당법 : 전체 평점 등급을 수, 우, 미, 양, 가 또는 A, B, C, D, E 등 5등급으로 나누어 각 급에 피고과자 총액의 10%, 20%, 40%, 20%, 10%씩을 강제할당하는 방법이다.

② 평정척도법 : 고과 요소마다 등급 척도를 만들어 평가하는 방법이다.

③ 도식척도법 : 직원 개개인의 특성과 직무를 수행하면서 달성한 실적에 따라 평가하고자 하는 요소에 표시할 수 있도록 척도를 만들어 평가자가 해당 척도에 체크하도록 하는 방법이다.

④ 체크리스트법 : 대조리스트법이라고도 하며, 적당한 몇 가지 표준행동을 배열하고 해당 사항을 체크하여 평가하는 방법이다.

⑤ 주요사건기술법 : 주로 평가자가 직원들의 평소 행동 등을 관찰하고 기록하였다가 평가할 때 사용하는 방법으로, 근무 중이나 어떤 사건이 발생한 상황에서 평가대상 직원이 보이는 호의적이거나 그렇지 않은 행동 등을 서술하는 방법이다.

72 ① 직무 단순화 : 작업절차를 단순화하여 전문화된 과업을 수행하게 하는 직무설계법이다.

③ 직무 순환화 : 다양한 직무를 순환하여 수행하게 하는 직무설계법이다.

④ 직무 확대화 : (양적 측면에서) 과업의 수적 및 다양성을 증가시키는 직무설계법이다.

⑤ 직무 충실화 : 과업 수를 증가시키고 직무가 갖는 책임과 통제 범위를 수직적으로 늘려 직원에게 동기부여를 줄 수 있는 직무설계법이다.

73 ① 강의법 : 다수를 대상으로 교육하므로 비용 면에서 가장 경제적인 교육훈련 방법이다.

② 역할연기 : 어떤 사례를 연기로 꾸며 실제처럼 재현해 봄으로써 문제를 완전히 이해시키고 그 해결 능력을 향상시키는 교육훈련 방법이다.

③ 사례연구 : 특정 사례에 대한 상황을 제시하고 해결책을 찾도록 하는 교육훈련 방법이다.

④ 브레인스토밍 : 짧은 시간 안에 주제에 대해 자유롭게 토론하고 창의적인 아이디어를 내도록 하는 교육훈련 방법이다.

74 ④ 허즈버그의 2요인이론 : 인간에게는 상호 독립적인 두 가지 욕구가 존재하며, 이러한 욕구가 직무만족에 각각 다른 영향을 끼친다는 이론이다.

- 동기요인(만족요인) : 직무에 대한 성취감, 인정, 승진, 직무 자체, 성장 가능성, 책임감 등
- 위생요인(불만요인, 유지요인) : 작업조건, 임금, 동료, 회사정책, 고용안정성 등

① 브룸의 기대 이론 : 개인의 동기는 그 자신의 노력이 어떤 성과를 가져오리라는 기대와 그러한 성과가 보상을 가져다주리라는 수단성에 대한 기대감의 복합적 함수에 의해 결정된다는 이론이다.

② 알더퍼 E.R.G 이론 : 생존욕구, 관계욕구, 성장욕구의 3단계로 구성된 욕구가 동기를 부여한다는 이론이다.

③ 아담스의 공정성 이론 : 보상이 공정해야 동기가 부여되며, 불공정한 경우에는 불공정성을 시정하는 방향으로 동기가 부여된다는 이론이다.

- 공정성 상태 : 자신의 투입에 대한 산출 비율이 타인의 그것과 같을 때 공정성을 느낀다.

• 불공정 상태 : 자신의 투입에 대한 산출 비율이 타인의 그것보다 크거나 작을 때, 불공정성이 존재한다고 느낀다.

⑤ 매슬로우의 욕구계층 이론 : 인간의 욕구는 생리적 욕구 → 안전욕구 → 친화욕구(사회적 욕구) → 존경욕구 → 성장욕구(자아실현 욕구)와 같은 5단계로 이루어지며, 저차원 욕구로부터 고차원 욕구로 발전되어가므로 욕구 계층에 맞는 적절한 동기부여가 필요하다는 이론이다.

75 ③ 서번트 리더십 : 인간존중을 바탕으로 구성원들이 잠재력을 발휘할 수 있도록 앞에서 이끌어주는 리더십이다.

① 전제적 리더십 : 독단적으로 대부분의 의사결정을 하고 명령을 하달하며, 하급자는 의사결정에 참여할 수 없고 명령에 복종할 것이 요구하는 리더십이다.

② 민주적 리더십 : 조직 구성원의 행동을 제안하고 결정하는 데 있어서 하급자들의 의견을 참작하고 하급자도 의사결정에 참여할 수 있도록 장려하는 리더십이다.

④ 거래적 리더십 : 구성원에게 목표와 보상을 알리며, 변화를 촉진하기보다는 조직의 안정을 중시하고 성과에 따른 금전적 보상을 통해 구성원에게 동기를 부여하는 리더십이다.

⑤ 변혁적 리더십 : 조직구성원에게 바람직한 가치관과 자신감을 심어주고, 창의성을 개발하여 스스로 성장하도록 동기부여를 하는 리더십이다.

76 ① 마케팅의 4요소인 4P는 제품(Product), 촉진(Promotion), 유통(Place), 가격(Price)이다.

② 확장된 마케팅 믹스는 4P에 과정(Process), 물리적 근거(Physical evidence), 사람(People)이 더해진 마케팅 믹스이다.

③ 지식정보사회의 특성을 고려해 고객의 관점에서 파악하는 전략은 4C 전략[고객가치(Customer Value), 고객비용(Cost to Customer), 편리성(Convenience), 소통(Communication)]이다. 4P 전략은 판매자의 관점의 고전적인 전략이다.

⑤ 관계마케팅에 대한 설명이다.

77 ② 공정분석 : 작업관리 방법을 작업, 운반, 저장, 정체, 검사의 분석단위로 분류하여 기존 생산과정의 문제점을 파악하고 개선하는 것을 말한다.

③ 시장세분화 : 한 가지 메뉴로 모든 고객을 만족시킬 수 없으므로 욕구가 유사한 동질집단으로 고객을 분류하는 활동. 즉 고객의 필요, 욕구, 선호 및 구매 행동을 분석하여 전체 시장을 유사한 고객별로 나누는 마케팅 활동 단계이다.

④ 마케팅 믹스 : 표적시장에서 원하는 반응을 얻기 위해 사용하는 통제 가능한 마케팅 변수의 집합이다.

⑤ 표적시장 선정 : 시장세분화를 통하여 기업에 가장 유리한 조건을 갖춘 주 고객 집단을 선정하는 과정이다.

78 ② pH : 화학적 검사, 부패로 인해 염기성 물질이 생성되어 중성 또는 알칼리성으로 이행(pH 6.0~6.2)

① 식품의 초기 부패로 판단하는 세균 수 : 10^7~10^8 CFU/g

③ 물리적 검사 : 식품의 경도 · 점성, 탄력성, 전기저항 등을 측정하는 방법

④ 관능검사 : 시각, 촉각, 미각, 후각 등으로 검사하는 방법

⑤ 트리메틸아민 : 어패류의 trimethylamine oxide가 환원되어 trimethylamine 생성(3~4mg%)

79 ③ *Enterococcus faecalis*은 장내구균 속에 속하는 그람양성 구균으로, 식품의 동결과 건조 시 잘 죽지 않기 때문에 냉동식품과 건조식품의 분변오염지표균으로 이용된다.

① *Vibrio vulnificus*의 특징이다.

② *Acetobacter aceti*의 특징이다.

④ *Clostridium botulinum*의 특징이다.

⑤ *Staphylococcus aureus*의 특징이다.

80 ***Bacillus cereus***

- 독소형 식중독, 바실러스 세레우스 식중독의 원인균이다.
- 그람양성, 간균, 주모성 편모, 통성혐기성이다.
- 내열성 아포를 형성한다.
- 토양 · 물 · 곡물 등의 자연에 널리 분포한다.
- 장독소(enterotoxin)를 생성(설사독소와 구토독소)한다.

81 ***Salmonella typhimurium***

- 그람음성, 무포자 간균, 주모성 편모, 통성혐기성이다.
- 생육 최적온도는 37℃, 최적 pH는 7~8이다.
- 육류 및 그 가공품, 우유 및 유제품, 채소, 달걀 등이 원인식품이다.
- 조리 · 가공 단계에서 오염이 증폭되어 대규모 사건이 발생하기도 한다.

82 ***Morganella morganii***

- 사람이나 동물의 장내에 상주한다.
- 알레르기를 유발하는 histamine을 생성한다.
- 붉은살 생선(꽁치, 고등어, 정어리, 참치 등)이 원인식품이다.
- 전신홍조, 두통, 발진(두드러기), 발열 등의 증상이 나타난다.

83 **로타바이러스 식중독**

- 원인균은 *Rotavirus*이며, 주로 영유아나 아동에게서 발생한다.
- 가열처리하지 않은 샐러드, 과일 등이 원인식품이다.
- 구토, 발열, 물설사 등의 증상이 나타난다.

84 ① *Bacillus* 속 : 쌀밥의 변질에 관여하는 미생물

② *Fusarium* 속 : 채소나 곡물의 변질에 관여하는 미생물

④ *Staphylococcus* 속 : 사람을 포함한 동물의 표피에서 서식하며 식중독의 원인이 되는 미생물

⑤ *Saccharomyces* 속 : 과실의 변질에 관여하는 미생물

85 ① 솔라닌(solanine) : 감자의 발아부위와 녹색부위에 많이 함유되어 있으며 구토, 설사, 복통, 두통, 발열(38~39℃), 팔다리 저림, 언어장애 등을 유발한다.

③ 에르고톡신(ergotoxin) : 맥각균이 보리 · 밀 · 호밀 등의 개화기에 씨방에 기생하여 생성하는 독소로, 인체에 간장독을 일으키며, 많이 섭취할 경우 구토 · 복통 · 설사, 임산부에게는 유산 · 조산을 유발한다.

④ 아미그달린(amygdalin) : 덜 익은 매실의 유독성분이다.

⑤ 보툴리눔 독소(botulinum toxin) : 통조림 식품에서 기인하는 독성분으로 신경계 마비증을 유발한다.

86 ① 삭시톡신(saxitoxin) : 섭조개나 홍합 등에서 검출 가능한 마비성 패독

② 테트라민(tetramine) : 소라 · 고둥의 타액선에 축적된 물질로, 섭취 시 식중독을 유발하는 독소 물질

③ 베네루핀(venerupin) : 모시조개, 바지락, 굴, 고둥 등에 함유된 독소 물질

⑤ 테트로도톡신(tetrodotoxin) : 복어의 알과 생식선(난소 · 고환), 간, 내장, 피부 등에 함유된 독소 물질

87 ① 리신(ricin) : 피마자씨에 함유된 독성분

③ 고시폴(gossypol) : 목화씨에 함유된 독성분

④ 테무린(temuline) : 독맥(독보리)에 함유된 독성분

⑤ 시큐톡신(cicutoxin) : 독미나리에 함유된 독성분

88 ① 납 : 통조림의 땜납, 도자기나 법랑용기의 안료, 납 성분이 함유된 수도관, 납 함유 연료의 배기가스 등에 쓰이며, 빈혈, 구토, 구역질, 복통, 사지마비(급성), 피로, 소화기 장애, 지각상실, 시력장애, 체중감소 등을 발생시킨다.

② 수은 : 콩나물 재배 시 소독제(유기수은제)나 수은을 포함한 공장 폐수로 인한 어패류의 오염으로 미나마타병(지각이상, 시야협착, 보행곤란)을 발생시킨다.

③ 아연 : 도금한 조리기구나 통조림으로 산성식품을 취급하였을 때 간세포 괴사, 구토, 현기증 등을 발생시킨다.

④ 카드뮴 : 도자기, 법랑 용기의 안료 등에 쓰이며 도금 합금 공장이나 광산 폐수에 의해 어패류와 농작물 등이 오염되면서, 이타이이타이병(신장장애, 폐기종, 골연화증, 단백뇨 등)을 발생시킨다.

⑤ 안티몬 : 에나멜 코팅용 기구, 법랑 용기 등에 쓰이며 구토, 설사, 복통, 호흡곤란 등을 일으킨다.

89 ③ 일본뇌염 : *Japanese encephalitis virus*(병원체), 작은빨간집모기(전파경로), 발열, 오심, 구토, 심한 경련성 복통 등

① 큐열 : *Coxiella burnetii*(병원체), 감염된 소 · 양 · 염소 등의 젖과 대 · 소변(전파경로), 고열, 심한 두통, 전신 불쾌감, 근육통, 혼미, 인후통, 발한, 복통, 흉통

② 공수병 : *Rabies virus*(병원체), 광견병에 걸린 가축 · 야생동물(전파경로), 발열, 두통, 전신쇠약감, 불면증, 불안, 부분적 마비, 환청

④ 장출혈성대장균감염증 : *Enterohemorrhagic Escherichia coli*(병원체), 식수 · 식품(전파경로), 발열, 오심, 구토, 심한 경련성 복통

⑤ 동물인플루엔자 인체감염증 : *Avian Influenza*(병원체), 감염 가금류(전파경로), 발열, 기침, 근육통, 안구 감염, 폐렴, 급성호흡부전

90 ⑤ 광절열두조충(긴촌충) : 물벼룩(제1중간숙주), 연어 · 송어 · 농어 등의 담수어(제2중간숙주)

① 아니사키스 : 크릴새우 등의 소갑각류(제1중간숙주), 고등어 · 대구 · 오징어 등(제2중간숙주), 바다포유류(최종숙주)

② 유극악구충 : 물벼룩(제1중간숙주), 가물치 · 메기 등의 민물고기(제2중간숙주), 개 · 고양이(최종숙주)

③ 요코가와흡충 : 다슬기(제1중간숙주), 잉어 · 붕어 · 은어 등의 담수어(제2중간숙주)

④ 간디스토마(간흡충) : 민물 쇠우렁이(제1중간숙주), 참붕어 · 잉어 등의 담수어(제2중간숙주)

91 **HACCP 7원칙 12절차**

- 해썹(HACCP)의 7원칙이란 해썹 관리계획을 수립하는 데 있어 단계별로 적용되는 주요 원칙을 말한다. 해썹 12절차란 준비 단계 5절차와 본단계인 7원칙을 포함한 것으로, 해썹 관리체계구축 절차를 의미한다.
- HACCP 준비단계 : HACCP팀 구성 → 제품설명서 작성 → 용도 확인 → 공정흐름도 작성 → 공정흐름도 현장확인
- HACCP 7원칙 : 위해요소(HA) 분석 → 중요관리점(CCP) 결정 → CCP 한계기준 설정 → CCP 모니터링 체계 확립 → 개선조치방법 수립 → 검증절차 및 방법 수립 → 문서화, 기록유지방법 설정

92 **집단급식소(식품위생법 제2조 제12호)**

영리를 목적으로 하지 아니하면서 특정 다수인에게 계속하여 음식물을 공급하는 다음의 어느 하나에 해당하는 곳의 급식시설(1회 50명 이상에게 식사를 제공)을 말한다.

- 기숙사
- 학교, 유치원, 어린이집
- 병 원
- 사회복지시설
- 산업체
- 국가, 지방자치단체 및 공공기관
- 그 밖의 후생기관 등

93 **기구(식품위생법 제2조 제4호)**

다음의 어느 하나에 해당하는 것으로서 식품 또는 식품첨가물에 직접 닿는 기계 · 기구나 그 밖의 물건(농업과 수산업에서 식품을 채취하는 데 쓰는 기계 · 기구나 그 밖의 물건 및 「위생용품 관리법」 제2조 제1호에 따른 위생용품은 제외)을 말한다.

- 음식을 먹을 때 사용하거나 담는 것
- 식품 또는 식품첨가물을 채취 · 제조 · 가공 · 조리 · 저장 · 소분[(小分) : 완제품을 나누어 유통을 목적으로 재포장하는 것] · 운반 · 진열할 때 사용하는 것

94 **건강진단 대상자(식품위생법 시행규칙 제49조 제1항)**

건강진단을 받아야 하는 사람은 식품 또는 식품첨가물(화학적 합성품 또는 기구 등의 살균 · 소독제는 제외)을 채취 · 제조 · 가공 · 조리 · 저장 · 운반 또는 판매하는 일에 직접 종사하는 영업자 및 종업원으로 한다. 다만, 완전 포장된 식품 또는 식품첨가물을 운반하거나 판매하는 일에 종사하는 사람은 제외한다.

95 **식품 등의 공전(식품위생법 제14조)**

식품의약품안전처장은 다음의 기준 등을 실은 식품 등의 공전을 작성 · 보급하여야 한다.

- 제7조 제1항(식품의약품안전처장이 정하여 고시한 제조 · 가공 · 사용 · 조리 · 보존 방법에 관한 기준, 성분에 관한 규격)에 따라 정하여진 식품 또는 식품첨가물의 기준과 규격
- 제9조 제1항(식품의약품안전처장이 정하여 고시한 제조 방법에 관한 기준, 기구 및 용기 · 포장과 그 원재료에 관한 규격)에 따라 정하여진 기구 및 용기 · 포장의 기준과 규격

96 집단급식소를 설치 · 운영하는 자는 집단급식소 시설의 유지 · 관리 등 급식을 위생적으로 관리하기 위하여 조리 · 제공한 식품의 매회 1인분 분량을 섭씨 영하 18도 이하로 144시간 이상 보관하여야 한다(식품위생법 제88조 제2항 제2호).

97 학교의 장과 그 학교의 학교급식 관련 업무를 담당하는 관계 교직원 및 학교급식공급업자는 학교급식의 품질 및 안전을 위하여 「농수산물의 원산지 표시 등에 관한 법률」에 따른 원산지 표시를 거짓으로 적은 식재료나 「농수산물 품질관리법」에 따른 유전자변형농수산물의 표시를 거짓으로 적은 식재료를 사용하여서는 아니 되며, 이러한 규정을 위반한 학교급식공급업자는 7년 이하의 징역 또는 1억 원 이하의 벌금에 처한다(학교급식법 제23조 제1항).

98 **영양조사원(국민건강증진법 시행령 제22조 제1항)**

영양조사를 담당하는 자(영양조사원)는 질병관리청장 또는 시 · 도지사가 다음의 어느 하나에 해당하는 사람 중에서 임명 또는 위촉한다.

- 의사 · 치과의사(구강상태 조사만 해당) · 영양사 또는 간호사의 자격을 가진 사람
- 전문대학 이상의 학교에서 식품학 또는 영양학의 과정을 이수한 사람

99 **영양소 섭취기준에 포함되어야 할 내용(국민영양관리법 시행규칙 제6조 제1항)**

- 국민의 생애주기별 영양소 요구량(평균필요량, 권장섭취량, 충분섭취량 등) 및 상한섭취량
- 영양소 섭취기준 활용을 위한 식사모형
- 국민의 생애주기별 1일 식사구성안
- 보건복지부장관이 영양소 섭취기준에 포함되어야 한다고 인정하는 내용

100 농림축산식품부장관, 해양수산부장관, 관세청장, 시 · 도지사 또는 시장 · 군수 · 구청장은 원산지 표시 또는 원산지 거짓 표시 등의 금지를 위반하여 해당 법령에 따른 처분이 확정된 경우에는 농수산물 원산지 표시제도 교육을 이수하도록 명하여야 하며, 이에 따른 이수명령의 이행기간은 교육 이수명령을 통지받은 날부터 최대 4개월 이내로 정한다(농수산물의 원산지 표시 등에 관한 법률 제9조의2 제1항, 제2항).

영양사 실전동형 봉투모의고사 제2회 1교시 해설

01	02	03	04	05	06	07	08	09	10
⑤	③	①	④	①	③	②	③	④	③
11	**12**	**13**	**14**	**15**	**16**	**17**	**18**	**19**	**20**
⑤	④	②	⑤	④	⑤	④	⑤	②	④
21	**22**	**23**	**24**	**25**	**26**	**27**	**28**	**29**	**30**
④	③	④	③	①	③	④	④	②	④
31	**32**	**33**	**34**	**35**	**36**	**37**	**38**	**39**	**40**
②	②	④	②	③	⑤	⑤	③	①	④
41	**42**	**43**	**44**	**45**	**46**	**47**	**48**	**49**	**50**
⑤	①	②	②	①	④	⑤	②	④	④
51	**52**	**53**	**54**	**55**	**56**	**57**	**58**	**59**	**60**
①	②	⑤	③	①	④	⑤	①	④	②
61	**62**	**63**	**64**	**65**	**66**	**67**	**68**	**69**	**70**
①	⑤	⑤	④	⑤	③	③	②	⑤	③
71	**72**	**73**	**74**	**75**	**76**	**77**	**78**	**79**	**80**
①	④	④	①	①	①	①	③	①	③
81	**82**	**83**	**84**	**85**	**86**	**87**	**88**	**89**	**90**
③	②	⑤	⑤	⑤	③	②	③	②	⑤
91	**92**	**93**	**94**	**95**	**96**	**97**	**98**	**99**	**100**
③	⑤	④	②	③	⑤	⑤	②	⑤	④
101	**102**	**103**	**104**	**105**	**106**	**107**	**108**	**109**	**110**
①	④	②	③	④	③	⑤	④	①	⑤
111	**112**	**113**	**114**	**115**	**116**	**117**	**118**	**119**	**120**
②	①	②	⑤	③	①	⑤	④	②	①

01 ⑤ 「2020 한국인 영양소 섭취기준」에서는 비만 · 당뇨 · 심혈관계질환 등 만성질환의 증가 추세를 고려하여 만성질환 위험감소를 위한 새로운 영양소 섭취기준인 '만성질환위험감소섭취량'을 제시하였다. '만성질환위험감소섭취량(CDRR : Chronic Disease Risk Reduction intake)'이란 건강한 인구집단에서 만성질환의 위험을 감소시킬 수 있는 영양소의 최저 수준의 섭취량이다. 이 기준보다 영양소 섭취량이 많은 경우에 섭취를 줄이면 만성질환의 위험도를 낮출 수 있다.

02 ③ 말타아제(maltase)는 맥아당(maltose)을 포도당(glucose)으로 분해하는 소화효소로 소장액에서 주로 분비된다.

03 ① 셀룰로오스(cellulose), 헤미셀룰로오스(hemicellulose), 펙틴(pectin), 검(gum) 등의 식이섬유를 공급한다.
② 1g당 4kcal의 에너지를 공급한다.
③ 뇌의 주 에너지 공급원은 포도당이다.
④ 정상인의 혈당을 0.1%로 유지한다.
⑤ 탄수화물이 충분히 공급되면 단백질이 에너지원으로 이용되지 않으므로 단백질을 절약하게 한다.

04 ④ 유당(젖당)은 유당분해 효소를 형성하는 유산균에 의해 포도당과 유산(젖산)으로 분해된다.
① 유즙에 함유되어 있으며, 모유에 가장 많이 있다.
② 유당은 환원당이며, 수용성이다.
③ 효모에 의해 분해되지 않는다.
⑤ 가수분해하면 포도당과 갈락토오스가 생성된다.

05 ① 이눌린(inulin)은 과당(fructose) 중합체로 이루어져 있으며, 국화과의 땅속줄기나 달리아의 알뿌리 등에 저장되어있는 천연 다당류의 일종이다.
② · ③ · ④ · ⑤ 포도당(glucose) 중합체에 해당한다.

06 ③ 식이섬유는 장에서 담즙산과 결합하여 담즙산의 재흡수를 저해한다. 따라서 장과 간에 순환하는 담즙산을 감소시켜 콜레스테롤의 배설량을 증가시킨다.
① 수용성 식이섬유의 경우 1g당 3kcal의 열량이 발생하지만 불용성 식이섬유의 경우 인체 내에서 소화되지 않아 열량원으로 이용되지 못한다.
② 소화관을 자극하여 연동운동을 촉진한다.
④ 무기질의 흡수를 방해하여 생체유용률을 저하시킨다.
⑤ 포도당의 β-1,4 결합으로 이루어진 구조이다.

07 ② 포도당은 먼저 헥소키나아제(hexokinase)의 작용으로 포도당-6-인산(glucose-6-phosphate)이 되고, 해당과정을 거쳐서 피루브산(pyruvic acid)으로 분해된다.

08 ③ 해당과정에서 생성된 피루브산은 미토콘드리아의 기질로 들어가 아세틸-CoA로 전환된다. 이후 TCA회로를 거치면서 CO_2로 분해된다.

09 **탄수화물 섭취 부족 시**
- 간에 저장된 글리코겐의 분해(glycogenolysis)에 의해 포도당을 공급받는다.
- 탄수화물 섭취가 계속적으로 부족할 경우 혈당 유지 및 포도당을 에너지원으로 사용하는 뇌, 적혈구, 망막, 부신수질 등의 조직을 위하여 포도당-알라닌 회로 등을 통한 당신생(gluconeogenesis)이 일어난다.
- 탄수화물 부족으로 인한 지속적 혈당 저하 시 뇌 조직은 케톤체 합성으로 생성된 케톤체를 에너지원으로 사용한다.

10 ③ 당신생(gluconeogenesis)은 아미노산(주로 알라닌과 글루타민), 글리세롤, 피루브산, 젖산 등으로부터 포도당이 합성되는 과정으로 주로 간과 신장에서 이루어진다.

11 ⑤ 오탄당인산경로(pentose phosphate pathway)는 핵산 합성에 필요한 리보오스를 생성하고, 지방산과 스테로이드 합성에 필요한 NADPH를 합성하는 과정이다.
① 해당과정과 달리 ATP를 생성하지 않는다.
② TCA회로와 연결되어 있지 않다.
③ 당질의 섭취가 많을 때 지방조직, 간 등에서 일어나는 과정으로, 부신피질, 적혈구, 고환, 유선조직 등에서도 활발히 일어난다.
④ 포도당-6-인산을 리보오스-5-인산으로 산화시킨다.

12 ④ 담즙은 약알칼리성(pH 7.8)으로 간에서 200~500mg/dL 정도 생성되며, 위산을 중화시키는 역할을 한다.
① 간에서 콜레스테롤로부터 합성되어 담낭에 저장되었다가 십이지장으로 분비한다.
② 지용성 비타민의 흡수를 돕는다.
③ 콜레시스토키닌에 의해 분비가 촉진된다. 세크레틴은 췌장액의 분비를 촉진한다.
⑤ 비타민 C 부족 시 담즙산의 생성이 저하되어 콜레스테롤이 축적된다. 과잉축적일 경우 동맥경화증을 유발할 수 있다.

13 **중성지방의 기능**
- 주요 에너지원
- 효율적인 에너지 저장고
- 지용성 비타민의 흡수와 운반 도움
- 필수지방산 공급
- 장기보호 및 체온조절
- 세포막의 유동성, 유연성, 투과성을 정상적으로 유지
- 두뇌발달과 시각기능 유지

14 ⑤ 킬로미크론(chylomicron)은 외인성 중성지방(triglyceride)을 운반하며, 지단백질 중 중성지방 함량이 많고, 밀도가 가장 낮다.

15 ④ 다가불포화지방산(PUFA)은 LDL 콜레스테롤 수치를 떨어뜨려 혈액순환을 돕고 동맥경화를 예방한다.

① 식물성 유지, 어유에 함유되어 있다.

② PUFA 중 리놀레산(linoleic acid), 리놀렌산(linolenic acid), 아라키돈산(arachidonic acid)은 필수지방산이다.

③ 사람의 체내에서 합성되지 않으므로 식품으로 섭취한다.

⑤ 과량의 PUFA 섭취는 비타민 E의 요구량을 증가시킨다. 세포막에 존재하는 다가불포화지방산은 유리라디칼에 의해 쉽게 산화되는데, 비타민 E는 유리라디칼의 연쇄반응을 중단시킴으로써 지질과산화반응을 억제하여 세포막을 산화적 손상으로부터 보호하는 역할을 한다.

16 **아이코사노이드(eicosanoids)**

세포막 인지질의 두 번째 탄소에 위치한 탄소 수 20개인 필수지방산(아라키돈산, EPA)이 산화되어 생체에서 합성되는 화합물로, 프로스타글란딘, 트롬복산, 프로스타사이클린, 류코트리엔 등이 있다. 이들은 생성된 지점 주위의 인근 세포에 작용하여 호르몬 역할을 하거나 염증, 상처 치유, 혈액 응고 등의 여러 생리 과정에서 매개 역할을 한다.

17 ④ 부신피질호르몬인 글루코코르티코이드, 알도스테론 및 성호르몬인 테스토스테론, 에스트로겐, 프로게스테론 등이 콜레스테롤로부터 합성된다.

18 ⑤ 지방조직 내의 중성지방을 가수분해하여 유리지방산을 혈중으로 방출하는 데 작용하는 효소는 중성지방분해효소(triacylglycerol lipase)이다.

19 ② 1회의 β-산화에 의해 $FADH_2$와 NADH가 각 1분자씩 생성된다.

① 아세틸 CoA를 생성한다.

③ NADPH, 비오틴이 필요한 것은 지방산의 생합성 과정이다.

④ 아실 CoA에서 탄소 2개씩 사슬이 짧아진다.

⑤ 불포화지방산의 β-산화는 cis형이 trans형으로 변경된다.

20 ④ 간에는 아세토아세트산을 아세토아세틸-CoA로 전환시켜주는 β-케토아실-CoA 전이효소가 없기 때문에 아세토아세트산과 β-히드록시부티르산으로부터 아세틸-CoA를 만들 수 없다.

21 ④ 엔테로키나아제 : 소장에서 분비되며, 트립시노겐을 트립신으로 활성화시킨다. 활성화된 트립신은 펩톤을 작은 펩티드로 분해한다.

① 가스트린 : 음식물이 위의 유문부를 자극할 때 위의 말단에서 분비되는 소화 관련 호르몬으로 위산 분비를 촉진한다.

② 세크레틴 : 십이지장 벽에서 분비되는 호르몬으로, 음식물 속 위산이 십이지장으로 들어오면 췌장에서 소장으로 중탄산염 분비를 촉진한다. 중탄산염은 위산을 중화시켜 소장의 pH를 약 7까지 빠르게 상승시킨다.

③ 콜레시스토키닌 : 세크레틴과 함께 췌장을 자극해 췌장액의 분비를 촉진하는 호르몬으로, 담낭을 수축시켜 담즙 분비를 촉진한다.

⑤ 카르복시펩티다아제 : 폴리펩티드 사슬의 카르복시기 쪽 말단 아미노산 잔기를 가수분해하는 소화효소이다.

22 ③ 저단백 식사에 따른 필수아미노산의 결핍은 음(-)의 질소평형을 유발한다.

질소평형의 분류

분류	측정	발생
질소평형	N 섭취 = N 배설	조직의 유지와 보수(성인)
음의 질소평형	N 섭취 < N 배설	신체의 소모, 체중감소, 질환 → 저단백 식사(필수아미노산 결핍), 기아, 위장병, 발열, 외상, 신장병, 화상, 수술 후
양의 질소평형	N 섭취 > N 배설	성장기, 임신, 질환 · 수술 후의 회복기, 운동훈련 시, 인슐린 · 성장호르몬 · testosterone의 분비 증가 시

23 ④ 페닐케톤뇨증 : 페닐알라닌 대사의 선천적 장애로 나타나는 질병으로 주로 백인에게 많다. 이는 간의 페닐알라닌수산화효소(phenylalanine hydroxylase)의 유전적인 결함에 의해 페닐알라닌이 티로신으로 전환되지 못하고 혈액이나 조직에 축적되어 나타난다.

① 콰시오커 : 아동이 에너지는 겨우 섭취하고 단백질이 상당히 부족한 상태일 때 나타나는 질병으로, 성장정지, 피부와 머리카락의 색 변화, 간의 지방 침윤, 간경변, 영양적 피부염, 부종의 증상이 발생한다.

② 마라스무스 : 에너지와 단백질이 모두 부족한 기아상태에서 나타나는 질병으로 애늙은이 얼굴, 근육 쇠퇴, 체지방 감소(피골상접), 호흡부전 및 탈수 등이 나타난다.

③ 단풍당뇨증 : 소변과 땀에서 단풍당밀의 냄새가 나고 경련 · 경직, 전반적인 근육이완, 혼수상태 등을 동반하는 신생아의 선천성대사이상증이다. 필수아미노산인 류신, 이소류신, 발린의 대사장애로 나타난다.

⑤ 호모시스틴뇨증 : 선천적으로 시스타티오닌 합성효소가 결핍되어 생기는 질병으로, 메티오닌과 호모시스틴이 체내에 축적되면서 발생한다. 지능저하, 골격계기형, 혈관장애, 안질환을 특징으로 한다.

24 ③ 곡류의 제한 아미노산은 리신과 트레오닌이다. 따라서 부족한 제한 아미노산을 보충하기 위한 필수아미노산 조성이 다른 2개의 단백질을 함께 섭취하는 것이 좋다.

식 품	제한아미노산	제한아미노산 급원
곡 류	리신, 트레오닌	콩류, 유제품
콩 류	메티오닌	곡류, 견과류
견과류	리 신	콩 류
채소류	메티오닌, 트립토판, 리신	곡류, 콩류, 견과류

25 ① 케톤체로만 이용되는 아미노산에는 리신과 류신이 있다.

아미노산

- 케톤 생성 아미노산(지방 생성 아미노산) : 류신, 리신
- 케톤 및 포도당 생성 아미노산 : 티로신, 트립토판, 이소류신, 페닐알라닌
- 포도당 생성 아미노산 : 알라닌, 세린, 시스테인, 글리신, 아스파르트산, 아스파라긴, 글루탐산, 아르기닌, 글루타민, 히스티딘, 트레오닌, 발린, 메티오닌, 프롤린

26 ③ 단백질의 3차 구조는 α-나선구조나 β-병풍구조와 같은 단백질 2차 구조가 3차원적으로 감겨서 구부러진 단백질의 형태이다. 이러한 3차 구조가 안정되게 유지하는 데 관여하고 있는 것은 이황화 결합(S-S bond), 이온 결합, 소수성 결합, 정전기적 결합, 소수성 간의 친화력에 의한 결합 때문이다. 그중 이황화 결합이 입체 구조의 유지에 가장 큰 역할을 한다.

27 ④ heme을 가지는 단백질에는 미오글로빈, 헤모글로빈, 시토크롬, 카탈라아제, 퍼옥시다아제가 있다.

① 뮤신은 당단백질로, 점성을 띠며 소화작용과 관련 있다.

② 카세인은 우유에 함유되어 있는 인단백질이다.

③ 알부민은 달걀흰자와 혈장 등에 많은 구형의 단순단백질이다.

⑤ 헤모시아닌은 구리를 함유한 금속단백질로, 갑각류나 연체동물의 혈액에 함유되어 있다.

28 ④ 시트룰린이 아스파르트산과 반응하여 아르기노숙신산을 생성하는데, 이는 세포질에서 일어나며 ATP가 소모된다.

① ATP가 소모된다.

② 요소회로는 간에서 진행된다.

③ 요소는 세포질에서 생성된다.

⑤ 요소 합성이 증가하면 질소 배설이 증가한다.

29 ② 숙신산탈수소효소(succinate dehydrogenase)는 기질인 숙신산(succinic acid)과 구조가 비슷한 말론산(malonic acid)에 의해 저해된다.

※ 경쟁적 저해제 : 기질과 화학구조가 비슷하여 효소의 활성부위에 저해제가 기질과 경쟁적으로 비공유 결합하여 효소 작용을 저해한다.

30 ④ 기초대사량은 식사와 활동이 거의 없는 상태에서 소비되는 에너지량이다. 보통 이른 아침 기상 직후(식사 후 약 12~14시간이 지난 상태, 실내온도 18~20℃, 누운 상태), 근육활동이 전혀 없는 휴식 상태에서 측정한다.

31 ② 기초대사량과 활동대사량만 주어졌을 경우 1일 열량 필요량은 (기초대사량 + 활동대사량) × 1.1 식을 이용해 구할 수 있다.

32 ② 장기간의 음주 시 티아민 결핍, 엽산 부족, 지용성 비타민의 간 저장량 감소, 니아신 부족, Mg 결핍 등이 나타난다. 이 중 니아신의 장기간 결핍은 펠라그라(pellagra)를 유발하는데, 이 병의 주요 증상은 피부 통증과 갈라짐, 입과 혀의 염증, 정신 장애 등이다.

33 ④ 비타민 A의 전구물질이며, 가장 활성도가 높고 양적으로 우세한 것은 β-카로틴이다. 이는 다른 카로티노이드들에 비해 비타민 A의 활성이 2배 이상 된다.

34 ② 칼슘의 흡수 · 이동 · 축적을 도와서 뼈와 치아의 석회화를 증진시킨다.

① 열, 햇빛, 산소와의 접촉에 쉽게 파괴되지 않는 안정한 물질이다.

③ 과잉 시 설사, 신장 장애, 탈모, 식욕 감퇴 등을 유발한다.

④ 부족 시 구루병, 신경통, 골연화증, 골다공증 등을 유발한다.

⑤ 햇빛이나 자외선의 흡수가 중요하지만 음식 섭취로도 급원이 가능하다. 생선기름, 강화우유, 대구 간유, 버터, 달걀 등을 통해 섭취할 수 있다.

35 ③ 레티놀은 지용성 비타민인 비타민 A의 한 형태로, 기름 및 유기용매에 잘 녹으므로 지방에 의해 흡수가 증진된다.

① · ② · ④ · ⑤ 엽산(folic acid), 티아민(비타민 B_1), 니아신(비타민 B_3), 리보플라빈(비타민 B_2)은 모두 수용성 비타민으로 비타민 B군에 해당한다. 대부분 물질대사에 관계하는 효소 반응의 조효소로서 역할을 하며, 생리기능을 조절하는 데 필수적인 영양소이다. 이러한 비타민 B군은 간, 고기, 달걀, 생선, 녹색 채소 등에 많이 함유되어 있다.

36 ⑤ 수용성 비타민이 체내에서 하는 대표적인 기능은 보조효소로 작용하여 탄수화물 대사 및 에너지 대사 등이 원활히 진행되도록 하는 것이다.

37 ⑤ 엽산의 결핍 시 거대적아구성 빈혈이 나타날 수 있다. 거대적아구성 빈혈은 세포 내에 DNA 합성 장애가 발생하여, 세포질은 정상적으로 합성되지만 핵의 세포분열이 정지하거나 지연되어 세포의 거대화를 초래하는 빈혈 질환이다.

① 니아신 - 펠라그라

② 티아민 - 각기병

③ 비타민 B_{12} - 악성 빈혈(거대적아구성 빈혈, 신경계 장애)

④ 비타민 C - 괴혈병

38 ③ 비타민 C는 콜라겐 합성에 관여하며, 감염에 대한 저항성을 나타낸다. 또한, 철분흡수 도움, 유독물질 해독작용, 항산화 작용, 신경전달물질의 합성에 관여하고 산화반응에서 수소운반체로 작용하며, 트립토판(tryptophan), 티로신(tyrosine), 페닐알라닌(phenylalanine)의 대사에도 관여한다.

39 ① 판토텐산으로 합성되는 코엔자임 A(CoA)는 지방산의 합성 및 지질 · 탄수화물 · 아미노산의 대사, 콜레스테롤 합성과 같은 많은 대사에 관여한다.

40 칼슘 흡수

- 증진 요인 : 비타민 C, 비타민 D, 유당(lactose), 소장의 산성 환경, 부갑상샘호르몬
- 방해 요인 : 피트산, 수산, 섬유소, 과잉 지방, 소장의 알칼리성 환경, 과량의 인

41 마그네슘(Mg)

- 엽록소의 주요 구성성분이다.
- 치아 에나멜층에 있는 칼슘의 안정성을 증가시킨다.
- 해당작용에 관여하는 여러 효소의 부활제로 작용한다.
- 체내에 마그네슘이 많으면 칼슘을 몰아낸다.
- 알코올 중독자가 간혹 결핍증을 보인다.
- 신경을 안정시키고 근육을 이완시킨다.

42 황(S)

- 흡수 : 장관에서 methionine, cysteine 형태로 흡수, 무기황은 흡수되지 않음
- 배설 : 간에서 산화, 황산염 또는 황산 ester 형태로 요 중에 배설
- 기능 : 글루타티온의 구성성분, 체내에서 산화환원반응에 관여, 해독작용, 효소의 활성화, 혈액응고, 비타민 B_1의 구성성분, 인슐린의 구성성분
- 함유식품 : 함유황 아미노산이 있는 단백질

43

① 철(Fe) : 소간, 소고기, 굴, 달걀, 오렌지, 완두콩, 시금치, 검정콩, 참깨, 파래, 코코아
③ 요오드(I) : 해산물, 요오드 강화염
④ 마그네슘(Mg) : 전곡(밭곡식), 푸른잎 채소
⑤ 아연(Zn) : 굴, 게, 새우, 육류, 전곡류, 콩류

44 크롬(Cr)

- 포도당의 세포막을 통한 이동에 관여한다.
- 혈청 Cholesterol 제거에 관여한다.
- Glucose Tolerance Factor(GTF)에 관여한다.
- 인슐린이 세포막에 결합하는 것을 용이하게 한다.
- 장 내 흡수율이 매우 낮아 부족하면 내당능이 손상된다.
- 함유식품 : 간, 달걀, 전밀, 육류, 이스트

45 철(Fe)

- 미토콘드리아의 전자전달계에서 산화 · 환원과정에 작용하는 시토크롬계 효소의 구성성분으로, 에너지 대사에 필요하다.
- 헤모글로빈을 구성하는 철은 폐로 들어오는 산소를 각 조직의 세포로 운반하고, 미오글로빈을 구성하는 철은 근육조직 내에서 산소를 일시적으로 저장한다.
- 항산화 작용을 한다.

46 수분 조절

- 항이뇨호르몬(ADH) : 혈액이 너무 농축되어 있으면 항이뇨호르몬이 분비되어 신장에서 수분 손실을 가급적 적게 만들고 수분 재흡수를 촉진
- 알도스테론(부신피질호르몬) : 신장의 나트륨 재흡수를 증가시키고 그에 따라 수분 재흡수도 증가
- 뇌의 시상하부(갈증중추) : 혈액 중에 녹아있는 물질의 농도가 너무 진할 경우 갈증을 느끼게 함

47

① 위장운동을 감소시킨다.
② 지방 합성을 촉진시킨다.
③ 나트륨 배설을 증가시킨다.
④ 유방의 발달을 촉진시킨다.

48

② 이식증 : 흙, 소다, 얼음, 담뱃재 등 영양가가 전혀 없는 물질에 강하게 집착하여 지속적으로 섭취하는 행동이다.
① 입덧 : 임신 4주 내지 8주부터 시작하여 호르몬의 변화, 간장의 해독기능 장애, 자율신경계의 영향을 받아 나타나는 오심, 구토, 식욕부진, 기호 변화 등의 증상으로 임신 10~12주가 되면 자연 소실된다.
③ 과행동증 : 지능은 정상이나, 집중력 저하, 충동적 행동, 감정적 불안이 나타난다. 여자 어린이보다 남자 어린이에게서 더 많이 발생한다. 식품첨가제, 설탕, 인공감미료 섭취 등이 그 원인으로 추측되고 있다. 사춘기가 되면 증세가 감소하지만 일부는 청소년기와 성인기가 되어서도 증상이 남게 된다.
④ 식욕부진증 : 마른 체형 선호와 체지방 축적에 대한 부담으로 음식 섭취를 제한하고 체중감소에 희열을 느끼는 왜곡된 생각을 하는 질환이다.

⑤ 신경성 탐식증 : 반복적으로 단시간 내에 많은 양의 음식을 먹고, 먹는 동안 섭취에 대한 통제를 하지 못한다. 체중증가를 막기 위해 섭취한 음식을 토하거나 설사약이나 이뇨제를 사용하고, 체형과 체중에 집착한다.

49 ④ 엽산은 핵산 합성, 세포분열, 조혈작용, 태아의 성장과 발육 등에 필수적으로 필요한 성분이다. 부족 시 유산, 임신중독증, 저체중아, 조산아, 태아의 신경관 결손 등이 나타난다. 임신 시 220μg DFE/일(권장섭취량)을 더 섭취해야 하며, 엽산이 풍부한 식품은 간, 녹색 채소, 오렌지주스, 콩류, 땅콩 등이 있다.

50 「2020 한국인 영양소 섭취기준」에서 지정된 우리나라 성인 남녀의 비타민 C 권장섭취량은 1일 100mg이다. 임신부의 경우 태아로 전달되는 수송량인 10mg을 가산하여 1일 110mg이 권장되고 있으며, 수유기에는 유즙 분비로 비타민 C의 요구량이 증대되므로 모유로 배출되는 비타민 C 양인 40mg을 가산하여 1일 140mg이 권장된다.

51 **모유의 숙주방어 요소**

- 락토페린(lactoferrin) : 철분과 결합하여 세균의 증식을 억제하고 미생물 분해작용 및 연쇄상구균과 대장균 생장 억제, 위장관 상피층의 안정성 유지, 장내 바이러스 방어의 역할을 한다.
- 인터페론(interferon) : 항바이러스성 물질로 바이러스 증식을 억제한다.
- 라이소자임(lysozyme) : 미생물 분해효소로 우유보다 모유에 300배 많다. 직접적으로 세균을 파괴시키는 효소이며, 항생물질의 효율성을 간접적으로 증가시키는 역할을 한다.
- 비피더스 인자(bifidus factor) : 아미노당으로서 인체에 유리한 비피더스의 성장을 자극하고 유해한 장세균의 생존을 막는다.
- 락토페록시다제(lactoperoxidase) : 연쇄구균을 물리치는 성분이다.
- 프로스타글란딘(prostaglandin) : 해로운 물질이 장내에 들어왔을 때 위장관에 있는 상피층의 안정성을 유지한다.

52 ② 레닌(rennin) : 위에서 우유의 응고를 일으키는 효소로 유즙이 위를 너무 빨리 통과시키지 않도록 한다. 칼슘이 있으면 이 효소는 카세인을 파라카세인으로 바꾸고, 펩신에 의한 파라카세인의 소화를 돕는다. 성인의 위에는 없다.

① 펩신(pepsin) : 위에서 분비되는 단백질 분해효소로, 위의 주세포에서 펩시노겐을 분비하면 염산에 의해 펩신으로 변한다.

③ 카세인(casein) : 인단백질의 한 종류로, 소의 우유 단백질의 80%, 사람의 모유 단백질의 20~45%를 차지한다.

④ 리파아제(lipase) : 지방을 분해하는 효소로, 동물의 췌장에서 나오는 췌액에 많이 있고, 식물에서는 아주까리 종자에 많이 들어 있다.

⑤ 아밀라아제(amylase) : 녹말을 가수분해하여 당으로의 분해를 촉매하는 효소로, 작용양식에 따라 α-아밀라아제 · β-아밀라아제 · 글루코아밀라아제의 3종으로 분류된다.

53 ⑤ 생후 7~8개월의 영아는 치아가 나오는 시기이므로 반고형식을 준다. 토스트, 비스킷, 크래커, 죽, 채소암죽, 감자암죽, 고기 으깬 것을 준다.

54 ③ 식품알레르기로 진단되고 원인식품이 확인되면, 현재로서는 가장 확실하고 유일한 치료법은 원인식품을 식단에서 제거하는 것이다.

식품알레르기

- 정의 : 어떤 식품에 대해 면역학적으로 일어나는 과민반응이다.
- 원인 : 소아에서는 우유, 달걀, 땅콩, 콩, 밀 등이 흔하다.
- 치료 : 원인이 되는 식품 알레르겐이 체내에 유입되는 것을 막는 것으로, 원인식품을 식사에서 제외하되 영양필요량을 충족할 수 있도록 대체식품을 섭취해야 한다.

55 ① 영아기에는 몸통의 발육이 빠른 데 비해 유아기에는 다리가 더 빨리 성장한다.
② 모유영양아는 열량의 약 50%를 지질로부터 얻는다.
③ 유아의 왕성한 체중증가는 주로 물의 축적 때문이다.
④ 소아는 성인보다 고단백식을 하나, 특이동적 작용 때문에 사용하는 열량은 성인과 비슷하다.
⑤ 두뇌의 성장이 계속되고, 전체적인 성장 속도가 완만해진다.

56 조직의 성장 발달
- 내장기관이나 조직의 성장 발달 속도는 기관마다 다양하다.
- 두뇌 성장은 10세 정도가 되면 거의 성인과 비슷하게 성장한다.
- 심장, 신장, 폐 등은 일반적인 S자형 성장 패턴을 이룬다.
- 흉선, 림프절 같은 림프조직은 학동기에 빠르게 성장하고 성장하면 속도가 점차 감소한다.

57 ⑤ 기초대사율이 감소되면 체내 지방 저장량이 늘어나서 대사증후군 발생 위험 요인이 될 수 있다.

대사증후군
- 생활습관병으로 심근경색이나 뇌졸중의 위험인자인 비만, 당뇨, 고혈압, 고지혈증, 복부비만 등의 질환이 한 사람에게 한꺼번에 나타나는 것이다.
- 진단 기준 : 3개 이상 해당된 경우 대사증후군 판정
  - 허리둘레 : 남자 90cm 이상, 여자 85cm 이상
  - 혈압 : 130/85mmHg 이상
  - 공복혈당 : 100mg/dL 이상 또는 당뇨병 과거력, 약물복용
  - 중성지방(TG) : 150mg/dL 이상
  - HDL : 남자 40mg/dL 이하, 여자 50mg/dL 이하

58 ① 콩에는 파이토에스트로겐(식물성 에스트로겐)인 이소플라본이 많이 있어 갱년기 증상을 완화시켜 준다. 또한, 골다공증, 유방암, 심장질환 등의 예방 및 치료에도 효과적이다.

59 ④ 노인의 혈중 비타민 B_{12}의 농도가 감소하는 가장 큰 원인은 노화에 따른 위산 분비의 감소로 식품 속 비타민 B_{12}-단백질 복합체의 분해가 감소하기 때문이다. 그 밖에 위축성 위염, 박테리아의 과도한 증식, 간 내 비타민 B_{12} 저장량의 감소 등도 원인이 될 수 있다.

60 운동 시 열량원의 사용 순서
ATP → 크레아틴인산 → 글리코겐과 포도당 → 지방산

61 영양교육의 실시 과정
실태(현재의 영양상태)의 파악 → 문제의 발견 → 문제의 진단(분석) → 대책의 수립(경제성, 긴급성, 실현가능성) → 영양교육의 실시(계획적, 조직적, 반복적 지도) → 효과의 판정

62 계획적 행동이론의 구성요소
- 행동의도 : 행동에 대한 동기유발이나 준비
- 행동에 대한 태도 : 행동의 결과가 긍정적 또는 부정적 결과를 가져올 것이라는 개인적 평가
- 주관적 규범 : 의미 있는 타인들이 무엇을 옳다고 여기는지 개인이 인식하는 것
- 인지된 행동통제력 : 어떻게 하면 행동실천을 용이하게 할 수 있는지에 대해 개인이 인식하는 것

63 ⑤ 생태학적 · 교육적 진단 : 개인에 내재된 성향요인, 건강행위 수행을 가능하게 도와주는 촉진요인, 건강행위가 지속되게 하거나 없어지게 하는 강화요인을 규명하는 것
① 사회적 진단 : 대상자의 삶의 질과 요구에 대한 지각을 확인하는 것
② 역학적 진단 : 사회적 진단을 통해 규명된 건강문제를 파악하고 제한된 자원을 사용할 가치가 큰 순서대로 우선순위를 설정하는 것
③ 행위 및 환경적 진단 : 규명된 최우선의 건강문제와 원인적으로 연결된 건강행위 · 환경요인을 규명하여 개인 및 조직의 바람직한 행동목표를 수립하는 것
④ 행정적 · 정책적 진단 : 이전 단계에서 세워진 계획이 건강증진프로그램으로 전환되기 위한 행정적 · 정책적 사정이 이루어지는 것

64 ④ 동기 부여를 위해 비만으로 생겨날 수 있는 여러 가지 성인병 등 건강 위험에 대해 충분히 설명해주는 것이 좋다.

65 ⑤ 융판그림 : 털이 비교적 긴 모직, 융단, 면, 우단 등의 천을 이용하여 미리 준비한 그림을 붙이거나 이동시키면서 토의나 해설에 맞춰서 이용하기 편리하다.
① 포스터 : 대중의 눈에 띌 수 있게 색채와 글씨 및 그림의 비율에 유의해야 한다.
② 슬라이드 : 영사시간을 자유롭게 조절할 수 있다는 장점이 있지만, 영상이 움직이지 않는다는 단점이 있다.
③ 리플릿 : 종이를 두 번 내지 세 번 접어서 만든 인쇄물로, 그림이나 사진을 많이 넣어서 만든다.
④ 팸플릿 : 글씨와 그림 및 도표 등을 삽입하여 흥미를 갖도록 한다.

66 ③ OHP(Over Head Project) : 투명 셀로판지에 복사해서 교실 및 회의실에서 편리하게 활용할 수 있는 영상매체이다.
① 표본 : 실물로 소장하기 어려운 것을 수집하여 장기간 보관이 가능하도록 가공한 것으로, 영상매체가 아니라 입체매체이다.
② 모형 : 실물과 같은 느낌을 제공하고, 다루기 쉬워 교육 보조자료로 사용한 것으로, 영상매체가 아니라 입체매체이다.
④ 인형 : 어린이들의 흥미를 이끌어 상상력을 자극하는 교육자료로 사용한 것으로, 영상매체가 아니라 입체매체이다.
⑤ 실물 : 가장 직접적이고 효과적이지만 망가지기 쉽고 휴대가 어려운 것으로, 영상매체가 아니라 입체매체이다.

67 ③ 강단식 토의법은 공개토론의 한 방법으로, 한 가지 주제에 대해 여러 각도에서 전문 경험이 많은 강사(4~5명)의 의견을 듣고 일반 청중과 질의 · 응답한다.
① 원탁식 토의법, ② 시범교수법, ④ 강의식 토의법, ⑤ 사례연구에 해당한다.

68 ② 식품교환표 : 식품들을 영양소 조성이 비슷한 것끼리 곡류군, 어육류군, 채소군, 지방군, 우유군, 과일군의 6군으로 구분하여 같은 군 내에서 자유롭게 교환 · 선택할 수 있다.
① 식품모형 : 실제상황과 거의 비슷한 효과를 낼 수 있으며, 정확한 검사나 진단이 쉽다.
③ 식사구성안 : 일반인이 복잡하게 영양가 계산을 하지 않고도 영양소 섭취기준을 충족할 수 있도록 식품군별 대표 식품과 섭취 횟수를 이용하여 식사의 기본 구성 개념을 설명한 것이다.
④ 식량수급표 : 세계 160여 개 나라는 FAO의 권장 방식에 따라 자국의 식품 및 영양수급 분석표인 식품수급표를 작성한다.
⑤ 식품열거법 : 일정기간 동안 소비한 식품의 종류와 양을 조리 담당자와의 면접을 통해 조사한다.

69 ⑤ 내담자의 말과 행동(감정, 생각, 태도 등)을 상담자가 부연해 줌으로써 내담자가 이해받고 있다는 느낌이 들도록 한다.
① 내담자에게 조언을 할 때에는 상담자의 객관적 판단에 의한 암시적인 조언을 하는 것이 좋다.
② 내담자에게 지속적으로 시선을 주어 관심을 표현하는 것은 바람직한 태도이다.
③ 내담자가 애매하게 표현하는 부분이 있으면 상담자가 명확하게 표현해 주어야 한다.
④ 내담자의 다양한 생각을 끌어내 대화 참여를 유도하고, 심리적인 부담 없이 자기의 문제점을 드러내도록 개방형 질문을 하는 것이 좋다.

70 **제9기 국민건강영양조사 조사항목**
- 건강설문조사 : 흡연, 음주, 신체활동, 비만 및 체중조절, 정신건강, 안전의식, 질병이환, 의료이용, 활동제한 및 삶의 질, 손상(사고중독), 여성건강, 구강건강, 교육 및 경제활동, 가구조사 등
- 검진조사 : 혈압 및 맥박, 신체계측, 근력검사, 혈액검사, 소변검사, 구강검사, 폐기능검사, 안질환검사 등
- 영양조사 : 음식 및 식품섭취 내용, 식생활 행태, 식이보충제, 식품안정성 등

71 ① 국민영양관리기본계획 수립(보건복지부) : 보건복지부장관은 관계 중앙행정기관의 장과 협의하고 국민건강증진법에 따른 국민건강증진정책심의위원회의 심의를 거쳐 국민영양관리기본계획을 5년마다 수립하여야 한다(국민영양관리법 제7조 제1항).

② 학교급식에 관한 계획 수립(교육부) : 특별시 · 광역시 · 도 · 특별자치도의 교육감은 매년 학교급식에 관한 계획을 수립 · 시행하여야 한다(학교급식법 제3조 제2항).

③ 식생활 교육 기본계획의 수립(농림축산식품부) : 농림축산식품부장관은 식생활 교육 관련 정책을 종합적이고 체계적으로 추진하기 위하여 5년마다 관계 중앙행정기관의 장과 협의하여 식생활 교육 기본계획을 수립하여야 한다(식생활교육지원법 제14조 제1항).

④ 어린이 식생활 안전관리종합계획 수립(식품의약품안전처) : 식품의약품안전처장은 3년마다 관계 중앙행정기관의 장과 협의하여 어린이 기호식품과 단체급식 등의 안전 및 영양관리 등에 관한 어린이 식생활 안전관리종합계획을 위원회의 심의를 거쳐 수립하여야 한다(어린이 식생활안전관리 특별법 제26조 제1항).

⑤ 식품 등의 기준 및 규격 관리 기본계획 수립(식품의약품안전처) : 식품의약품안전처장은 관계 중앙행정기관의 장과의 협의 및 심의위원회의 심의를 거쳐 식품등의 기준 및 규격 관리 기본계획을 5년마다 수립 · 추진할 수 있다(식품위생법 제7조의4 제1항).

72 ④ 동물성 지방의 다량 섭취는 혈중 콜레스테롤 수치를 높이므로 식물성 기름을 섭취하는 것이 좋다.

① 미각이 감퇴하여 음식의 간을 세게하는 경우가 많은데 만성퇴행성 질환의 예방과 치료를 위해서는 음식의 간을 약하게 하는 것이 좋다.

② 골질환을 예방하기 위해서는 칼슘을 충분히 섭취한다.

③ 기초대사와 신체활동 저하로 열량 필요량이 감소한다.

⑤ 체성분의 재생과 유지를 위해 단백질 섭취가 필요하며, 단백질 결핍 시 노화가 촉진된다.

73 ④ 진단에 따른 식사처방은 의사가 한다.

병원급식에서 영양사의 임무

- 급식운영 계획의 수립
- 식단작성
- 식품재료의 선정, 검수 및 관리
- 구매 · 재고관리
- 조리 · 검식 및 배식관리
- 위생 및 안전관리
- 급식시설 및 설비관리
- 사무관리
- 급식평가

74 **보건소 영양사의 역할**

- 지역주민의 영양지도 및 상담
- 지역주민의 영양조사 및 영양평가
- 맞춤형 방문건강관리사업
- 생애주기별 영양교육 및 상담
- 영양교육자료의 개발 · 홍보 및 영양교육

75 **영양판정**

대상자의 식사섭취조사, 신체계측, 생화학검사, 임상증상 조사 결과 등 다양한 정보를 서로 연관시키고 종합하여 평가대상자의 영양 및 건강상태에 대하여 진단함으로써 문제점을 분석하고 해석하는 일련의 과정이다.

76 ① 식사기록법 : 하루 동안 섭취하는 모든 음식의 종류와 양을 섭취할 때마다 스스로 기록하는 방법이다.

② 신체계측법 : 신장, 체중, 피하지방의 두께 등을 계측하여 이들로부터 산출된 여러 신체치수를 기준치와 비교하여 영양상태를 평가하는 방법이다.

③ 생화학적 검사 : 혈액, 소변, 면역기능 등을 측정하는 것으로, 다른 방법들에 비해 객관적이고 정량적인 영양판정 방법이다.

④ 식사력 조사법 : 개인의 장기간에 걸친 과거의 일상적 식이섭취 경향을 설문지를 통해 조사하는 방법이다.

⑤ 식품섭취 빈도조사법 : 100여 종류의 개개 식품을 정해 놓고 일정기간에 걸쳐 평상적으로 섭취하는 빈도를 조사하는 방법이다.

77 ① 알부민은 혈액의 액상 부분인 혈장에 가장 많이 존재하는 단백질로서 혈관으로부터 액체의 유출을 막고, 조직에 영양분을 제공하며, 호르몬, 비타민, 약물, 칼슘 같은 이온을 신체로 전달한다. 환자의 영양 상태를 점검하고자 할 때 프리알부민 검사를 대체하거나 병용하여 의뢰하기도 한다. 알부민 농도는 프리알부민만큼 빠르게 변화하지는 않지만 알부민의 감소는 단백질 결핍과 영양부족을 반영할 수 있다.

78 영양검색(영양스크리닝)

영양불량 환자나 영양불량 위험 환자를 발견하는 간단하고 신속한 과정이다. 입원한 모든 환자를 대상으로 입원 후 24~72시간 내에 실시하는 것이 이상적이지만 인력과 자원이 제한된 상황에서 이를 시행한다는 것은 매우 어렵다. 따라서 몇 가지 위험요인을 선정하여 단시간에 많은 환자를 대상으로 한 영양검색을 시행하여 환자를 선별한 후 체계적인 영양평가를 하는 방법을 권하고 있다.

79 저지방 우유 200mL 1컵은 80kcal, 식빵 35g 1쪽은 100kcal, 사과 80g 1개는 50kcal이므로, 식품교환표를 이용하여 산출한 총 에너지는 230kcal이다.

80 경관급식용 내용물의 조건

- 투여하기 쉬운 유동체일 것
- 충분한 영양과 수분을 공급할 수 있고 무기질, 비타민을 함유하는 것
- 변질되지 않으며 보존이 가능한 것
- 삼투압이 높지 않고 점도가 적절한 것
- 열량밀도가 1kcal/mL 정도일 것
- 위장 합병증 유발이 적을 것

81 중심정맥영양

구강이나 위장관으로 영양 공급이 어려울 때 심장 근처의 정맥에 카테터를 삽입하여 필요한 영양소를 공급하는 것으로, 장기간(2주 이상) 사용이 가능하다.

82 ② 가스트린은 위의 G세포에서 분비되는 호르몬으로, 위산을 분비하고 이자액 생성을 유도하며 위의 움직임도 촉진한다.

83 역류성 식도염(위–식도 역류질환) 환자의 식사요법

- 위 내용물의 역류를 방지하는 것이 치료의 기본이다.
- 위팽창을 억제하기 위해 과식을 금지하고, 식사는 천천히 한다.
- 취침 2~3시간 전에 식사를 마치고, 식사 후 바로 눕지 않는다.
- 고지방 · 자극성 음식, 산도가 높은 음식, 카페인 음식 등을 제한한다.
- 지방, 초콜릿, 커피, 박하류, 알코올 등은 섭취하지 않는다.

84 ⑤ 식후 20~30분 정도 안정하고 누워있으면 증상이 완화될 수 있다.

① 고단백 음식을 먹는다.
② 소량씩 자주 먹는다.
③ 단순당의 함량이 높은 식품을 제한한다.
④ 식사 중에 물이나 음료수의 섭취는 피한다.

85 만성 장염 환자의 식사요법

- 약물요법과 병행하고 기계적 · 화학적 자극을 피한다.
- 소화되기 쉽고 자극이 적은 저잔사식, 저지방식, 저섬유식 식사를 제공한다.
- 설사 시 수분을 충분히 섭취하고 양질의 단백질, 비타민, 무기질을 섭취한다.

86 ③ 흰밥, 잘 익은 바나나, 잘 익힌 채소, 생선, 달걀, 두부 등을 제공하는 것이 좋다.

① 일반적으로 식이섬유소를 제한하는 저식이섬유소 식단이 좋다.
② 자극성이 강한 조미료와 향신료는 사용하지 않는다.
④ 대장의 과도한 연동운동을 감소시켜야 한다.
⑤ 카페인, 알코올, 탄산음료 등은 피하는 것이 좋다.

87 게실염 환자의 식사요법

- 수분을 충분히 섭취한다.
- 고섬유질 음식을 권장한다.

88 ③ 식욕이 없어 세 끼니에 걸쳐 충분량의 식사가 어렵다면 소량씩 자주 먹는 것이 도움이 된다.
① 영양상태가 나쁜 경우가 많으므로, 단백질, 비타민, 무기질 등 영양소가 풍부한 음식을 충분히 섭취한다.
② 부종이나 복수가 있는 경우 저염 식이를 한다.
④ 와인이나 알코올을 이용하여 만든 요리를 제한한다.
⑤ 간성혼수의 합병증이 있는 경우 단백질 섭취를 제한한다.

89 급성 췌장염 환자의 식사요법
- 급성기에는 2~3일 금식하고 수분과 전해질을 정맥주사로 공급한다.
- 초기에는 단백질을 제한하고, 호전되면 단백질을 늘려 제공한다.
- 저지방식 식단을 제공한다.
- 알코올, 커피, 향신료, 탄산음료, 가스 형성 식품 등을 피한다.

90 ⑤ 증상을 완화시키기 위해 소량씩 자주 먹어 장에 부담을 줄인다.
① 너무 맵거나 짠 음식은 장의 염증을 자극할 수 있으므로 제한한다.
② 섬유질이 많은 과일과 채소는 장의 운동을 자극하므로 제한한다.
③ 탈수를 예방하기 위해 수분을 충분히 섭취한다.
④ 지방이 많은 육식, 우유 및 유제품, 자극이 강한 향신료, 알코올, 커피, 탄산음료 등을 제한한다.

91 요요현상
- 요요현상은 식이요법으로 체중을 감량했지만 기초대사량까지 감소하면서 감량했던 체중이 다시 원래의 체중으로 돌아가는 현상이다.
- 증상이 반복될수록 체지방량이 증가하며, 체중감량에 소요되는 시간도 점점 길어진다.
- 요요현상을 방지하기 위해서는 체중감량 시 근육 소모를 막기 위해 단백질을 충분히 섭취하고, 운동을 통해 근육을 늘려야 한다.
- 갈색지방은 열 발산을 증가시켜 기초대사량을 높이고, 백색지방은 에너지를 저장하여 비만을 유발한다.

92 대사증후군 환자의 식사요법
- 칼로리 섭취를 제한한다.
- 혈당지수가 높은 음식을 제한한다.
- 포만감이 높은 음식을 섭취한다.
- 비타민과 무기질을 충분히 섭취한다.
- 채소와 섬유소를 충분히 섭취한다.
- 가능한 한 싱겁게 먹는다.

93 소아비만
- 소모되는 양보다 많은 양의 칼로리 섭취가 주요 원인이다.
- 지방세포의 수와 크기가 모두 증가한다.
- 체중감량 후에도 재발이 쉽고, 중등도 이상 고도비만이 될 가능성이 크다.
- 성조숙증, 심혈관 질환, 우울증 등이 발생한다.

94 ①·③·④·⑤ 제2형 당뇨병의 특징이다.
제1형 당뇨병
- 인슐린 의존성 당뇨병으로 인슐린의 분비량이 부족해 발생한다.
- 아동이나 30세 미만의 젊은 층에서 발병하므로 소아성 당뇨라고 한다.
- 인슐린이 분비되지 않으므로 인슐린 주사가 필요하다.

95 제2형 당뇨병 환자의 식사요법
- 아이스크림이나 초콜릿과 같은 단순당 섭취를 제한하고, 잡곡밥이나 감자와 같은 복합당 식품을 섭취한다.
- 개인에게 알맞은 양의 식사를, 일정한 시간에 규칙적으로 섭취한다.
- 영양소를 골고루 섭취한다.
- 달걀노른자, 새우와 같이 콜레스테롤 함량이 많은 식품을 제한한다.
- 라면, 된장, 젓갈 등 나트륨 함량이 많은 식품을 제한한다.
- 섬유소가 풍부한 식품을 섭취한다.

96 당뇨병 진단 기준
- 공복혈당 126mg/dL 이상
- 경구당부하 2시간 후 혈당 200mg/dL 이상

97 **당뇨병 환자의 지질 대사**

- 인슐린이 결핍되면 혈중 LPL 활성 저하로 혈중 지단백 농도가 증가한다.
- 간과 근육에서 포도당 대신 유리지방산이 에너지원으로 많이 이용되므로 케톤체 합성이 증가되어 케톤증이 발생한다.

98 **당뇨병 환자의 저혈당증**

- 원인 : 식사를 하지 않은 경우, 활동량이 증가한 경우 등
- 증상 : 식은땀, 현기증, 손발 떨림, 가슴 두근거림, 불안, 공복감 등
- 치료 : 꿀, 설탕, 사탕, 젤리, 포도당 등 단순당 공급

99 ⑤ 제2형 당뇨병은 동일한 비만 정도라 할지라도 복부비만인 경우에서 더욱 증가한다. 복부비만은 당내성의 악화를 초래하는 인슐린 저항성 증가의 직접적 원인으로 알려져 있다.

100 ① 수용성 식이섬유는 나트륨을 체외로 배출하는 효과가 있고, 섬유소 섭취가 혈액 내 콜레스테롤 수치를 낮추는 효과도 있으므로, 식이섬유 섭취를 늘린다.
② 등푸른생선은 불포화지방산이 풍부하므로 섭취한다.
③ 콜레스테롤이나 포화지방산이 많은 동물성 지방을 제한하고, 식물성 지방의 섭취량을 늘린다.
⑤ 설탕 함유 식품의 섭취를 제한한다.

101 **허혈성 심장질환 환자의 식사요법**

- 원칙적으로 저열량식, 저염식을 한다.
- 과식을 피하고, 소량씩 자주 먹는다.
- 부종이 심할 때는 수분을 제한한다.
- 밥은 현미, 보리 등을 섞은 잡곡밥이 좋다.
- 장아찌, 김치 등의 염장식품은 제한한다.
- 두부, 생선 등의 단백질을 골고루 섭취한다.
- 고기는 기름기와 껍질을 제거한 살코기를 섭취한다.

102 **고VLDL혈증(제4형)**

- VLDL 합성 증가와 VLDL 처리 장애로 발생한다.
- 당질 섭취가 많은 사람에게 흔히 발생한다.
- 허혈성 심장병, 저HDL혈증 등의 증상이 있다.
- 정상 체중을 유지하고, 열량 · 당질 등을 제한한다.

103 **죽상동맥경화증**

- 혈관에 지방이 가라앉아 들어붙어 동맥이 좁아지고 탄력성을 잃게 되는 현상이다.
- 불포화지방산이 높은 식물성 지방(들기름, 콩기름)이나, EPA가 많아 혈소판 응집을 억제하는 등푸른생선(참치, 고등어, 정어리 등)이 좋다.

104 ③ 식이섬유는 혈중 콜레스테롤과 중성지방 농도를 낮추는 데 효과적이므로, 이상지질혈증을 예방하기 위해 충분히 섭취하도록 한다.

105 ④ 정맥혈관에는 피가 거꾸로 흐르지 못하도록 막아주는 판막이 있다.
① 혈압 : 동맥 > 모세혈관 > 정맥
② 동맥혈관은 심장에서 밀어주는 높은 압력을 받기 때문에 벽이 두껍고, 정맥혈관은 동맥혈관에 비해 벽이 얇다.
③ 총 단면적 : 모세혈관 > 정맥 > 동맥
⑤ 혈류 속도 : 동맥 > 정맥 > 모세혈관

106 ③ 만성 콩팥병 환자의 경우 비타민 D의 활성화에 손상이 와서 비타민 D 결핍 상태가 되고, 칼슘 흡수에 지장을 주어 골질환을 초래하게 된다.

107 **수산칼슘 결석 환자의 식사요법**

- 수산 함량이 높은 식품(시금치, 부추, 무화과, 자두, 코코아, 초콜릿, 커피 등)을 제한한다.
- 비타민 C 보충을 제한한다.

108 ④ 만성 콩팥병 환자는 일반적으로 수분을 제한하지 않으나 핍뇨 시 섭취하는 수분량을 '전날 소변량 + 500mL'로 제한한다.
① 혈압이 높은 경우에는 염분 섭취를 제한한다.
② 단백질 섭취를 적절하게 조절해야 한다.
③ 식물성 기름, 사탕 등의 단순당 식품을 섭취해야 한다.
⑤ 칼륨이 배설되지 않아 고칼륨혈증이 발생할 수 있으므로 칼륨의 섭취를 제한해야 한다.

109 급성 사구체신염의 식사요법

- 열량 : 당질을 위주로 충분히 공급한다.
- 단백질 : 초기에는 제한하고 신장 기능이 회복됨에 따라 점차 늘려 제공한다.
- 나트륨 : 부종과 고혈압 여부에 따라 제한한다.
- 수분 : 일반적으로는 제한하지 않으나 부종 · 핍뇨 시 (1일 소변량이 500mL 이하) '전일 소변량 + 500mL'로 제한한다.
- 칼륨 : 신부전, 인공투석, 결뇨 시 칼륨 제거율이 손상되어 고칼륨혈증(갑작스러운 심장마비 초래)이 생기므로 칼륨이 높은 식품(토마토 등)은 피한다.

110 ⑤ 에리트로포이에틴은 신장에서 생성되는 적혈구 조혈 호르몬으로, 골수에서 적혈구의 생성을 조절하고 있다. 결핍 시 빈혈이 발생한다.

111 ② 체단백질 분해의 증가로 음의 질소평형이 발생한다.
① 당신생이 증가한다.
③ 기초대사량이 증가한다.
④ 지방의 분해가 증가한다.
⑤ 인슐린 저항성이 증가한다.

112 구토, 메스꺼움, 식욕부진 등을 호소하는 암 환자의 식사요법

- 음식 냄새가 나지 않고 환기가 잘 되는 장소에서 식사를 제공한다.
- 조금씩 자주 천천히 식사를 하도록 한다.
- 메스꺼움이 심한 경우 억지로 먹지 않고 잠시 휴식을 취하도록 한다.
- 위에 부담이 적은 부드러운 음식을 섭취한다.
- 기름진 음식, 매우 단 음식, 향이 강한 음식, 자극적인 음식, 뜨거운 음식 등은 피하도록 한다.

113 ② 대사항진으로 체단백의 이화작용과 요 중 질소 배설이 증가한다.
① 수분의 손실이 증가한다.
③ 체액의 손실이 증가한다.
④ 단백질의 손실이 증가한다.
⑤ 전해질의 손실이 증가한다.

114 ⑤ 달걀 알레르기 증상이 있는 환자에게는 달걀뿐만 아니라 달걀이 포함된 가공식품, 달걀옷을 입힌 전류 등 달걀과 접촉한 모든 식품의 섭취를 제한해야 한다.

115 만성 폐쇄성 폐질환의 식사요법

- 에너지 섭취를 충분히 한다.
- 당질의 섭취를 줄인다.
- 근육 손실 방지를 위하여 단백질을 충분히 공급한다.
- 식사 중간에 과다한 수분 섭취는 제한한다.
- 가스발생 식품, 섬유질이 많거나 질긴 식품을 제한한다.
- 부드러운 음식을 소량씩 자주 섭취한다.

116 철분 결핍증 지표

- 초기 단계 : 혈청 페리틴 농도 감소
- 결핍 2단계 : 트랜스페린 포화도 감소, 적혈구 프로토포르피린 증가
- 마지막 단계 : 헤모글로빈과 헤마토크리트의 농도 감소

117 비타민 B_{12}의 흡수장소는 회장으로, 회장 질환이나 회장 절제 시 비타민 B_{12}가 결핍되기 쉽다. 또한, 비타민 B_{12}는 생선, 육류, 달걀 등의 동물성 식품에 존재하기 때문에 극단적인 채식주의자에게 결핍될 수 있다.

118 케톤식 식사요법

- 케톤체가 발작을 억제하는 효과가 있어 간질(뇌전증)에 사용하는 식사요법이다.
- 지방의 섭취량을 늘리고, 탄수화물과 단백질의 섭취량은 낮춘다.

119 ② 통풍은 팔다리 관절에 심한 염증이 되풀이되어 생기는 대사 이상 질환이다. 관절 속이나 주위에 요산염이 쌓여서 일어나며, 열이 나고 피부가 붉어지며 염증이 생긴 관절에 통증이 있다.

120 단풍당뇨증

류신, 이소류신, 발린과 같은 분지아미노산의 산화적 탈탄산화를 촉진시키는 단일효소가 유전적으로 결핍되는 질환이다. 땀과 소변, 귀지 등에서 특유의 단 냄새가 나는 것이 특징이다.

영양사 실전동형 봉투모의고사 제2회 2교시 해설

01	02	03	04	05	06	07	08	09	10
①	③	①	⑤	②	③	③	④	①	④
11	12	13	14	15	16	17	18	19	20
①	①	③	④	②	⑤	②	⑤	②	④
21	22	23	24	25	26	27	28	29	30
③	④	⑤	②	③	④	⑤	③	③	④
31	32	33	34	35	36	37	38	39	40
④	③	③	④	⑤	④	③	④	⑤	④
41	42	43	44	45	46	47	48	49	50
⑤	④	②	③	③	③	④	②	④	①
51	52	53	54	55	56	57	58	59	60
①	⑤	⑤	④	②	①	①	④	②	⑤
61	62	63	64	65	66	67	68	69	70
②	④	①	①	④	①	⑤	③	④	⑤
71	72	73	74	75	76	77	78	79	80
④	⑤	②	①	①	③	⑤	①	④	③
81	82	83	84	85	86	87	88	89	90
④	③	②	③	①	④	⑤	②	③	①
91	92	93	94	95	96	97	98	99	100
⑤	③	②	②	⑤	②	④	②	④	⑤

01 전도란 물질의 이동 없이 열에너지가 고온에서 저온으로 전달되는 것으로, 열전도율이 큰 금속 재질은 빨리 데워지고 빨리 식지만, 열전달 속도가 느린 유리, 플라스틱 등의 재질은 서서히 데워지고 쉽게 식지 않는다.

02 튀기기는 고온의 기름에서 식품을 가열하는 것으로, 조리시간이 짧아 영양소 손실이 가장 적은 조리방법이다.

03 $A_w = \dfrac{M_w}{M_w + M_s}$

- M_w : 물의 몰수
- M_s : 용질의 몰수

$\therefore A_w = \dfrac{10/18}{(10/18)+(20/58.4)} = 0.619$

04 ① 노화 – 찬밥
② 호정화 – 팝콘
③ 당화 – 물엿
④ 호정화 – 비스킷

05 ① 유당(lactose) : 포도당(glucose), 갈락토스(galactose)
③ 라피노오스(raffinose) : 포도당(glucose), 과당(fructose), 갈락토스(galactose)
④ 스타키오스(stachyose) : 포도당(glucose), 과당(fructose), 갈락토스(galactose)
⑤ 겐티아노스(gentianose) : 포도당(glucose), 과당(fructose)

06 ① 수분함량이 많을수록 잘 일어난다.
② 알칼리성 pH에서는 전분입자의 호화가 촉진된다.
④ 생전분에 물을 넣고 가열 시 소화되기 쉬운 α–전분이 되는 현상이다.
⑤ 서류 전분(감자, 고구마)이 곡류 전분(쌀, 찹쌀)보다 호화가 쉽게 일어난다.

07 ③ 유도지질에는 지방산 외에도 스테롤, 고급알코올, 스쿠알렌 등이 있다.
①·④ 왁스, 중성지방은 단순지질에 해당한다.
②·⑤ 인지질, 지단백질은 복합지질에 해당한다.

08 ④ 요오드가는 지방산의 불포화도를 측정하는 척도가 되며, 이중결합이 많을수록 요오드가가 증가한다. 요오드가가 높은 지방(130 이상)을 건성유라 하며 어유, 아마인유, 호두유, 들기름 등이 있다.

09 유지의 자동산화 반응
- 초기 반응 : 유리기(Free radical) 생성
- 연쇄 반응 : 과산화물(hydroperoxide) 생성, 연쇄 반응 지속적
- 종결 반응
  - 중합 반응 : 고분자중합체 형성
  - 분해 반응 : 카르보닐 화합물(알데하이드, 케톤, 알코올 등) 생성

10 ① 설탕은 단백질의 열변성을 억제시킨다.
② 수분이 많을수록 단백질의 열변성을 촉진시킨다.
③ 변성단백질은 반응성은 증가하지만 용해도는 감소한다.
⑤ 전해질이 들어있는 염화물은 단백질의 변성속도를 촉진시킨다.

11 ② 효소는 단백질로 이루어져 있어 열에 의해 쉽게 변성이 일어난다.
③ 온도가 상승함에 따라 반응속도가 증가하지만, 일정 온도 이상에서는 효소단백질이 열변성되어 반응속도가 감소하는 경향을 보인다.
④ 효소반응의 최적 pH는 중성이며, 강산성이나 강알칼리성에서 효소작용은 완전히 상실한다.
⑤ 반응 초기에 효소의 농도에 비례하여 정반응이 이루어지나, 반응이 진행됨에 따라 기질이 소모되므로 반응속도가 감소한다.

12 ① 밀론 반응은 단백질의 정색반응 중 하나로, 단백질 시료에 밀론 시약을 반응시키면 백색 침전을 띠고 다시 가열 시 적색을 띤다. 페놀기 단백질 반응에 해당되는 방법이다.

13 ③ 비트는 항암 효과가 있는 베타레인(betalain)이라는 성분 때문에 진한 붉은 색을 띤다.

14 ④ 정상적인 사람은 페닐티오카바마이드(phenylthiocar-bamide)에 대해 쓴맛을 느끼나, 미맹인 일부 사람들은 쓴맛을 인식하지 못해 무미로 느낀다.

15 ② 원핵미생물은 미토콘드리아, 엽록체, 소포체, 골지체 같은 기관이 없다.
① 진핵미생물은 단세포, 다세포, 남조류를 제외한 식물, 진핵균류가 해당된다.
③ 핵막의 유무에 따라 원핵세포와 진핵세포로 구분한다.
④ 원핵세포의 호흡과 관계하는 효소들은 세포막 또는 메소솜에 부착되어 있다.
⑤ 진핵세포의 호흡과 관계하는 효소들은 미토콘드리아에 존재한다.

16 ① 미생물에 따라 생육 최적온도가 다르며, 0~70℃까지도 생존한다.
② 편성혐기성균은 산소가 없는 조건에서 생육이 가능하다.
③ 미생물 발육에 필요한 수분량은 미생물의 종류나 환경 조건에 따라 다르다.
④ 빛은 미생물 생육에 유해하며, pH 농도가 낮을수록 미생물 생육이 억제된다.

17 ② 청국장 – *Bacillus subtilis*, *Bacillus natto*
① 간장 – *Aspergillus oryzae*, *Aspergillus sojae*
③ 포도주 – *Saccharomyces ellipsoideus*
④ 된장 – *Aspergillus oryzae*
⑤ 카망베르 치즈 – *Penicillium camemberti*

18 ① 유지는 밀가루 반죽 내에서 지방을 형성하여 전분과 글루텐의 결합을 방해한다.
② 소금은 글루텐의 강도를 높여주고 발효작용을 조절하며, 점탄성을 강화시킨다.
③ 식초가 아닌 지방이 갈변작용, 발효작용, 팽창작용, 연화작용 등의 역할을 한다.
④ 설탕은 글루텐의 결합을 방해한다. 반죽의 팽화에 도움을 주는 첨가물은 수분이다.

19 ② 감자의 싹과 녹색 껍질에는 독성 성분인 솔라닌(solanine)이 다량 존재하고, 열에 약해 가열 시 파괴된다.

① 감자의 주단백질은 투베린(tuberin)이다. 이포메인(ipomein)은 고구마의 주단백질 성분이다.

③ · ⑤ 감자를 절단하면 티로신(tyrosin)이 티로시나아제(tyrosinase)에 의해 산화되어 갈변한다. 이러한 갈변 현상을 방지하기 위해 물에 담가 놓아 공기와의 접촉을 피하는 것이 좋다.

④ 감자 껍질을 깨끗이 씻어 그대로 삶은 후 껍질을 벗겨 먹어야 영양분 손실을 줄일 수 있다.

20 ① 뮤신(mucin) : 마의 점액질 성분

② 알긴산(alginic acid) : 다시마의 점액질 성분

④ 얄라핀(jalapin) : 고구마 절단면의 점액질 성분으로 공기에 노출되면 갈변 또는 흑변함

⑤ 이포메아마론(ipomeamarone) : 고구마에 흑반병이 생기면 쓴맛을 내는 독소 성분

21 ③ 연근은 폴리페놀, 클로로겐산으로 인해서 쉽게 갈변하기 때문에 식초와 같이 조리하거나 식초물에 담갔다가 조리한다. 또한, 식초는 연근의 유효성분이 손실되는 것을 막고 흡수가 잘되도록 돕는 작용을 한다.

22 **단맛의 강도**

과당 > 자당(설탕) > 포도당 > 엿당(맥아당) > 유당

23 ⑤ 미오글로빈(myoglobin)은 육류의 근육 속에 들어 있는 붉은 색소단백질로, 근육의 수축과 이완작용을 가능하게 한다.

24 ① 파인애플 – 브로멜린(bromelin)

③ 배즙 – 프로테아제(protease)

④ 파파야 – 파파인(papain)

⑤ 무화과 – 피신(ficin)

25 ③ 육류의 색이 갈색의 메트미오글로빈(metmyoglobin)으로 변색되는 것을 방지하기 위하여 육가공품 제조 시 질산염 및 아질산염을 첨가한다.

26 ④ 고등어, 꽁치, 청어 등은 지방이 많은 붉은살생선으로 탕, 찌개 등에 이용한다.

① · ② · ③ · ⑤ 광어, 민어, 도미, 가자미 등은 지방이 적은 흰살생선으로 주로 전, 튀김, 구이 등의 요리에 이용한다.

27 ① 전이나 튀김은 지방함량이 적은 흰살생선이, 지방함량이 많은 붉은살생선은 탕, 찌개 등의 요리에 적당하다.

② 생선의 근섬유를 주체로 하는 섬유상 단백질 미오신(myosin), 액틴(actin), 액토미오신(actomyosin)은 소금에 녹는 성질이 있어 어묵 형성에 이용된다.

③ 어육단백질은 산, 염, 열에 의해 응고되어 생선살은 단단해지지만 가시는 연해진다.

④ 생선을 조릴 때 설탕, 간장, 마늘, 생강 등의 양념을 사용하면 비린내를 제거할 수 있다.

28 ① 신선란의 난황계수는 0.36~0.44, 난백계수는 0.14~0.17 범위이다.

② 신선한 난황의 pH는 6.0~6.2, 신선한 난백의 pH는 7.5~8.0 범위이다.

④ 기실이 크지 않고 거친 큐티클이 많아야 한다.

⑤ 달걀은 보관기간이 길어질수록 pH가 상승하고 알칼리성에서 녹변현상이 잘 일어나므로, 오래된 달걀일수록 녹변현상이 잘 일어난다.

29 ① 설탕은 단백질의 열변성을 저해하여 응고 온도를 높인다.

② 난백은 60℃에서 응고되기 시작하여 65℃에서 완전히 응고되며, 난황은 난백은 65℃에서 응고되기 시작하여 70℃에서 완전히 응고된다.

④ 마요네즈는 달걀의 유화성을 이용한 조리이며, 응고성을 이용한 조리에는 달걀찜, 커스터드 등이 있다.

⑤ 응고성은 알부민과 글로불린의 불용화 현상이다.

30 ④ 우유를 60℃ 이상으로 가열하면 유청단백질(락트알부민, 락토글로불린)이 열에 의해 변성되어 표면에 얇은 피막을 형성한다. 냄비 뚜껑을 덮거나 저어주면 이를 방지할 수 있다.

31 ④ 탈지분유는 우유에서 수분과 지방을 제거한 것이다.

32 **대두 물질**

- 사포닌 : 용혈성분, 기포성
- 트립신저해제 : 단백질 소화 · 흡수 저해
- 헤마글루티닌 : 혈구응집 독소
- 리폭시게나아제 : 콩 비린내 효소

33 ③ 쇼트닝성은 유지가 글루텐 표면을 둘러싸서 망상구조를 형성하지 못하게 방해하여 연화시키는 현상으로, 파이, 페이스트리 등의 요리에 적용된다.

34 **유화 형태에 따른 식품의 분류**

- 유중수적형 유화액(W/O) : 버터, 마가린
- 수중유적형 유화액(O/W) : 우유, 생크림, 마요네즈, 아이스크림

35 **기름 흡유량을 증가시키는 조건**

- 기름 온도가 낮을수록
- 튀기는 시간이 길어질수록
- 튀기는 식품의 표면적이 클수록
- 튀김재료 중에 수분 · 당 · 지방의 함량이 많을 때
- 박력분일 때
- 재료표면에 기공이 많고 거칠 때
- 달걀노른자 첨가했을 때

36 ④ 카로티노이드(carotinoid)는 등황색, 황색, 적색을 나타내는 색소로, 열에 비교적 안정하고 산과 알칼리에 영향을 받지 않는다.

37 ③ 엽록소를 함유한 푸른 채소를 데칠 때 1~2%의 소금을 넣으면 선명한 녹색을 유지할 수 있고, 비타민 C의 손실을 줄일 수 있다.

38 ① 채소 및 과일류는 수분을 80~90% 함유하고 비타민과 무기질이 많은 알칼리성 식품에 속한다.
② 온도가 내려가면 β-과당이 많아져 단맛이 강해지고, 온도가 올라가면 α-과당이 많아져 단맛이 약해진다.
③ 감자와 같은 껍질이 있는 채소는 깨끗이 씻어 껍질째로 삶은 후 껍질을 까야 영양소 손실을 줄일 수 있다.
⑤ 과일과 채소에 설탕을 첨가하면 산소와의 접촉을 막고, 산화제의 활동을 억제해 갈변을 방지할 수 있다.

39 ⑤ 호모겐티스산(Homogentisic acid)은 식물 중에 존재하는 티로신의 대사산물로 죽순, 토란, 우엉의 아린맛을 나타내는 물질이다.

40 **해조류**

- 홍조류 : 우뭇가사리, 김 등
- 남조류 : 트리코데스뮴 등
- 갈조류 : 다시마, 톳, 미역 등
- 녹조류 : 매생이, 파래 등

41 ⑤ 다운사이징 : 조직의 효율성을 향상시키기 위해 의도적으로 조직 내 인력, 계층, 작업, 직무, 부서 등의 규모를 축소하는 기법이다.
① TQM : 종합적 품질경영을 뜻하며, 위탁 급식 회사 구성원의 전사적 참여로 급식품질을 지속적으로 개선하여 고객의 기대를 충족하는 기법이다.
② 6시그마 : 과학적 통계기법을 업무나 공정 전체에 적용하여 결함이 생기는 원인을 분석하고 그러한 분석을 토대로 개선해 나가면서 혁신적인 품질향상과 고객만족을 이루려 하는 기법이다.
③ 벤치마킹 : 최고 수준에 있는 다른 조직의 제품, 서비스, 업무방식 등을 서로 비교하여 새로운 아이디어를 얻고 경쟁력을 확보해나가는 체계적 · 지속적 개선활동 과정이다. 즉 최고의 경쟁력을 보유한 상대를 정해서 전체 또는 부분적으로 비교하여 상대의 강점을 파악하고 최고와 비교함으로써 동등 이상이 되기 위한 기법이다.
④ 아웃소싱 : 시장경쟁이 심해지고 기업의 특화 정도가 고도화됨에 따라 핵심능력이 없는 부품이나 부가가치 활동은 자체 내에서 조달하는 것보다 외부의 전문 업체에 주문하여 더 좋은 품질의 부품이나 서비스를 더 값싸게 생산 또는 제공받는 기법이다.

42 ④ 조리저장식 급식 : 예비저장식 급식제도라고도 하며, 기내식에서 많이 이용된다.
① 산업체 급식 : 단체급식의 체계에 속하는 급식이 아니라 단체급식 시설 중 하나로, 기업의 생산성 향상 및 근로자의 건강증진에 기여할 수 있는 급식이다.
② 전통식 급식 : 생산, 배식, 서비스가 모두 동일한 장소에서 이루어지며 노동생산성이 낮고 인건비가 많이 소요되는 급식이다.

③ 조합식 급식 : 식품제조업체나 가공업체로부터 완전 조리된 음식을 구입하여 배식하는 형태로 소규모의 급식인 경우에 많이 이용한다.
⑤ 중앙공급식 급식 : 공동조리장에서 음식을 대량생산한 후 인근의 단체급식소로 운송하여 배식하는 방식의 급식이다.

43 관리계층과 의사결정 유형

- 최고 경영층 : 전략적 의사결정(기업의 외부 문제에 관련된 것)
- 중간 경영층 : 관리적 의사결정(기업의 내부 문제에 관련된 것)
- 하위 경영층 : 업무적 의사결정(안정적 환경에서의 일상적이고 정형화된 문제에 관련된 것)

44 ③ 명령 일원화의 원칙 : 경영조직의 질서를 유지하기 위해 조직의 각 구성원이 1인의 직속 상급자로부터 지시 · 명령을 받도록 하여 명령계통을 일원화해야 한다는 원칙이다.
① 전문화의 원칙 : 조직 구성원은 하나의 업무를 전문적으로 담당함으로써 경영활동의 능률을 높일 수 있도록 해야 한다는 원칙이며, 가장 적절한 실현 방법은 직능을 분화하는 것이다.
② 권한위임의 원칙 : 권한이 있는 상위자가 하위자에게 직무를 위임할 경우 그 직무 수행에 관한 일정한 권한까지도 주어야 하지만 권한을 위양해도 책임까지 위양할 수는 없다는 원칙이다.
④ 계층 단축화의 원칙 : 상하 계층이 많으면 의사소통 불충분, 명령 전달 지연, 인건비 증대와 같은 폐단이 생기므로, 조직 계층을 단축하여 업무를 효율화하여야 한다는 원칙이다.
⑤ 감독 적정 한계의 원칙 : 한 사람이 업무를 수행하거나 감독할 수 있는 능력에는 한계가 있으므로 업무 범위와 감독할 수 있는 부하 직원의 수를 알맞게 정해야 한다는 것이며, 관리 범위의 원칙이라고도 한다.

45 식사계획 시 활용되는 식사구성안의 영양소와 그 목표

탄수화물	총 에너지의 55~65% 권장	
단백질	• 총 에너지의 7~20% 권장 • 필수아미노산의 섭취를 위해 동물성 단백질은 총 단백질의 1/3 이상 계획	
지 질	지 방	총 에너지의 15~30% 권장
	포화지방산	총 에너지의 7~8% 미만 권장
	트랜스지방산	총 에너지의 1% 미만 권장

46 ③ 식사구성안은 일반인이 영양적으로 균형 잡힌 식사를 실천하는 데 도움을 주기 위하여 영양가가 비슷한 식품군별로 대표식품의 1인 1회 분량을 설정하고, 권장 섭취 횟수를 제시한 것이다.
① 식품구성표에 대한 설명이다. 식품구성표는 식품군별로 식품의 양을 표시한 것으로 이를 이용하면 식품의 배합이 충실해진다.
② 표준레시피에 대한 설명이다. 표준레시피는 급식소에서 영양사가 식재료명, 재료량, 조리법, 총생산량, 1인 분량 및 배식방법 등을 기재하여 일관된 품질의 음식을 제공하고 생산량을 통제하는 도구로 활용한다.
④ 식단(메뉴) 평가에 대한 설명이다.
⑤ 식품교환표에 대한 설명이다. 식품교환표는 영양가가 비슷한 식품을 하나의 군으로 묶어서 같은 군에 포함된 식품을 여러 다른 종류의 식품과 바꿔서 섭취할 수 있도록 만든 표이다.

47 알레르기 유발물질 표시 대상 공지 및 표시(학교급식법 시행규칙 제7조 제2항)

학교의 장과 그 소속 학교급식관계교직원 및 학교급식공급업자는 학교급식에 「식품 등의 표시 · 광고에 관한 법률 시행규칙」 제5조 제1항 및 별표 2에 따라 알레르기 유발물질 표시 대상이 되는 식품을 사용하는 경우 다음의 방법으로 알리고 표시해야 한다.

- 공지방법 : 알레르기를 유발할 수 있는 식재료가 표시된 월간 식단표를 가정통신문으로 안내하고 학교 인터넷 홈페이지에 게재할 것
- 표시방법 : 알레르기를 유발할 수 있는 식재료가 표시된 주간 식단표를 식당 및 교실에 게시할 것

소비자 안전을 위한 표시사항(식품 등의 표시 · 광고에 관한 법률 시행규칙 별표 2)

- 알레르기 유발물질 : 알류(가금류만 해당), 우유, 메밀, 땅콩, 대두, 밀, 고등어, 게, 새우, 돼지고기, 복숭아, 토마토, 아황산류(이를 첨가하여 최종 제품에 이산화황이 1kg당 10mg 이상 함유된 경우만 해당), 호두, 닭고기, 쇠고기, 오징어, 조개류(굴, 전복, 홍합을 포함), 잣
- 표시방법 : 원재료명 표시란 근처에 바탕색과 구분되도록 알레르기 표시란을 마련하고, 제품에 함유된 알레르기 유발물질의 양과 관계없이 원재료로 사용된 모든 알레르기 유발물질을 표시해야 한다.

48 **관능평가(sensory evaluation, 감각평가)**

- 미리 계획된 조건하에 훈련된 검사원의 시각, 후각, 미각, 청각, 촉각 등을 이용하여 식품의 외관, 풍미, 조직감 등 관능적 요소를 평가하고 그 결과를 통계적으로 분석하고 해석하는 것이다.
- 관능검사 결과는 제품의 특성을 파악하고 소비자 기호도에 미치는 영향력을 평가하는 데 이용되며 신제품 개발, 제품 안전성, 품질관리, 가공 공정, 판매 등 다양한 분야에서 널리 활용한다.

49 ① 기호도 조사 : 좋고 싫은 정도를 점수로 평가하는 척도법과 음식에 대한 상대적 기호의 순위를 조사하는 고객 측면의 식단 평가방법이다.

② 잔반량 조사 : 고객의 음식에 대한 순응도를 측정하기 위해 잔반량을 측정한다.

③ 최종 구매가법 : 급식소에서 가장 널리 사용되는 간단하고 빠른 재고자산 평가방법으로, 가장 최근의 단가를 이용하여 산출한다.

⑤ 고객만족도 조사 : 기호도 및 위생 · 맛 · 온도 등에 대한 설문조사를 하여 메뉴 운영에 반영한다.

메뉴엔지니어링(Menu engineering)

분 류	메뉴 분석	개선 방법
Stars	인기도(판매량)와 수익성 모두 높은 품목	유 지
Plowhorses	인기도(판매량)는 높지만 수익성이 낮은 품목	• 세트메뉴 개발 • 1인 제공량 줄이기
Puzzles	수익성은 높지만 인기도(판매량)는 낮은 품목	• 가격인하 • 품목명 변경 • 메뉴 게시 위치 변경
Dogs	인기도(판매량)와 수익성 모두 낮은 품목	• 메뉴 삭제

50 ② 가격이 저렴하다.

③ 특별한 재배시설이 필요하지 않다.

④ 맛과 향이 좋다.

⑤ 고객만족도에 영향을 줄 수 있다.

51 ① 발주서는 발주전표, 주문서, 구매표라고도 하며, 구매요구서에 의하여 작성되고, 거래처에 송부함으로써 법적인 거래 계약이 성립한다. 보통 3부를 작성하며 원본은 판매업자, 사본 1부는 구매부서, 사본 1부는 회계부서에서 보관한다.

② · ③ 납품서와 거래명세서는 송장이라고도 하며, 공급업체가 물품을 납품할 때 구매담당자에게 제공하는 서식으로, 물품의 명세와 거래대금에 대한 내용이 기록되어 있는 장표이다.

④ 구매명세서는 물품의 품질 및 특성을 기록한 양식으로 발주와 검수 업무를 수행할 때 품질기준으로 사용하는 장표이다.

⑤ 구매청구서는 구매요구서라고도 하며 청구번호, 필요량, 품목에 대한 간단한 설명, 배달 날짜, 예산 회계번호, 공급업체 상호명과 주소, 주문날짜, 가격이 기재되기도 하는 장표로, 2부씩 작성하여 원본은 구매부서에 보내고, 사본은 구매를 요구한 부서에서 보관한다.

52 **발주량**

- 가식부율 = 100 − 폐기율(%) = 100 − 20 = 80%
- 발주량 = $\dfrac{\text{표준레시피의 1인당 중량}}{\text{가식부율}} \times 100 \times \text{예상식수}$

$= \dfrac{120}{80} \times 100 \times 500 = 75\text{kg}$

53 ⑤ 병원급식은 직원급식과 환자급식으로 나누어져 있으며, 환자만을 대상으로 하는 급식의 식수는 학교급식, 산업체급식, 군대급식의 식수보다 적다.

54 ① 일반경쟁입찰은 업자 담합으로 낙찰이 어려울 때가 있다.
② 일반경쟁입찰은 공고로부터 개찰까지의 수속이 복잡하다.
③ 수의계약(단일견적계약)의 단점이다.
⑤ 지명경쟁입찰에 대한 설명이다.

일반경쟁입찰

신문 또는 게시와 같은 방법으로 입찰 및 계약에 관한 사항을 일정기간 일반에게 널리 공고하여 응찰자를 모집하고, 입찰에서 상호경쟁하게 하여 가장 타당성 있는 입찰가격을 제시한 사람을 낙찰자로 정하는 구매계약 방법이다.

55 ② 최종구매가법은 최종매입원가법이라고도 하며, 가장 최근 단가를 이용하여 산출하는 재고자산 평가 방식이다. 따라서 3,000 × 25 = 75,000이므로, 최종구매가법으로 재고자산을 평가한 결과는 75,000원이다.

56 ① 검식 : 배식하기 전에 1인 분량을 상차림하여 음식의 맛, 질감, 조리상태, 조리완성 후 음식온도, 위생 등을 종합적으로 평가하는 것으로, 검식내용은 검식일지에 기록한다(향후 식단 개선 자료로 활용).
② 보존식 : 식중독 사고에 대비하여 그 원인을 규명할 수 있도록 검사용으로 음식을 남겨두는 것으로, 매회 1인분 분량을 섭씨 영하 18도 이하에서 144시간 이상 보관한다.
③ 영양관리 : 대상별 영양섭취 기준 설정, 식단작성, 영양출납, 식이요법 등의 영양사 업무이다.
④ 이동식사 : 단체급식 배식방법 중 하나로, 거주지로 직접 음식을 배달하는 방법(home delivery)과 공장 안에 mobile carts를 설치하여 작업 장소까지 음식을 배달하는 방법(mobile carts)이 있다.
⑤ 카운터 서비스 : 단체급식 배식 방법 중 하나로, 급식 요구자가 필요한 음식을 바로 배식하거나 조리사가 카운터 앞의 손님에게 식사를 제공하는 형태를 말한다.

57 **조리기기 배치의 기본원칙**
- 작업의 순서에 따라 배치
- 동선은 최단 거리로 서로 교차되지 않게 함
- 작업원의 보행거리나 보행횟수의 절감
- 작업대의 높이는 작업원의 신장, 작업의 종류를 고려

58 **집단급식소 영양사의 직무(식품위생법 제52조 제2항)**
- 집단급식소에서의 식단 작성, 검식 및 배식관리
- 구매식품의 검수 및 관리
- 급식시설의 위생적 관리
- 집단급식소의 운영일지 작성
- 종업원에 대한 영양 지도 및 식품위생교육

59 ① 병원급식에서 주로 사용하는 배식방법은 트레이 서비스(중앙집중식)이다. 테이블 서비스는 식탁에 편히 앉아 정식으로 음식을 먹을 수 있도록 서비스받는 급식 방법이다.
③ 병원급식은 계획한 예산범위 내에서 정확하게 수행하지 않으면 업무를 성공적으로 이룰 수 없다.
④ 병원급식에서 작업량을 결정짓는 직접적인 것은 1일 평균 입원 환자 수이다.
⑤ 종합병원 환자식은 조리종사원 1인당 담당하는 식수가 가장 적은 급식이다.

60 ⑤ 직무배분표 : 조직도상의 직책과 기능에 따라 각자의 업무를 명시해 놓은 것으로 업무분담표라고도 하며, 작업표와 직무표에 의해서 만들어진다.
① 배치도 : 공정분석에서 사용하는 설비, 기구 등의 배치 및 작업동작의 흐름도이다.
② 과정표 : 한 공정에서 이루어지는 작업을 그 순서에 따라서 내용 설명, 기재, 필요한 거리, 수량, 시간 등을 기록한 표이다.
③ 작업일정표 : 조리원의 출퇴근 시간과 근무시간대별 담당 업무의 내용을 기록한 표이다.
④ 작업표준서 : 작업조건, 작업방법, 관리방법, 사용재료, 사용설비와 그 밖의 주의사항 등에 관한 기준을 규정한 것이다.

61 ② 잔반율 조사는 고객의 기호도 및 음식에 대한 순응도를 측정하기 위하여 잔반량을 측정하는 것으로, 급식관리 업무 중 사후통제 수단이다.
① 메뉴엔지니어링에 대한 설명이다.
③ 표준레시피에 대한 설명이다.
④ 배식량에 대한 설명이다. 배식량은 대량조리에서 메뉴의 생산량과 원가를 통제하는 필수적인 요소로 고객만족에 영향을 주는 것을 말한다.
⑤ 기호도 조사에 대한 설명이다.

62 전처리
- 식재료의 전처리는 집단급식소에 근무하는 조리사의 직무이다.
- 전처리를 하지 않은 식재료를 사용하면 급식 생산성이 가장 낮아지는 상황이 발생한다.
- 전처리 구역은 저장구역과 조리구역에서 접근이 쉬워야 하고, 세미기와 구근탈피기 등의 기기를 설치해야 하는 작업구역이다.

63 ② 뜨거운 냄비를 옮기려면 옮길 장소를 미리 준비하고 뚜껑을 열어 김이 빠지면 옮긴다.
③ 칼을 사용할 때는 칼날이 안쪽으로 향하게 하여야 사용해야 한다.
④ 뜨거운 프라이팬 등 조리 기구를 옮길 때는 앞치마나 젖은 행주를 사용해서는 안 되며 두꺼운 장갑이나 물기가 없는 마른 행주로 조리 기구를 잡아서 옮긴다.
⑤ 물을 끓일 경우 솥이나 냄비의 70~80%만 넣어서 뜨거운 물이나 음식 내용물이 넘치지 않게 한다.

64 직무명세서
직무를 성공적으로 수행하는 데 필요한 인적 특성, 즉 육체적 · 정신적 능력, 지식, 기능 등 인적 자격요건을 명시한 서식이다.

65 건강진단(「식품위생법」 제40조 제1항)
식품 또는 식품첨가물(화학적 합성품 또는 기구 등의 살균 · 소독제는 제외)을 채취 · 제조 · 가공 · 조리 · 저장 · 운반 또는 판매하는 일에 직접 종사하는 영업자 및 종업원(완전 포장된 식품 또는 식품첨가물을 운반하거나 판매하는 일에 종사하는 사람은 제외)은 건강진단을 받아야 한다. 다만, 다른 법령에 따라 같은 내용의 건강진단을 받는 경우에는 이 법에 따른 건강진단을 받은 것으로 본다.

영업에 종사하지 못하는 질병의 종류(「식품위생법 시행규칙」 제50조)
- 결핵(비감염성 제외)
- 콜레라, 장티푸스, 파라티푸스, 세균성이질, 장출혈성대장균감염증, A형 간염
- 피부병 또는 그 밖의 고름형성(화농성) 질환
- 후천성면역결핍증(성매개 감염병에 관한 건강진단을 받아야 하는 영업에 종사하는 사람만 해당)

66 ② 판매가격 : 총 원가와 이익의 합계이다.
③ 표준원가 : 과학적 · 통계적 방법에 의하여 미리 표준이 되는 원가를 산출한 것이다.
④ 실제원가 : 확정원가, 현실원가라고도 하며, 제품을 제조한 후에 실제로 소비된 원가를 산출한 원가이다.
⑤ 통제가능원가 : 식재료비, 인건비, 수도비, 전력비, 통신비 등 절약 가능한 비용을 말한다.

67 조리장의 분리
- 일반작업구역 : 검수구역, 전처리구역, 저장구역, 세정구역, 식품절단구역(가열 · 소독 전)
- 청결작업구역 : 조리구역, 정량 및 배선구역, 식기보관구역, 식품절단구역(가열 · 소독 후)

68 ③ 직접비 : 직접재료비[주요재료비(단체급식시설에서는 급식원 제출)], 직접노무비(임금 등), 직접경비(외주가공비 등)
① 고정비 : 생산량 증감에 관계없이 고정적으로 발생하는 원가(임대료, 보험, 세금, 가스비, 전기료 등)
② 변동비 : 생산량 증가와 함께 증가하는 원가(직접재료비, 직접노무비, 판매수수료 등)
④ 간접비 : 간접재료비[보조재료비(단체급식시설에서는 조미료, 양념 등), 간접노무비(급료, 급여수당 등), 간접경비(감가상각비, 보험료, 수선비, 여비, 교통비, 전력비, 가스비, 수도광열비, 통신비)
⑤ 감가상각비 : 연도에 따라 급식소 기기(식기 세척기 등)의 감소하는 가치를 할당하여 처리하는 원가

69 ④ 고정비는 4,000 − 3,200 = 800이다. 지출고정비가 100,000이므로 100,000/800 = 125이다. 즉 125식을 판매해야 손익분기점이다. 손익분기점은 125 × 4,000 = 500,000원이 된다.

70 **직무설계방법**

- 직무 단순 : 작업절차를 단순화하여 전문화된 과업을 수행하는 방법이다.
- 직무 순환 : 다양한 직무를 순환하여 수행하는 방법이다.
- 직무 교차 : 직무의 일부분을 다른 사람과 함께 수행하는 방법이다.
- 직무 확대 : 과업의 수적 증가, 다양성 증가(양적 측면)가 이루어지는 방법이다.
- 직무 충실 : 과업의 수적 증가와 함께 책임과 통제 범위를 수직적으로 늘려 직원에게 동기부여(질적 측면)할 수 있는 방법이다.

71 ① 역할연기 : 어떤 사례를 연기로 꾸며 실제처럼 재현해 봄으로써 문제를 완전히 이해시키고 그 해결 능력을 향상시키는 방법

② 사례연구 : 특정 사례에 대한 상황을 제시하고 해결책을 찾도록 하는 방법

③ 집단토의 : 10~20명으로 구성된 집단이 토론을 통해 각자의 의견을 나누고 이를 종합하는 방법

⑤ 브레인스토밍 : 짧은 시간 내에 급식종사원들이 자유롭게 토론하여 창의적 아이디어가 나올 수 있게 하는 방법

72 **피들러의 상황적합이론**

- 집단의 작업수행 성과는 리더십 유형과 상황변수의 상호작용에 의해서 결정된다고 본다.
- 기본적인 리더 유형을 과업지향형 리더와 종업원지향형 리더로 구분한다.
- 상황이 불리하거나 유리할 경우에는 과업지향형이 효과적이고, 상황이 매우 애매모호한 경우에는 종업원지향형 리더가 효과적이라는 결론을 도출하였다.

73 ② 현혹효과 : 종업원의 호의적, 비호의적 인상이 고과내용의 모든 항목에 영향을 주는 오류

① 대비오차 : 어떤 특성에 대해 평가자가 자신을 원점으로 하여 비평자를 자기와 반대방향으로 평가해 버리는 경향에 따른 오류

③ 논리오차 : 어떤 요소가 우수하게 평가되면 다른 요소도 우수하다고 인식하고 평가하는 오류

④ 관대화 경향 : 실제보다 관대하게 평가되어 평가결과의 분포가 위로 편중되는, 평정자가 부하 직원과의 비공식적 유대 관계의 유지를 원하는 경우에 발생하는 오류

⑤ 상동적 태도 : 타인에 대한 평가가 그가 속한 사회적 집단에 대한 선입관을 기초로 이루어지는 현상에 따른 오류

74 ② 직무급 : 동일한 업무에 대해 동일한 임금을 지급하는 임금 체계

③ 직능급 : 연공급과 직무급 형태를 절충한 것으로, 동일 직무를 담당하더라도 상급 직무를 담당할 능력이 있다고 평가되면 임금을 높이는 임금 체계

④ 시간급 : 작업량에 관계없이 근로시간만을 기준으로 하여 임금을 지급하는 임금 체계

⑤ 성과급 : 작업시간과 관계없이 근로자의 작업성과에 따라 임금을 지급하는 임금 체계

75 ① 브룸의 기대 이론 : 개인의 동기는 그 자신의 노력이 어떤 성과를 가져오리라는 기대와 그러한 성과가 보상을 가져다주리라는 수단성에 대한 기대감의 복합적 함수에 의해 결정된다는 이론

② 스키너의 강화 이론 : 인간행동의 원인을 선행적 자극과 행동의 외적 결과로 규정하는 이론이다.

③ 알더퍼 E.R.G 이론 : 생존욕구, 관계욕구, 성장욕구의 3단계로 구성된 욕구가 동기를 부여한다는 이론이다.

④ 아담스의 공정성 이론 : 보상이 공정성을 가져야만 동기부여가 이루어질 수 있으며, 불공정한 경우에는 불공정성을 시정하는 방향으로 동기가 부여된다는 이론이다.

⑤ 맥클랜드의 성취동기 이론 : 성취욕구, 권력욕구, 소속욕구가 동기부여에 중요한 역할을 한다고 보는 이론이다.

76 급식서비스의 특성
- 무형성 : 보거나 만질 수 없다.
- 동시성 : 생산과 소비가 분리되지 않는다.
- 소멸성 : 남은 용량의 서비스는 저장되지 않는다.
- 이질성(비일관성) : 품질이 일정하지 않다.

77 마케팅 믹스의 구성요소(7P)
- 제품(Product) : 제품의 생산공정과 검수, 질, 생산규모, 브랜드, 디자인, 포장
- 촉진(Promotion) : 광고, 대인 간의 직접 판매, 이벤트
- 유통(Place) : 적절한 시간에, 접근 가능한 위치에, 적절한 수량을 소비자에게 제공하는 것
- 가격(Price) : 할인 정책, 가격 변동, 저가 전략, 고가 전략, 유인 가격 전략
- 과정(Process) : 서비스의 수행 과정, 수행 흐름, 고객과의 접점관리가 중요함
- 물리적 근거(Physical evidence) : 매장의 분위기, 공간 배치, 패키지, 유니폼, 인테리어
- 사람(People) : 종업원, 소비자, 경영진 등 소비와 관련된 모든 인적 요소

78 식품의 위해요소
- 내인성 : 식품 자체에 함유된 유해 · 유독물질
  - 자연독 : 복어독, 패류독, 시구아테라독, 버섯독, 시안배당체, 식물성 알칼로이드 등
  - 생리작용 성분 : 식이성 알레르겐, 항비타민 물질, 항효소성 물질 등
- 외인성 : 식품 자체에 함유되어 있지 않으나 외부로부터 오염 · 혼입된 것
  - 생물학적 : 식중독균, 경구감염병, 곰팡이, 기생충
  - 화학적 : 방사성 물질, 유해첨가물, 잔류농약, 포장재 · 용기 용출물
- 유기성 : 식품의 제조 · 가공 · 저장 · 운반 등의 과정 중에 유해물질이 생성되거나 섭취 후 체내에서 생성되는 유해물질
  - 아크릴아마이드, 벤조피렌, 나이트로사민

79 ④ 최대무작용량((MNEL ; Maximum No Effect Level)은 실험동물에 시험물질을 장기간 투여했을 때 어떤 중독 증상도 나타나지 않는 최대 용량=최대무해용량(NOAEL)을 말하며, 만성 독성시험의 목적이다.

① 만성 독성시험을 통해 1일 섭취 허용량을 구한다. 1일섭취허용량(ADI ; Acceptable Daily Intake)은 사람이 일생 매일 섭취하더라도 아무런 독성이 나타나지 않을 것으로 예상되는 1일 섭취 허용량을 말한다.

② LD_{50} 값이 클수록 독성물질의 독성이 낮음을 의미한다. LD_{50}은 실험동물의 반수가 치사하는 양(반수 치사량)으로, 독성실험의 결과를 말한다.

③ 아급성 독성시험은 1~3개월의 단기기간에 증상을 관찰한다.

⑤ 급성 독성시험은 LD_{50}을 구하여 실험동물 체중 kg당 mg으로 나타낸다.

80 *Yersinia enterocolitica*
- 특성 : 여시니아 식중독의 원인균, 그람음성, 무포자, 간균, 주모성 편모, 통성혐기성, 저온과 진공포장에서도 증식
- 원인 식품 : 돼지고기, 우유, 채소, 냉장식품
- 잠복기 : 1주일 전후
- 증상 : 설사, 구토, 두통, 고열, 급성위장염 · 맹장염 증상과 유사한 복통, 패혈증, 관절염

81 *Campylobacter jejuni*
- 특성 : 캠필로박터 식중독의 원인균, 그람음성, 무포자, 나선균, 미호기성, 최적 발육 온도 42℃, 미량의 균으로도 발병
- 원인 식품 : 닭 등의 가금류 · 돼지 · 소고기 · 비살균 우유
- 잠복기 : 2~7일
- 증상 : 복통, 발열, 설사(혈변), 두통, 근육통

82 *Staphylococcus aureus*
- 포도상구균 식중독의 원인균으로, 장독소를 생성한다.
- 화농성 질환의 대표적인 원인균이다.
- 잠복기는 평균 3시간으로 세균성 식중독 중 가장 짧다.

83 *Vibrio parahaemolyticus*

- 해수세균의 일종이며, 그람음성, 무포자 간균, 통성혐기성, 호염성(3% 소금물에서 잘 생육)의 특징이 있는 장염비브리오 감염형 식중독균이다.
- 생육 최적온도는 30~37℃, 최적 pH는 7~8이며, 최적온도에서 세대시간은 약 10~12분(식중독균 중 증식 속도 가장 빠름)이다.
- 원인식품은 해산어패류로 생선회나 초밥 등이다.
- 주 증상은 복통과 설사이며 37~39℃의 열이 나는 경우가 많고 경과는 일반적으로 좋지만 사망하는 수도 있다.

84 세균성 식중독

- 감염형 식중독 : *Vibrio parahaemolyticus, Salmonella typhimurium, Escherichia coli, Campylobacter jejuni, Yersinia enterocolitica, Listeria monocytogenes*
- 독소형 : *Staphylococcus aureus, Clostridium botulinum, Bacillus cereus*
- 감염독소형 : *Clostridium perfringens*

85 ② 테무린(temuline) : 독맥(독보리)에 함유된 독성분
③ 아코니틴(aconitine) : 오디에 함유된 독성분
④ 에르고톡신(ergotoxin) : 맥각에 함유된 독성분
⑤ 프타퀼로시드(ptaquiloside) : 고사리에 함유된 독성분

86 ① 시트리닌(citrinin) : *Penicillium citrinum*이 생산하는 곰팡이독
② 루테오스키린(luteoskyrin) : *Penicillium islandicum*이 생산하는 곰팡이독
③ 이슬란디톡신(islanditoxin) : *Penicillium islandicum*이 생산하는 곰팡이독
⑤ 안드로메도톡신(andromedotoxin) : 벌꿀의 유독성분

87 ⑤ 방사선살균법은 동위원소에서 방사되는 전리방사선을 식품에 조사하여 미생물을 살균하는 것으로, 식품의 방사선 조사에 사용하는 동위원소는 ^{60}Co(Co-60)이며, 우리나라에서도 널리 이용된다. γ선 > β선 > α선 순으로 살균력과 투과력이 강하다.
① 유통증기(간헐)멸균법에 대한 설명이다. 유통증기(간헐)멸균법은 100℃의 유통 증기를 30분간 가열하는 소독법이다.
② 자외선살균법에 대한 설명이다. 자외선살균법은 살균작용이 강한 265nm(2,650Å)의 자외선을 이용하는 소독법이다.
③ 저온살균법에 대한 설명이다. 저온살균법은 우유와 같이 열에 감수성이 있는 식품류에 이용하는 소독법이다.
④ 고압증기멸균법에 대한 설명이다. 고압증기멸균법은 고압증기멸균기에서 가압되어 인치 평방당 15파운드의 증기압(121℃)에서 15~20분간 멸균하는 소독법이다.

88 ① 주석(Sn) : 주석을 도금한 통조림통에 산성 과일 제품을 담을 시 구토 · 복통 · 설사 등을 발생시킨다.
③ 구리(Cu) : 구리로 만든 식기 · 주전자 · 냄비 등의 부식(녹청), 채소류 가공품에 엽록소 발색제(황산구리) 남용 시 급성 위장장애나 만성적으로 간과 신장 등에 독성을 끼쳐 간질환 등을 발생시킨다.
④ 안티몬(Sb) : 에나멜 코팅용 기구 · 법랑용기 사용 시 구토 · 설사 · 복통 · 호흡곤란 등을 발생시킨다.
⑤ 6가크롬(Cr^{6+}) : 도금공장 폐수나 광산 폐수에 오염된 물 음용 시, 비중격천공 · 폐기종 등을 발생시킨다.

89 선모충

- 돼지, 쥐, 고양이, 사람 등 다숙주성 기생충이다.
- 덜 익힌 돼지고기 등의 섭취를 통해 감염된다.
- 감염 직후에는 유충이 장 점막을 자극함으로써 설사, 구토 등의 증상이 나타난다.
- 유충 이행기에는 유충이 근육에 침투함으로써 고열, 근육통 등이 발생한다.
- 부종, 호흡장애 등이 생기고 횡격막이나 심근을 침해하면 사망률이 높다.

식품에서 감염되는 기생충

- 채소류에서 감염되는 기생충 : 회충, 십이지장충(구충), 편충, 요충, 동양모양선충
- 육류에서 감염되는 기생충 : 무구조충(민촌충), 유구조충(갈고리촌충), 선모충
- 어패류에서 감염되는 기생충 : 간디스토마(간흡충), 폐디스토마(폐흡충), 요코가와흡충, 광절열두조충(긴촌충), 유극악구충, 아니사키스

90 ① 큐열 : *Coxiella burnetii*(병원체), 감염된 소 · 양 · 염소 등의 젖과 대 · 소변(전파경로), 고열, 심한 두통, 전신 불쾌감, 근육통, 혼미, 인후통, 발한, 복통, 흉통

② 결핵 : *Mycobacterium tuberculosis*(병원체), 기침 · 재채기(전파경로), 발열, 전신 피로감, 식은땀, 체중감소

③ 브루셀라증 : *Brucella*(병원체), 소 · 돼지 · 양 · 염소(전파경로), 발열, 발한, 피로, 식욕부진, 미각 이상, 두통, 요통

④ 중증급성호흡기증후군(SARS) : *SARS coronavirus*(병원체), 환자의 호흡기 비말과 오염된 매개물(전파경로), 발열, 권태감, 근육통, 두통, 오한, 기침, 호흡곤란, 설사

⑤ 중증열성혈소판감소증후군(SFTS) : *SFTS virus*(병원체), 작은소피참진드기 등 감염된 매개체(전파경로), 발열, 권태감, 근육통, 두통, 오한, 기침, 호흡곤란, 설사

91 **HACCP 7원칙(식품 및 축산물 안전관리인증기준 제2조, 제6조)**

1	위해요소 분석	식품 · 축산물 안전에 영향을 줄 수 있는 위해요소와 이를 유발할 수 있는 조건이 존재하는지 여부를 판별하기 위하여 필요한 정보를 수집하고 평가하는 일련의 과정을 말한다.
2	중요 관리점 결정	안전관리인증기준(HACCP)을 적용하여 식품 · 축산물의 위해요소를 예방 · 제어하거나 허용 수준 이하로 감소시켜 당해 식품 · 축산물의 안전성을 확보할 수 있는 중요한 단계 · 과정 또는 공정을 말한다.
3	한계기준 설정	중요관리점에서의 위해요소 관리가 허용 범위 이내로 충분히 이루어지고 있는지 여부를 판단할 수 있는 기준이나 기준치를 말한다.
4	모니터링 체계 확립	중요관리점에 설정된 한계기준을 적절히 관리하고 있는지 여부를 확인하기 위하여 수행하는 일련의 계획된 관찰이나 측정하는 행위 등을 말한다.
5	개선조치 방법 수립	모니터링 결과 중요관리점의 한계기준을 이탈할 경우에 취하는 일련의 조치를 말한다.
6	검증 절차 및 방법 수립	안전관리인증기준(HACCP) 관리계획의 유효성과 실행 여부를 정기적으로 평가하는 일련의 활동(적용 방법과 절차, 확인 및 기타 평가 등을 수행하는 행위 포함)을 말한다.
7	문서화 및 기록 유지	안전관리인증기준(HACCP) 체계를 문서화하여 기록을 효율적으로 유지하는 방법을 설정하는 것을 말한다. **※ 중요관리점(CCP) 모니터링 자동 기록 관리 시스템** 중요관리점(CCP) 모니터링 데이터를 실시간으로 자동 기록 · 관리 및 확인 · 저장할 수 있도록 하여 데이터의 위 · 변조를 방지할 수 있는 시스템(자동 기록관리 시스템)을 말한다.

92 식품제조 · 가공업자 및 식품첨가물 제조업자와 그 종업원은 생산 및 작업기록에 관한 서류와 원료의 입고 · 출고 · 사용에 대한 원료출납 관계 서류를 작성하되 이를 거짓으로 작성해서는 안 된다. 이 경우 해당 서류는 최종 기재일부터 3년간 보관하여야 한다(식품위생법 시행규칙 별표 17).

93 마황, 부자, 천오, 초오, 백부자, 섬수, 백선피, 사리풀 중 어느 하나에 해당하는 원료 또는 성분 등을 사용하여 판매할 목적으로 식품 또는 식품첨가물을 제조 · 가공 · 수입 또는 조리한 자는 1년 이상의 징역에 처한다(식품위생법 제93조 제2항).

94 **집단급식소에 근무하는 조리사의 직무(식품위생법 제51조 제2항)**

- 집단급식소에서의 식단에 따른 조리업무(식재료의 전처리에서부터 조리, 배식 등의 전 과정)
- 구매식품의 검수 지원
- 급식설비 및 기구의 위생 · 안전 실무
- 그 밖에 조리 실무에 관한 사항

집단급식소에 근무하는 영양사의 직무(식품위생법 제52조 제2항)

- 집단급식소에서의 식단 작성, 검식 및 배식관리
- 구매식품의 검수 및 관리
- 급식시설의 위생적 관리
- 집단급식소의 운영일지 작성
- 종업원에 대한 영양 지도 및 식품위생교육

95 • 조리사의 면허를 받으려는 자는 조리사 면허증 발급 · 재발급 신청서에 해당 서류를 첨부하여 특별자치시장 · 특별자치도지사 · 시장 · 군수 · 구청장에게 제출해야 한다(식품위생법 시행규칙 제80조 제1항).
• 조리사는 면허증을 잃어버렸거나 헐어 못 쓰게 된 경우에는 조리사 면허증 발급 · 재발급 신청서에 사진 1장과 면허증(헐어 못 쓰게 된 경우만 해당)을 첨부하여 특별자치시장 · 특별자치도지사 · 시장 · 군수 · 구청장에게 제출해야 한다(식품위생법 시행규칙 제81조 제1항).
• 조리사가 그 면허의 취소처분을 받은 경우에는 지체 없이 면허증을 특별자치시장 · 특별자치도지사 · 시장 · 군수 · 구청장에게 반납하여야 한다(식품위생법 시행규칙 제82조).

96 **식품안전관리인증기준 대상 식품(식품위생법 시행규칙 제62조 제1항)**
• 수산가공식품류의 어육가공품류 중 어묵 · 어육소시지
• 기타수산물가공품 중 냉동 어류 · 연체류 · 조미가공품
• 냉동식품 중 피자류 · 만두류 · 면류
• 과자류, 빵류 또는 떡류 중 과자 · 캔디류 · 빵류 · 떡류
• 빙과류 중 빙과
• 음료류(다류 및 커피류는 제외)
• 레토르트식품
• 절임류 또는 조림류의 김치류 중 김치(배추를 주원료로 하여 절임, 양념혼합과정 등을 거쳐 이를 발효시킨 것이거나 발효시키지 아니한 것 또는 이를 가공한 것에 한한다)
• 코코아가공품 또는 초콜릿류 중 초콜릿류
• 면류 중 유탕면 또는 곡분, 전분, 전분질원료 등을 주원료로 반죽하여 손이나 기계 따위로 면을 뽑아내거나 자른 국수로서 생면 · 숙면 · 건면
• 특수용도식품
• 즉석섭취 · 편의식품류 중 즉석섭취식품
• 즉석섭취 · 편의식품류의 즉석조리식품 중 순대
• 식품제조 · 가공업의 영업소 중 전년도 총 매출액이 100억 원 이상인 영업소에서 제조 · 가공하는 식품

97 학교급식 식재료의 품질관리기준 중 축산물의 개별기준에 따르면, 쇠고기는 등급판정 결과 3등급 이상인 한우 및 육우를 사용하고, 돼지고기는 등급판정 결과 2등급 이상을 사용한다(학교급식법 시행규칙 별표 2).

98 ② "국민건강증진사업"이라 함은 보건교육, 질병예방, 영양개선, 신체활동장려, 건강관리 및 건강생활의 실천 등을 통하여 국민의 건강을 증진시키는 사업을 말한다(국민건강증진법 제2조 제1호).
국가 및 지방자치단체는 국민의 영양개선을 위하여 영양교육사업, 영양개선에 관한 조사 · 연구사업(국민건강증진법 제15조 제2항), 국민의 영양상태에 관한 평가사업, 지역사회의 영양개선사업(국민건강증진법 시행규칙 제9조)을 행한다.

99 **영양사의 업무(국민영양관리법 제17조)**
• 건강증진 및 환자를 위한 영양 · 식생활 교육 및 상담
• 식품영양정보의 제공
• 식단 작성, 검식 및 배식관리
• 구매식품의 검수 및 관리
• 급식시설의 위생적 관리
• 집단급식소의 운영일지 작성
• 종업원에 대한 영양지도 및 위생교육

임상영양 (국민영양관리법 제23조 제1항)
보건복지부장관은 건강관리를 위하여 영양판정, 영양상담, 영양소 모니터링 및 평가 등의 업무를 수행하는 영양사에게 영양사 면허 외에 임상영양사 자격을 인정할 수 있다.

임상영양사의 업무(국민영양관리법 시행규칙 제22조)
임상영양사는 질병의 예방과 관리를 위하여 질병별로 전문화된 다음의 업무를 수행한다.
• 영양문제 수집 · 분석 및 영양요구량 산정 등의 영양판정
• 영양상담 및 교육
• 영양관리상태 점검을 위한 영양모니터링 및 평가
• 영양불량상태 개선을 위한 영양관리
• 임상영양 자문 및 연구
• 그 밖에 임상영양과 관련된 업무

100 **벌칙(농수산물의 원산지 표시 등에 관한 법률 제14조)**

다음 사항을 위반한 자는 7년 이하의 징역이나 1억 원 이하의 벌금에 처하거나 이를 병과할 수 있고, 그 죄에 해당하는 형을 선고받고 그 형이 확정된 후 5년 이내에 다시 같은 사항을 위반한 자는 1년 이상 10년 이하의 징역 또는 500만 원 이상 1억5천만 원 이하의 벌금에 처하거나 이를 병과할 수 있다.

> **거짓 표시 등의 금지(농수산물의 원산지 표시 등에 관한 법률 제6조)**
>
> ① 누구든지 다음의 행위를 하여서는 아니 된다.
> 1. 원산지 표시를 거짓으로 하거나 이를 혼동하게 할 우려가 있는 표시를 하는 행위
> 2. 원산지 표시를 혼동하게 할 목적으로 그 표시를 손상 · 변경하는 행위
> 3. 원산지를 위장하여 판매하거나, 원산지 표시를 한 농수산물이나 그 가공품에 다른 농수산물이나 가공품을 혼합하여 판매하거나 판매할 목적으로 보관이나 진열하는 행위
>
> ② 농수산물이나 그 가공품을 조리하여 판매 · 제공하는 자는 다음의 행위를 하여서는 아니 된다.
> 1. 원산지 표시를 거짓으로 하거나 이를 혼동하게 할 우려가 있는 표시를 하는 행위
> 2. 원산지를 위장하여 조리 · 판매 · 제공하거나, 조리하여 판매 · 제공할 목적으로 농수산물이나 그 가공품의 원산지 표시를 손상 · 변경하여 보관 · 진열하는 행위
> 3. 원산지 표시를 한 농수산물이나 그 가공품에 원산지가 다른 동일 농수산물이나 그 가공품을 혼합하여 조리 · 판매 · 제공하는 행위

영양사 실전동형 봉투모의고사 제3회 1교시 해설

01	02	03	04	05	06	07	08	09	10
①	④	①	②	②	⑤	⑤	⑤	①	⑤
11	**12**	**13**	**14**	**15**	**16**	**17**	**18**	**19**	**20**
④	④	②	④	③	⑤	⑤	①	③	①
21	**22**	**23**	**24**	**25**	**26**	**27**	**28**	**29**	**30**
⑤	③	③	①	①	③	②	③	③	④
31	**32**	**33**	**34**	**35**	**36**	**37**	**38**	**39**	**40**
④	③	②	⑤	⑤	③	⑤	②	②	③
41	**42**	**43**	**44**	**45**	**46**	**47**	**48**	**49**	**50**
⑤	③	⑤	⑤	⑤	②	①	①	②	②
51	**52**	**53**	**54**	**55**	**56**	**57**	**58**	**59**	**60**
①	⑤	②	⑤	①	①	④	④	③	①
61	**62**	**63**	**64**	**65**	**66**	**67**	**68**	**69**	**70**
⑤	③	⑤	⑤	④	⑤	⑤	②	③	⑤
71	**72**	**73**	**74**	**75**	**76**	**77**	**78**	**79**	**80**
②	⑤	②	③	②	③	⑤	⑤	②	②
81	**82**	**83**	**84**	**85**	**86**	**87**	**88**	**89**	**90**
③	②	①	②	①	⑤	①	①	⑤	①
91	**92**	**93**	**94**	**95**	**96**	**97**	**98**	**99**	**100**
①	⑤	②	④	④	⑤	③	④	③	②
101	**102**	**103**	**104**	**105**	**106**	**107**	**108**	**109**	**110**
②	④	④	②	①	②	①	①	③	③
111	**112**	**113**	**114**	**115**	**116**	**117**	**118**	**119**	**120**
⑤	②	③	⑤	①	①	⑤	③	③	⑤

01 ① 리보솜 : 단백질과 RNA로 이루어진 복합체로서 과립 형태이다. 세포질에 분포하거나 조면(거친면) 소포체의 표면에 부착되어 있으며, DNA의 유전정보에 따라 단백질이 합성되는 장소이다.

② 리소좀 : 손상된 세포 잔해나 불필요한 물질들을 제거하는 세포 소기관으로, 가수분해효소를 함유한다.

③ 소포체 : 막으로 둘러싸인 납작한 주머니 모양으로, 리보솜에서 합성된 단백질을 골지체나 세포의 다른 부위로 운반하거나 지질을 합성한다. 리보솜의 부착 여부에 따라 조면(거친면) 소포체와 활면(매끈면) 소포체로 구분한다.

④ 골지체 : 소포체를 통해 전달된 단백질, 지질 등을 저장했다가 막으로 싸서 분비한다.

⑤ 미토콘드리아 : 세포 호흡이 일어나는 장소로, 유기물을 산화시켜 세포가 생명 활동을 하는 데 필요한 에너지(ATP)를 생산한다.

02 ④ 당질의 흡수 속도는 포도당의 흡수 속도를 100으로 볼 때, 갈락토오스(110) > 포도당(100) > 과당(43) > 만노오스(19) > 자일로오스(15) > 아라비노오스(9) 순이다(6탄당이 5탄당보다 빠름).

03 ① 과당은 6탄당이며, 대표적인 케토스(환원기로 케톤기를 갖는 단당류)이다. 식물계에 널리 존재하며, 특히 꿀, 과일 속에 주로 함유되어 있다. 과당은 생물의 당대사에서 중요한 역할을 하며, 간에서 포도당으로 전환된다.

04 식이섬유

- 수용성 식이섬유 : 위와 장에서 통과시간을 지연시켜 만복감을 주며, 소장에서 지방 흡수를 저해하여 혈중 콜레스테롤 수준을 낮춘다. 종류로는 펙틴, 식물성 검(gum), 해조다당류, CMC, 폴리덱스트로스 등이 있다.
- 불용성 식이섬유 : 대변의 장 통과시간을 단축하여 배변속도를 증가시키며, 대장암 예방에 효과적이다. 종류로는 리그닌, 키틴, 셀룰로오스, 헤미셀룰로오스가 있다.

05 ② 한국인의 1일 당류 섭취기준에 따르면 1일 총 당류 섭취량을 하루 총 에너지섭취량의 10~20%로 제한하고, 특히 식품의 조리 및 가공 시 첨가되는 첨가당은 총 에너지섭취량의 10% 이내로 섭취하도록 하고 있다.

06 ⑤ 장기간 금식으로 혈당 저하 시 지방과 아미노산으로부터 포도당이 합성되는 당신생(gluconeogenesis)이 일어난다.

① 당질 섭취의 부족으로 지방의 불완전 연소가 일어나게 되어 케톤체(ketone body)의 생성이 증가하게 된다.

② 간에서는 글리코겐을 분해하여 포도당을 공급한다.

③ · ④ 혈중 혈당이 낮으므로 인슐린의 농도는 감소하고, 글루카곤의 농도는 증가한다.

07 ⑤ 피루브산 탈수소효소(pyruvate dehydrogenase)가 촉매작용을 한다. 이때 피루브산 탈수소효소(pyruvate dehydrogenase)는 3가지 효소와 조효소들로 이루어진 복합체 형태로 존재하며, 피루브산의 산화적 탈탄산반응을 촉매한다.

① 비가역 반응이다. 전환된 아세틸-CoA가 다시 피루브산으로 되돌아가지 않는다.

② · ③ NADH, 시트르산에 의해 저해된다.

④ 피루브산이 아세틸-CoA로 전환되는 과정에 조효소로 작용하는 것은 티아민(TPP), 리보플라빈(FAD), 니아신(NAD), 판토텐산(CoA), 리포산(lipoic acid)이다.

08 ⑤ TCA 회로에서 CO_2가 생성되는 단계는 두 곳으로, 이소시트르산 → α-케토글루타르산과 α-케토글루타르산 → 숙시닐-CoA 단계이다.

09 ① 근육 내 글리코겐으로부터 형성된 젖산은 코리회로(cori cycle)를 거쳐 포도당으로 합성될 수 있다.

10 ⑤ 우리딘 삼인산(UTP ; uridine triphosphate)은 포도당-1-인산과 반응해서 글리코겐 합성에 관여한다.

간에서의 글리코겐 합성

glucose-6-phosphate → glucose-1-phosphate → UDP-glucose → glycogen

11 ④ 공복으로 혈당이 많이 저하된 경우 글루카곤과 함께 에피네프린, 노르에피네프린, 글루코코르티코이드, 성장호르몬, 갑상샘호르몬 등의 분비가 촉진되어 간의 글리코겐 분해과정과 당신생 합성 과정을 증가시켜 혈당을 증가시킨다.

12 ④ 팔미트산은 포화지방산이다.

① · ② · ③ · ⑤ 올레산, 리놀레산, 리놀렌산, 아라키돈산은 불포화지방산이다.

13 아이코사노이드(eicosanoids)

세포막 인지질의 두 번째 탄소에 위치한 탄소 수 20개인 필수지방산(아라키돈산, EPA)이 산화되어 생체에서 합성되는 화합물로, 프로스타글란딘, 트롬복산, 프로스타사이클린, 류코트리엔 등이 있다. 이들은 생성된 지점 주위의 인근 세포에 작용하여 호르몬 역할을 하거나 염증, 상처 치유, 혈액 응고 등의 여러 생리 과정에서 매개 역할을 한다.

14 ④ 콜레스테롤은 성호르몬, 부신피질호르몬, 담즙산, 비타민 D_3 등의 전구체이다.
①·② 에르고스테롤에 대한 설명이다.
③ 뇌조직, 신경조직, 간 등에 다량 함유되어 있다.
⑤ 콜레스테롤에는 지방산이 없다.

15 ③ 에르고스테롤(ergosterol)은 식물계에 존재하는 스테롤로, 자외선을 조사하면 비타민 D_2가 생성된다.

16 ① 지질 합성이 증가하는 쪽으로 진행된다.
② 여분의 포도당을 지질로 저장하는 경로가 촉진된다.
③ NADPH를 공급하는 오탄당인산경로 효소들의 활성도가 증가한다.
④ 지방조직의 중성지방을 분해하는 지질 분해효소들의 활성이 감소한다.

17 ⑤ 지방산의 β-산화는 미토콘드리아 기질(matrix) 내에서 일어난다.

18 ① 지방산의 β-산화는 미토콘드리아 기질 내에서 4가지 연속적인 반응(산화 → 수화 → 산화 → 분해)을 진행하는데, 이때 아실-CoA 탈수소효소(acyl-CoA dehydrogenase), 에노일-CoA 수화효소(enoyl-CoA hydratase), β-히드록시아실-CoA 탈수소효소(β-hydroxyacyl-CoA dehydrogenase), 티올라아제(thiolase)가 순서대로 작용한다.

19 ③ 지방의 산화로 생성된 다량의 아세틸-CoA에 비해 포도당으로부터 생성되는 옥살로아세트산(oxaloacetate)이 부족하면 TCA회로는 원활히 진행이 안 된다. 이때 축적된 아세틸-CoA는 간의 미토콘드리아에서 케톤체를 대량 생성하고 케톤증(ketosis)을 유발한다.

20 ① HMG-CoA 환원효소(HMG-CoA reductase)는 콜레스테롤 생합성을 조절하는 효소로 인슐린, 갑상샘호르몬 등에 의해 촉진되며, 메발론산, 글루카곤 등에 의해 억제된다.

21 ① 글루카곤 : 혈당량 조절 호르몬
② 프로트롬빈 : 혈액응고에 관여
③ 시토크롬 : 전자 전달
④ 액토미오신 : 근육 구성 단백질

22 ③ 필수아미노산은 체내에서 합성되지 않아 반드시 식품으로 섭취해야 하는 아미노산으로, 발린, 류신, 이소류신, 트레오닌, 메티오닌, 페닐알라닌, 트립토판, 리신이 있으며, 유아의 경우에는 여기에 히스티딘이 더해진다.

23 ③ 완전단백질은 생명체의 성장과 유지에 필요한 필수아미노산을 골고루 갖춘 단백질로, 우유의 카세인은 완전단백질에 속한다.

영양적 분류에 따른 단백질
- 완전단백질 : 우유의 카세인, 락트알부민, 달걀의 오브알부민, 대두의 글리시닌, 밀의 글루테닌 등
- 불완전단백질 : 젤라틴, 옥수수의 제인
- 부분적 불완전단백질 : 밀의 글리아딘, 보리의 호르데인 등

24 ① 티로신은 도파민, 아드레날린 등 신경전달물질의 원료로 사용되며, 도파민은 고도의 정신기능, 창조성 발휘와 감정, 호르몬 및 미세한 운동 조절에 관여한다.

생리활성물질의 합성

생리활성물질	아미노산
도파민	티로신
타우린	시스테인, 메티오닌
세로토닌	트립토판
히스타민	히스티딘
글루타티온	시스테인, 글루탐산, 글리신

25 ① 단백질을 과잉섭취하면 혈액이 산성화되어 이를 중성화시키기 위해 혈중 칼슘이 동원되고 이는 소변으로 배설된다. 따라서 체내 칼슘 손실이 커지며, 골다공증을 유발하기도 한다.

②·⑤ 단백질 과잉섭취 시 단백질을 에너지원으로 이용하여 당질과 지방의 연소를 감소시킨다. 따라서 체지방 축적이 증가한다.

③ 단백질 과잉섭취 시 간에서의 요소회로 진행이 증가하므로 그 결과 요소의 생성이 증가한다.

④ 케톤체의 합성 증가는 탄수화물 섭취 부족, 지방의 과잉섭취 시 나타난다.

26 ③ 아미노산 대사 중 탈아미노 반응을 통해 암모니아가 떨어져 나가고 α-케토산이 생성된다. 이 중 암모니아는 요소회로에 의해 신장으로 배설되거나 여러 대사에 재활용되며, α-케토산은 당질, 지방질로 전환되거나 아미노산 재합성 또는 산화되어 열량을 발생한다.

27 ② 사람의 최종 질소 배설 형태는 요소이다.

① 요산은 양서류와 조류의 최종 질소 배설 형태이다.

③ 케톤체는 기아, 당뇨병 등일 때 지방산 분해의 증가로 생성된다.

④ 암모니아는 어류의 최종 질소 배설 형태이다.

⑤ 크레아틴은 근육에 있는 에너지 저장 형태로서, 근육수축에 필요한 에너지를 고에너지 인산결합 물질인 인산크레아틴으로 저장하고 있다가 ATP 공급이 급히 필요할 때 이용된다.

28 ③ tRNA(transfer RNA)는 아미노산을 운반해주는 운반 RNA로, 전달 RNA로도 불린다.

tRNA

73~93개의 염기로 구성된 작은 RNA로, 전령 RNA(mRNA)상의 염기배열(코돈)에 대한 상보적인 염기를 가지는 부위(안티코돈)와 특정 아미노산과 결합하는 부위들을 가지고 있어서 전령 RNA(mRNA)의 정보에 맞게 특정 아미노산을 리보솜으로 옮기는 어댑터분자(adaptor molecule)로써 작용하여 폴리펩티드 사슬 합성에 관여한다.

29 ③ 비경쟁적 저해제가 효소에 결합하면 효소의 활성 부위의 입체구조가 변해 기질이 효소에 잘 결합하지 못하므로 반응이 저해되어 최고속도(V_{max})는 감소한다. 하지만 기질은 여전히 평소의 친화력으로 효소와 결합하므로 미카엘리스 상수(k_m)는 변하지 않는다.

30 ④ 수면 시 근육이 이완되고, 자율신경의 활동이 감소하기 때문에 기초대사량이 약 10% 감소한다.

①·② 생후 1~2년경에 기초대사량이 가장 높고, 점차 감소하다가 남녀 모두 사춘기에 이르러 다시 상승한다. 그 후 노년에 이르기까지 계속 저하된다.

③ 개인의 근육량에 영향을 받는다. 근육량이 많을수록 증가한다.

⑤ 성장호르몬 및 남성호르몬은 기초대사량을 증가시킨다.

31 **휴식대사량**

- 식후 2~3시간이 지난 휴식 상태에서 에너지 소모량을 측정하므로 기초대사량보다 측정하기 편리하고, 기초대사량과 에너지 소모량 차이가 3% 이내이다.
- 휴식을 취하고 있는 상태에서의 에너지 소비량으로 개인의 제지방량(lean body mass)에 의해 차이가 나며, 식사성 발열효과(thermic effect of food, TEF)와 이전에 수행한 신체활동의 영향으로 기초대사량보다 높게 나타난다.

32 ③ 알코올은 알코올탈수소효소(ADH)에 의해 아세트알데히드를 생산하는데, 이 물질이 독성을 나타내어 두통 및 세포 손상 등을 일으킨다. 아세트알데히드는 다시 아세트알데히드탈수소효소(ALDH)에 의해 아세테이트로 대사된 후 다시 물과 이산화탄소로 분해되며, 일부는 지방산으로 전환된 후 중성지방의 형태로 간에 축적된다.

33 ② 지용성 비타민의 구성원소는 C, H, O이며, 수용성 비타민의 구성원소는 C, H, O, N, S, Co 등이다.

① 산화를 통해서 약간의 손실이 일어날 수 있으나 수용성 비타민에 비해 조리 시 손실이 적다.

③ 전구체가 존재한다.

④ 기름과 유기용매에 녹는다.

⑤ 필요량 이상을 섭취하면 나머지는 간 또는 지방 조직에 저장된다.

34 ⑤ β-카로틴은 장과 간에서 레티놀로 전환되며, 레티놀은 다시 비타민 A의 형태로 전환된다.

35 ⑤ 비타민 K는 혈액응고 인자로, 프로트롬빈 형성에 관여하여 출혈 시 혈액응고를 촉진한다. 장내 미생물에 의해 합성되며, 결핍 시 혈액응고 지연, 출혈성 빈혈 등이 발생한다.
① 시각기능 유지 – 비타민 A
② 상피조직 형성 – 비타민 A
③ 골격성장 촉진 – 비타민 D
④ 세포막 손상 방지 – 비타민 E

36 ③ 칼슘 흡수를 도와주는 비타민은 비타민 C와 비타민 D가 있는데, 그중 칼슘과 함께 철분의 흡수도 돕는 것은 비타민 C이다. 비타민 D는 칼슘과 인의 흡수를 돕는다.

37 ⑤ 리보플라빈(비타민 B_2)은 자외선에 의해 파괴되기 쉽다. 따라서 주요 급원식품인 우유 및 유제품 등은 불투명한 재질로 포장해야 한다.

38 ② 니아신은 생체 내에서 효소의 작용을 도와주는 조효소인 NAD, NADP의 합성에 이용된다. 이때 NAD, NADP는 효소가 기질 분자로부터 수소원자를 제거하는 동안 전자수용체(electron acceptors)로 작용하며, 이러한 산화환원 반응은 지방, 단백질, 탄수화물 분해를 통한 에너지 생산, DNA 복제, 세포 분화 등에서 필수적인 역할을 한다.

39 ② 콜린은 지방간 생성을 방지하는 데 도움을 주는 항지방간 인자로, 결핍 시 지방간 발생 위험이 증가한다. 항지방간 인자에는 콜린, 메티오닌, 비타민 E, 셀레늄 등이 있다.
① 콜린은 지단백질, 세포막, 담즙 등의 구성하는 레시틴의 구성물질이다.
③ 간에서 엽산과 비타민 B_{12}의 도움을 받아 메티오닌으로부터 합성된다.
④ 급원식품은 난황 및 우유이다.
⑤ 신경전달물질인 아세틸콜린의 합성에 사용된다.

40 ① 과량섭취로 인한 독성이 있다.
② 매우 적은 양으로 신체조절에 관여한다.
④ 호르몬 조절과 보조효소기능 등을 통해 생체기능을 조절한다.
⑤ 신체조직을 구성하고 에너지 대사에 관여한다.

41 ⑤ 비타민 C는 강력한 환원제로 제2철을 제1철로 환원하여 철분의 흡수를 증가시키므로 철분 섭취 시에 함께 섭취하는 것이 좋다. 비타민 C가 풍부한 식품에는 딸기, 오렌지, 케일, 브로콜리, 피망, 콜리플라워 등이 있으며, 차와 커피에는 타닌이 함유되어 있어 철분의 흡수를 방해한다.

42 **칼슘의 항상성**
- 혈중 칼슘농도는 10mg/dL 내외를 유지한다.
- 부갑상샘호르몬 : 혈중 칼슘농도가 저하되었을 때 분비, 신장에서 칼슘의 재흡수 촉진, 뼈의 분해 자극, 비타민 D를 활성형 1,25-$(OH)_2$-D로 전환 촉진
- 비타민 D : 혈중 칼슘농도가 저하되었을 때 분비, 소장에서 칼슘의 흡수 촉진, 신장에서 칼슘 재흡수 촉진
- 칼시토닌 : 혈중 칼슘농도가 상승되었을 때 분비, 뼈의 분해 저해

43 ⑤ 헤모글로빈 합성에 관여하는 무기질은 구리(Cu), 철(Fe), 코발트(Co)이다. 셀레늄(Se)은 항산화 작용, 아연(Zn)은 성장 지연, 크롬(Cr)은 인슐린 활성화에 관여한다.

44 ⑤ 테타니는 혈중 마그네슘이 감소하면 세포외액의 무기질 불균형에 의해 신경성 근육경련을 보이는 증상으로, 알코올 중독자에게서 잘 일어난다.

45 **요오드(I)**
- 갑상샘호르몬의 구성성분
- 갑상샘 기능 저하증 : 호흡곤란, 태아의 발육 저하, 정신박약, 성장장애, 크레틴병
- 갑상샘 기능 항진증 : 바세도우씨병
- 함유식품 : 해조류, 해산물

46 ① 영양소와 대사물질을 운반한다.
③ 열의 발생과 방출을 통해 체온을 조절한다.
④ 체액조직을 통해 여러 영양소를 각 세포조직에 운반한다.
⑤ 체내 신진대사에서 생성된 노폐물을 운반하여 폐, 피부, 신장을 통해 배설한다.

47 자간전증
자간전증은 임신 20주 이후에 혈압 상승, 단백뇨, 부종 등의 증상이 나타날 때 의심할 수 있다. 고혈압은 자간전증에서 가장 많이 나타나는 증상으로 갑자기 혹은 점차적으로 발생한다. 갑작스러운 체중증가는 조직 내에 수분 축적으로 인하여 발생한다.

48 임신 시 사용되는 에너지원
- 임신 초기 : 에너지원 확보를 위해 모체조직의 인슐린 민감성이 증가하여 글리코겐과 지방합성이 촉진되며, 모체조직의 증가에 따라 체중이 증가한다.
- 임신 후기 : 인슐린 저항성이 증가하여 글리코겐과 지방의 분해가 이루어지고, 모체 내 포도당은 태아가 우선 사용하고 모체는 지방산이나 케톤체를 에너지원으로 사용한다.
- 포도당은 태아의 주 에너지원으로 전체 에너지의 80%를 포도당에서 얻는다.

49 임신 중 모체의 혈액성분의 변화
임신 중에는 태아에게 공급할 혈액량이 증가하게 된다. 혈액의 혈장(액체 부분)이 적혈구(헤모글로빈 함유)의 수 증가보다 더 빠르게 증가하므로 혈액희석 현상이 발생하여 빈혈이 발생하며, 총단백질과 알부민의 농도는 감소한다. 또한, 혈중 여성호르몬 농도가 증가하면서 중성지방, 콜레스테롤 농도는 증가한다.

50 입덧 시의 식사관리
- 변비를 예방하고 소화되기 쉽고, 영양가 높은 식품으로 소량씩 자주 먹는다.
- 기호에 맞는 음식, 담백한 음식, 신 음식, 찬 음식 등을 공급한다.
- 공복 시 증상이 심해지므로 속이 비지 않도록 하고 적당한 운동이나 가벼운 산책을 한다.
- 식사 후 30분간 안정하고, 수분은 식사와 식사 사이에 섭취한다.
- 입덧 치료에는 비타민 B_1, 비타민 B_6 투여가 효과적이다.

51 ① 뇌하수체 전엽에서 분비되는 호르몬인 프로락틴과 뇌하수체 후엽에서 분비되는 옥시토신은 유즙의 생성과 방출을 촉진하여 유즙 분비를 도우며, 영아의 흡인력에 의해 호르몬 분비가 자극된다.

52 ⑤ 초유는 성숙유에 비해 단백질, 무기질이 많으며, 지질과 유당, 에너지 함량은 적다. 초유는 신생아의 신체 방어에 필요한 효소와 면역항체가 많고, 태변의 배설을 촉진한다.

53 ② 음식 알레르겐은 보통 단백질이 원인인데, 우유는 카세인 때문에 과민성 반응이 나타나며, 우유 알레르기가 있는 영아에게는 두유가 적당한 식품이다

54 ⑤ 건강한 영아는 철을 충분히 보유하고 태어나지만 4~6개월 정도 지나면 철이 고갈되므로, 철이 함유된 달걀노른자를 공급하는 것이 좋다.

55 ② 체중보다는 신장의 성장속도가 빠르다.
③ 성장은 지속되나 영아기에 비해 성장속도는 감소한다.
④ 두뇌는 유아기에 급격히 성장하여 2세에는 성인의 50%, 4세에는 75%, 6~8세에는 거의 성인과 비슷한 수준으로 발달한다.
⑤ 연령이 증가함에 따라 근육량이 증가하고 피하지방 및 수분이 차지하는 비율은 감소한다.

56 ② 여자 어린이보다 남자 어린이에게서 더 많이 발생한다.
③ 지속적인 주의력 부족, 산만하고 과다활동, 충동성이 나타난다.
④ 정확한 원인은 현재까지 알려진 바가 없으며, 약물치료가 효과적이다.
⑤ 사춘기가 되면 증세가 감소하지만 일부는 청소년기와 성인기가 되어서도 증상이 남게 된다.

57 신경성 폭식증

반복적으로 단시간 내에 많은 양의 음식을 먹고, 먹는 동안 섭취에 대한 통제를 하지 못한다. 아이스크림, 초콜릿, 케이크 등 고열량의 쉽게 소화되는 음식을 선호하며, 대다수 환자는 정상 체중 범위에 있지만 관심과 걱정이 지나치게 많으며, 자신의 행동이 비정상임을 자각하고 있다. 체중 증가를 막기 위해 섭취한 음식을 토하거나 설사약이나 이뇨제를 사용하고, 체형과 체중에 집착한다.

58 ① 성인기의 체중증가는 대체로 체지방의 축적에 기인한다.
② 체중에서 차지하는 체지방 비율이 남자보다 여자가 높다.
③ 대부분의 신체기능은 20대 중반까지 발달하여 최대가 된다.
⑤ 신체의 기능 감소 및 퇴화의 정도는 개인마다 다르다.

59 ③ 아연은 상처 회복을 돕고 성장이나 면역기능을 원활하게 하는 데 필요한 영양소로, 양질의 단백질식품에 함께 존재하나 아연의 흡수는 나이가 들어감에 따라 감소한다.

60 심한 근육노동이나 장기간 운동 시 체내 변화

- 혈당 저하
- 호흡계수(RQ) 저하
- 소변 중 티아민, 칼륨, 인 배설량 증가
- 적혈구의 수나 헤모글로빈의 양 감소
- 혈액의 비중 감소
- 혈중 노르에피네프린, 에피네프린 수준 증가

61 영양교육의 목표

- 영양에 대한 지식을 보급하여 영양수준 및 식생활의 향상을 꾀한다.
- 영양교육을 실시하여 질병을 예방하고 건강증진을 도모한다.
- 체력향상과 경제안정을 꾀하여 국민의 복지향상에 기여한다.

62 사회인지론의 구성요소

- 개인적 요인
  - 결과기대 : 행동 후 기대하는 결과
  - 자아효능감 : 목표한 과업을 달성하기 위해 필요한 행동을 계획하고 수행할 수 있는 자신의 능력에 대한 자신감
- 행동적 요인
  - 행동수행력 : 특정 목표를 달성하거나 수행하는 데 요구되는 지식과 기술
  - 자기조절 : 목표지향적인 행동에 대한 개인적 규제
- 환경적 요인
  - 관찰학습 : 타인의 행동과 그 결과를 관찰하면서 그 행동을 습득하는 것
  - 강화 : 행동이 계속될 가능성을 높이거나 낮추는 것
  - 환경 : 물리적인 외적 요인

63 마케팅 믹스 구성요소(7P)

- 제품(Product) : 제품의 생산공정과 검수, 질, 생산규모, 브랜드, 디자인, 포장
- 촉진(Promotion) : 광고, 대인 간의 직접 판매, 이벤트
- 유통(Place) : 적절한 시간에, 접근 가능한 위치에, 적절한 수량을 소비자에게 제공하는 것
- 가격(Price) : 할인 정책, 가격 변동, 저가 전략, 고가 전략, 유인 가격 전략
- 과정(Process) : 서비스의 수행 과정, 수행 흐름, 고객과의 접점관리가 중요
- 물리적 근거(Physical evidence) : 매장의 분위기, 공간 배치, 패키지, 유니폼, 인테리어
- 사람(People) : 종업원, 소비자, 경영진 등 소비와 관련된 모든 인적 요소

64 영양교육의 효과 판정

- 1차적(직접적) 효과 판정
  - 면접, 질문지 등에 의한 의견이나 태도 조사에 의해 판정하며 비교적 단시간에 측정이 가능
  - 섭취하는 식품 품목의 변화, 교육에 참가하는 횟수의 변화, 교육에 임하는 자세의 변화 등
- 2차적 효과 판정
  - 1차적 효과 판정 후 장기간에 걸쳐 식생활의 실천이 이루어졌는가 하는 판정
  - 신체 발육의 변화, 건강 상태의 변화 등

65 ④ 브레인스토밍 : 제기된 주제에 대해서 참가자 전원이 차례로 생각하고 있는 아이디어를 제시하고 그 가운데에서 최선책을 결정하는 방법이다. 제시된 의견에 대하여 충분히 토론한 다음 가장 좋은 아이디어를 선택한다.

① 연구집회 : 집단회합의 한 형태로, 생활체험과 직업 등을 같이 하는 사람들이 모여서 스스로의 문제나 지역사회의 발전계획 및 실천방향에 대해 연구하고, 권위 있는 강사의 의견을 듣고 토의하여 문제를 해결해 나가는 방법이다.

② 사례연구 : 특정 사례에 대한 실제적 경험을 토대로 장점과 단점을 토론하여 해결되어야 할 문제점을 스스로 해결할 수 있도록 사고를 자극하는 방법이다.

③ 시범교수법 : 시청각 교육에 있어 가장 효과적인 방법으로 참가자들이 직접 보고 들음으로써 실제로 경험하게 하는 영양교육법이다.

⑤ 6 · 6식 토의법 : 6명이 한 그룹이 되어 1명이 1분씩 6분간 토의하여 종합하는 방식으로 주로 2가지 의견에 대해 찬성과 반대에 대한 의견을 물을 때 많이 사용한다.

66 ⑤ 정기간행물 : 지역사회조직, 연구집단, 병원 및 보건소의 외래환자들을 대상으로 하며, 대상자들에게 적합한 내용으로 다양하게 편집할 수 있다.

① 벽보 : 직장이나 학교 구내식당, 역이나 고속버스터미널 등의 장소에 게시한다.

② 포스터 : 대중의 눈에 띌 수 있게 색채와 글씨 및 그림의 비율에 유의해야 한다.

③ 융판그림 : 미리 준비한 그림을 자유로이 벽면에 붙이거나 이동시키면서 토의나 해설에 맞춰서 이용하기 편리하다.

④ 슬라이드 : 강의내용에 따라 영사시간을 자유롭게 조절할 수 있다.

67 ① 국민건강영양조사는 국민건강증진법에 근거하여 실시한다.

② 신체계측, 근력검사, 혈액검사, 혈압 및 맥박, 구강검사 등은 검진조사 부문에 속한다.

③ 비만 및 체중조절, 정신건강, 안전의식, 흡연, 음주, 신체활동 등은 건강설문조사 부문에 속한다.

④ 조사항목은 건강설문조사, 검진조사, 영양조사 등 3개 부문으로 나눌 수 있다.

국민건강영양조사의 목적

- 국민의 건강수준, 건강관련 의식 및 행태, 식품 및 영양섭취 실태에 대한 국가 및 시 · 도 단위 통계 산출
- 만성질환 및 관련 위험요인의 시계열 추이 파악
- 국민건강증진종합계획 정책목표 수립 및 평가, 건강증진 프로그램 개발 등 보건정책 근거자료 제공

68 **개방형 질문과 폐쇄형 질문**

- 개방형 질문
  - 내담자의 관점, 의견, 사고, 감정 등을 이끌어낸다.
  - 내담자가 심리적인 부담 없이 자기의 문제점을 드러내도록 유도한다.
- 폐쇄형 질문
  - 질문한 사항에 대해 신속하고 정확한 답변을 얻을 수 있다.
  - 명백한 사실만을 요구하여 상담 진행이 정지되기 쉽다.

69 **식사구성안**

일반인이 복잡하게 영양가 계산을 하지 않고도 영양소 섭취기준을 충족할 수 있도록 식품군별 대표 식품과 섭취 횟수를 이용하여 식사의 기본 구성 개념을 설명한 것이다.

70 ① · ② · ③ · ④ 영양상태 조사 및 평가, 맞춤형 방문 건강관리사업, 대사증후군 관리를 위한 교육, 생애주기별 영양교육 및 상담 등은 보건소에서 주관하는 업무이다.

71 ② 보건복지부장관은 국민건강증진에 필요한 영양소 섭취기준을 제정하고 정기적으로 개정하여 학계 · 산업계 및 관련 기관 등에 체계적으로 보급하여야 한다(국민영양관리법 제14조 제1항).

72 ⑤ 사전조사를 실시한 후 대상을 선정하고, 대상을 선정한 후 실태를 파악한다.

① 단체급식을 통해 영양지식을 보급한다는 설명은 적절하지만, 전문적인 영양지식을 가르친다는 설명은 적절하지 않다.

② 지역사회 영양지도를 할 때 질병예방 및 치료를 위한 영양지도까지도 고려해야 한다.
③ 대상자의 생활환경과 경제적 여건을 고려하여 실시한다.
④ 집단 · 획일적 지도에서 대상에 따른 개별 · 세부적 지도로 진행한다.

73 **행동수정요법**
- 자기관찰 : 식사일기와 활동량 일지 작성하기 등
- 자기조절 : 식후에 장보기, 구매목록 작성해서 구매하기, 먹을 만큼만 조리하고 먹기, 천천히 식사하기 등
- 보상 : 구체적으로 보상하기(긍정), 벌주기 또는 야단치기(부정)

74 ③ 식품 등의 표시 · 광고에 관한 법률 시행규칙 별표 4
① 식품 등(기구 및 용기 · 포장은 제외)을 제조 · 가공 · 소분하거나 수입하는 자는 총리령으로 정하는 식품 등에 영양표시를 하여야 한다(식품 등의 표시 · 광고에 관한 법률 제5조 제1항).
② 영양성분 의무표시대상에 속하는 것은 열량, 나트륨, 탄수화물, 당류(다만, 캡슐 · 정제 · 환 · 분말 형태의 건강기능식품은 제외), 지방, 트랜스지방(Trans Fat), 포화지방(Saturated Fat), 콜레스테롤(Cholesterol), 단백질 등이다(식품 등의 표시 · 광고에 관한 법률 시행규칙 제6조 제2항).
④ "영양성분표시"라 함은 제품의 일정량에 함유된 영양성분의 함량을 표시하는 것을 말한다(식품 등의 표시기준).
⑤ "영양표시"란 식품, 식품첨가물, 건강기능식품, 축산물에 들어있는 영양성분의 양(量) 등 영양에 관한 정보를 표시하는 것을 말한다(식품 등의 표시 · 광고에 관한 법률 제2조 제8호).

75 **영양관리과정(NCP ; Nutrition Care Process)**
- 양질의 영양관리를 위한 표준화된 모델로서, 개인 또는 집단을 대상으로 양질의 영양관리를 시행하여, 임상경과의 예측이 가능하도록 설계되었다.
- 단계 : 영양판정 → 영양진단 → 영양중재 → 영양모니터링 및 평가

76 ③ 허리둘레가 성인 남성 90cm, 성인 여성 85cm 이상일 때 복부비만에 해당한다.
① 비만도 120% 이상일 때 비만에 해당한다.
② 체질량 지수(BMI)는 정상이면서 체지방률이 남성 25% 이상, 여성 30% 이상일 때 마른비만에 해당한다.
④ BMI 지수 25kg/m^2 이상일 때 비만에 해당한다.
⑤ 허리-엉덩이둘레비로는 내장지방의 분포를 평가하기 어렵기 때문에 전산화 단층촬영검사를 이용한다.

77 **생화학적 검사**
- 성분검사 : 혈액, 소변 또는 조직 내 영양소와 그의 대사물 농도 등을 측정
- 기능검사 : 효소활성, 면역기능 등을 분석

78 ① 아연 결핍 시 후각 손실, 식욕부진 등의 증상이 나타난다.
② 티아민 결핍 시 각기병, 신경염, 신경통 등의 증상이 나타난다.
③ 피리독신 결핍 시 습진, 피부염 등의 증상이 나타난다.
④ 비타민 A 결핍 시 야맹증, 안구건조증 등의 증상이 나타난다.

79 ① 과일군 : 열량 50kcal
③ 곡류군 : 열량 100kcal
④ 일반우유 : 열량 125kcal
⑤ 고지방 어육류군 : 열량 100kcal

80 ② 맑은 유동식은 수술 후의 환자에게 주로 수분 공급을 목적으로 제공하며, 소화작용에 전혀 부담을 주지 않는 것을 공급하는 것이 보통이다. 끓여 식힌 물, 보리차, 옥수수차, 맑은 사과주스, 연한 홍차 등을 제공한다.
① · ④ 전유동식(일반 유동식), ③ · ⑤ 연식에 해당한다.

81 정맥영양액의 구성

- 당질 : 덱스트로오스
- 단백질 : 아미노산(필수아미노산과 비필수아미노산 적절히 혼합)
- 지질 : 지방유화액, MCT
- 비타민, 무기질 : 소화흡수를 거치지 않으므로 권장량보다 적게 공급

82 위산과다성 위염

- 점막조직에 생긴 염증이 위점막을 자극하여 위산 분비 과다로 이어진 상태이다.
- 육즙, 산미가 강한 것, 자극이 강한 조미료, 커피, 술, 탄산음료 등을 제한한다.
- 전분, 저섬유 곡류, 흰살생선(가자미 등), 삶은 고기, 익힌 채소, 두부 등을 제공한다.

83 소화성 궤양 환자의 식사요법

- 자극성이 강한 식품은 위산 분비를 촉진하므로 피한다.
- 궤양 부위의 빠른 상처 치유를 위해 단백질, 철, 비타민 C 등을 충분히 섭취한다.
- 비계가 없는 살코기, 껍질을 제거한 닭고기가 좋기 때문에 영계백숙, 닭곰탕 등을 제공한다.
- 생선의 경우 살코기 색이 짙을수록 위벽을 자극하는 성분이 많으므로 고등어, 꽁치 등의 생선은 가급적 피하고, 생선튀김도 제한한다.

84 ② 연하통증을 호소할 경우에는 무자극 연식을 제공한다.
① 저지방 · 고단백 식사를 제공한다.
③ 식사 후 바로 눕는 행동은 피한다.
④ 위팽창을 억제하기 위해 한꺼번에 많이 먹지 않도록 한다.
⑤ 건조한 음식, 끈적끈적한 음식은 제한한다.

85 저잔사식

- 장의 움직임을 최소화하고, 변의 생성을 억제함으로써 장의 휴식을 돕는 것이다.
- 잡곡(보리, 현미, 콩) 대신 쌀밥, 생과일 대신 과일 통조림 섭취한다.
- 연한 육류, 달걀, 생선, 닭고기 등을 섭취한다.
- 고기류는 기름기를 제거하고 부드럽게 조리한다.
- 가스생성 식품(콩류, 옥수수, 양파, 양배추, 브로콜리, 탄산음료, 커피 등)은 피한다.
- 생야채, 해조류를 제한한다.

86 지방변증

- 증상 : 지방변 설사, 체중감소, 영양불량, 뼈 손실 증가 등
- 식사요법 : 저지방식(중쇄지방산 섭취), 고단백식, 고열량식, 비타민(D, K)과 무기질(철, 칼슘) 보충

87 글루텐 과민성 장질환

- 원인 : 밀 단백질인 글리아딘의 소화 · 흡수 장애로 장점막이 손상되어 모든 영양소의 흡수 불량이 일어난다.
- 증상 : 영양소 결핍증, 설사, 지방변 등의 증상이 나타난다.
- 식사요법
  - 글루텐이 포함된 밀, 호밀, 귀리, 메밀, 보리, 맥아 등의 섭취를 제한한다.
  - 쌀, 감자 녹말, 옥수수 가루 등 대체식품을 섭취한다.

88 크론병 환자의 식사요법

- 소화되기 쉬운 부드러운 음식을 먹는다.
- 장에 부담을 줄이기 위해 소량씩 자주 먹는다.
- 탈수를 예방하기 위해 수분을 충분히 섭취한다.
- 육류는 기름기나 질긴 부분을 제거하고, 살코기 부분을 섭취한다.
- 너무 맵거나 짠 음식은 장의 염증을 자극할 수 있으므로 제한한다.
- 카페인(커피, 홍차, 콜라, 코코아, 카페인 음료 등), 우유나 유제품, 섬유질이 많은 과일과 채소 등의 섭취를 제한한다.

89 간성혼수 환자의 식사요법

- 저단백식 식단을 제공한다.
- 분지아미노산(류신, 이소류신, 발린)이 많은 식품을 제공한다.
- 쌀밥, 식빵, 우동, 고구마, 감자, 두부, 호박, 당근, 시금치, 오이, 강낭콩, 토란 등이 좋다.

90 **급성 췌장염**

- 혈액 검사상 아밀라아제와 리파아제 수치가 3배 이상 상승하고, 상복부 통증을 보인다.
- 당질은 비교적 소화가 잘되므로 당질을 중심으로 제공하며, 지방산은 췌액효소의 분비를 촉진하여 췌장에 자극을 주므로 지방은 증세가 호전되어도 여전히 제한하며 환자의 적응도에 따라 소량씩 증량한다.

91 **비만의 원인**

- 단순 비만 : 과식, 식습관과 식사행동, 사회환경 요인(기계문명의 발달) 등
- 내분비성 : 부신피질호르몬 분비 증가, 갑상샘 기능 저하증, 인슐린 과잉 분비 등
- 정신적 요인 : 사회적 · 심리적 스트레스와 욕구불만 등으로 음식 섭취 증가 등
- 생리적 요인 : 연령 증가로 기초대사량 감소 등

92 **우리나라의 비만 기준**

성인 비만의 기준은 체질량지수 25kg/m^2 이상이다. 체질량지수 25.0~29.9kg/m^2를 1단계 비만, 30.0~34.9kg/m^2를 2단계 비만, 그리고 35.0kg/m^2 이상을 3단계 비만(고도 비만)으로 구분한다.

93 **대사증후군 판정 기준**

다음 항목에서 3개 이상 해당된 경우 대사증후군으로 정의할 수 있다.

- 허리둘레 : 남자 90cm 이상, 여자 85cm 이상
- 혈압 : 130/85mmHg 이상
- 공복혈당 : 100mg/dL 이상 또는 당뇨병 과거력, 약물복용
- 중성지방(TG) : 150mg/dL 이상
- HDL-콜레스테롤 : 남자 40mg/dL 이하, 여자 50mg/dL 이하

94 ④ 제2형 당뇨병은 인슐린 비의존형 당뇨병으로, 치료 시 인슐린이 반드시 필요한 것은 아니며, 식사요법과 운동으로 합병증을 예방할 수 있다.

① 부모가 당뇨 병력이 있으면 발병 가능성이 높은 것은 제2형 당뇨병이다.

② 제1형 당뇨병은 췌장 세포의 자가면역성 파괴로 인슐린의 분비량이 부족하여 발생하고, 제2형 당뇨병은 비만, 과식, 운동 부족 등이 원인이 되어 발생한 경우가 많다.

③ 제2형 당뇨병은 치료 시 인슐린 투여가 반드시 필요한 것은 아니며, 체중을 감소하면 정상으로 돌아오는 경우가 많다.

⑤ 제1형 당뇨병은 아동이나 30세 미만의 젊은 층에서 발병하고, 제2형 당뇨병은 40세 이후 중년기에서 주로 발생한다.

95 **내당능 장애**

경구당부하 검사 2시간 후 혈당이 140~199mg/dL 범위인 경우로, 정상과 당뇨병의 중간인 당뇨병 전 단계 상태라 할 수 있다.

96 **임신성 당뇨병**

- 원래 당뇨병이 없던 사람이 임신 중 인슐린 저항성이 생겨 발병하는 것으로, 당뇨병이 있는 여성이 임신한 경우는 임신성 당뇨병에 포함되지 않는다.
- 태아에게 포도당보다 지방을 에너지로 공급하여 선천적 기형, 거대아 등이 발생한다.
- 임신기간 중 조절을 잘하면 출산 후 정상으로 되돌아가지만, 당뇨병이 재발할 수 있다.
- 다음번 임신에서 임신당뇨병의 재발 가능성이 높은 편이다.

97 **당뇨병 환자의 단백질 대사**

- 간과 근육의 단백질 분해가 증가하고, 아미노산은 당신생에 의해 포도당으로 전환되어 혈당을 상승시킨다.
- 간의 알라닌이 분해되어 소변 중 질소 배설량이 증가한다.
- 혈중 분지아미노산의 농도가 증가한다.
- 체단백은 에너지원으로도 이용되므로, 체단백 감소로 병에 대한 저항력이 약해진다.

98 ① 칼륨이 높은 식품은 신장에 부담을 주게 되므로 섭취를 제한한다.
② 신장 질환자에게는 저염 식사를 권장한다.
③ 단백질 섭취 제한으로 인한 영양불량을 예방하기 위해 적절한 지방 섭취가 필요하다.
⑤ 식이섬유소는 식후 혈당 개선에 도움이 되므로 섭취를 권장한다.

99 ③ 케톤증을 예방하기 위해 탄수화물을 최소 100g을 섭취해야 하고 복합당질을 주는 것이 좋다.
①·⑤ 식이섬유소는 당의 흡수를 서서히 시키고 혈중 콜레스테롤치를 낮추며 만복감을 주므로 충분히 섭취한다. 잡곡은 백미보다 식이섬유소가 많다.
② 혈당지수(GI)가 낮은 식품을 이용한다.
④ 단순당인 설탕, 꿀, 사탕 등은 제한하고 대용품으로 인공감미료를 소량 이용한다.

100 DASH Diet 식사요법
- 포화지방산 및 콜레스테롤, 지방 등의 총량을 줄인다.
- 과일, 채소, 저지방 유제품 섭취를 늘린다.
- 전곡류를 통하여 식이섬유 섭취를 늘린다.
- 소금은 1일 6g 이하로 줄인다.
- 단 간식 및 설탕 함유 식품을 제한한다.

101 혈압을 낮추는 요인
- 심박출량의 감소
- 혈관 저항의 감소
- 혈관 직경의 증가
- 혈액 점성의 감소
- 혈관 수축력의 감소

102 고콜레스테롤혈증 환자의 식사요법
- 섬유소를 충분히 섭취한다.
- 콜레스테롤이 높은 음식을 제한한다.
- 포화지방 대신 불포화지방을 섭취한다.
- 총지방 섭취량을 줄인다. 육류 조리 시 눈에 보이는 지방은 제거하고, 조리법은 튀김이나 전류보다는 구이나 찜을 선택한다.

103 ④ 허혈성 심장질환(협심증, 심근경색) 환자의 경우 심장에 부담을 주지 않도록 하고, 부종을 감소시키는 식단을 제공한다. 저열량식, 저염식, 고단백식, 저지방식으로 조금씩 자주 먹는 것을 권장한다.

104 프랑크 · 스탈링 법칙
심장박출량은 박동이 시작하는 순간의 심근 길이에 의한다는 법칙으로, 심장이 1분에 동맥 내로 밀어내는 심장박출량은 '박동량 ×박동수'이다.

105 등푸른생선(고등어, 꽁치, 참치)은 오메가-3 지방산인 EPA가 풍부하여 혈액 속 콜레스테롤의 함량을 낮추고 혈전 형성을 억제하므로 동맥경화, 뇌출혈, 심장병 등을 억제한다.

106 ② 단백질을 많이 섭취하면 요소의 합성이 많아지고 이것이 신장에 부담을 주기 때문에 단백질 섭취를 제한한다.
① 나트륨 섭취를 제한한다.
③ 열량을 충분히 섭취해야 한다.
④ 단순당 위주의 열량을 충분히 섭취해야 한다.
⑤ 칼륨 섭취를 제한한다.

107 혈액투석 시 식사요법
- 충분한 열량과 양질의 단백질을 섭취한다.
- 수용성 비타민과 무기질을 보충한다.
- 나트륨, 수분, 칼륨, 인을 제한한다.

108 ① 염분을 과도하게 섭취하면 소변으로 더 많은 칼슘을 배설시켜 결석의 위험을 높이므로 염분을 제한해야 한다.
② 시스틴 결석의 경우 고단백식을 제한한다.
③ 수산칼슘 결석의 경우 수산 함량이 높은 식품을 제한해야 하는데, 비타민 C는 대사 작용을 거쳐 수산으로 전환되므로 비타민 C 섭취를 제한한다.
④·⑤ 요산 결석의 경우 퓨린 함량이 높은 식품(육류의 내장, 정어리, 청어, 멸치, 고등어 등)을 제한한다.

109 ③ 열량은 당질, 식물성 기름 등으로 충분히 섭취할 수 있도록 한다.

① 부종과 고혈압이 있는 경우 나트륨을 제한한다.

② 핍뇨 증상이 있는 경우 수분을 전일 소변량+500mL로 제한한다.

④ 신부전, 인공투석, 결뇨 시 칼륨 제거율이 손상되어 고칼륨혈증이 생기므로 칼륨이 높은 식품은 제한한다.

⑤ 단백질은 초기에는 제한하고 신장 기능이 회복됨에 따라 점차 늘려 제공한다.

110 알도스테론

- 나트륨 이온의 재흡수와 칼륨 이온의 방출을 증가시키는 호르몬이다.
- 혈액량을 증가시키고 혈압을 높인다.

111 암 환자의 대사 변화

- 기초대사량 증가
- 당신생 증가
- 인슐린 민감도 감소, 인슐린 저항성 증가
- 근육 단백질 합성 감소
- 지방 분해 증가
- 음의 질소평형

112 면역기능이 저하된 암 환자의 식사요법

- 항암치료나 방사선 치료 후 백혈구 수치가 감소한 경우에는 면역기능이 저하되기 때문에 감염에 대해 특별히 주의해야 한다.
- 익히지 않은 상태의 육류나 생선은 피하고, 완전히 익혀서 섭취한다.
- 굴, 조개 등의 해산물 섭취는 가급적 피하는 것이 좋다.
- 게장, 젓갈 등의 발효식품 섭취는 피하는 것이 좋다.
- 된장, 고추장, 청국장 등은 볶거나 끓여서 섭취한다.
- 물은 여름철인 경우 특히 끓여서 마신다.

113 Ig E(면역글로불린 E)

- 식품 알레르기가 있는 사람이 식품 알레르겐을 섭취할 경우 Ig E 항체가 매우 많은 양의 히스타민 및 기타 염증전달 물질을 빠르게 체조직으로 방출하여, 알레르기 반응을 유발하는 염증이 발생한다.
- 아토피 피부염 환자의 대부분은 음식물이나 공기 중의 항원에 대한 특이 Ig E 항체가 존재해서 항원에 노출되면 양성 반응을 보여 아토피 증상을 보인다.

114 ⑤ 회복을 위해서는 충분한 에너지를 섭취해야 한다.

① 회복을 위해 단백질을 충분히 섭취한다.

② 비타민을 충분히 섭취해야 한다.

③ 수분을 충분히 섭취해야 한다.

④ 지나치게 단 음식은 피하고, 사탕 및 설탕과 같은 단순당의 섭취에 주의한다.

115 폐결핵 환자의 식사요법

- 고단백 식사를 한다.
- 열량을 충분히 섭취한다.
- 비타민을 충분히 섭취한다.
- 칼슘, 철 등을 충분히 보충한다.

116 ① hematocrit : 적혈구 용적률

② hemoglobin : 혈색소

③ platelet count : 혈소판수

④ red blood cell count : 적혈구수

⑤ white blood cell counts : 백혈구수

117 ⑤ 철 결핍성 빈혈에 좋은 대표적인 식품은 붉은 살코기다. 육류에는 비타민 B_{12}가 풍부한데, 이는 적혈구 생산에 관여하는 엽산의 활동을 도와 빈혈을 예방한다. 특히, 소고기에는 비타민 B_{12}가 다량 함유돼 있으며 필수아미노산, 무기질, 비타민 등이 많아 적혈구 생성을 돕는다.

118 케톤식 식사요법

- 발작 억제의 효과가 있는 케톤체가 다량 생기도록 유도하는 식사요법으로, 뇌전증(간질) 환자에게 활용한다.
- 다량의 지방, 소량의 탄수화물, 소량의 단백질을 섭취하여 체내에 케톤체가 많이 형성되도록 한다.

119 ③ 혈중 요산 수치를 감소시키기 위해 퓨린 함량이 높은 식품을 섭취하는 것을 제한해야 한다.

① 소변으로의 요산 배설을 돕기 위해 수분을 충분히 섭취한다.

② 섬유질은 혈액 내 요산이 축적되는 것을 막기 때문에 충분히 섭취한다.

④ 등푸른생선은 퓨린 함량이 높은 식품이므로 섭취하는 것을 제한한다.

⑤ 과량의 지방 섭취는 요산 배출을 감소시키므로 주의한다.

120 페닐케톤뇨증

- 유전적 결핍으로 페닐알라닌을 티로신으로 전환하지 못해 생기는 질병이다.
- 성장 저하, 지능 장애, 담갈색 모발, 피부의 색소 결핍 등의 증상이 나타난다.
- 페닐알라닌을 제한하는 식사를 해야 한다.

영양사 실전동형 봉투모의고사 제3회 2교시 해설

01	02	03	04	05	06	07	08	09	10
⑤	④	④	④	①	⑤	⑤	④	①	④
11	**12**	**13**	**14**	**15**	**16**	**17**	**18**	**19**	**20**
③	④	②	⑤	②	①	⑤	⑤	③	④
21	**22**	**23**	**24**	**25**	**26**	**27**	**28**	**29**	**30**
⑤	②	④	①	①	④	⑤	⑤	③	④
31	**32**	**33**	**34**	**35**	**36**	**37**	**38**	**39**	**40**
④	②	④	④	②	①	①	③	③	③
41	**42**	**43**	**44**	**45**	**46**	**47**	**48**	**49**	**50**
②	④	①	②	⑤	⑤	③	⑤	③	④
51	**52**	**53**	**54**	**55**	**56**	**57**	**58**	**59**	**60**
①	④	⑤	②	④	③	①	③	①	③
61	**62**	**63**	**64**	**65**	**66**	**67**	**68**	**69**	**70**
④	⑤	①	②	②	③	②	②	④	⑤
71	**72**	**73**	**74**	**75**	**76**	**77**	**78**	**79**	**80**
④	③	③	⑤	②	①	⑤	④	②	②
81	**82**	**83**	**84**	**85**	**86**	**87**	**88**	**89**	**90**
①	①	③	③	②	⑤	②	③	⑤	⑤
91	**92**	**93**	**94**	**95**	**96**	**97**	**98**	**99**	**100**
⑤	②	④	⑤	⑤	②	②	④	⑤	③

01 ⑤ 식품 내부의 물 분자들이 안쪽으로 진동 · 회전하며 마찰열이 발생하는 원리를 이용한 것으로, 음식이 겉에서 안쪽으로 빠르게 익는다.
① 전자레인지는 극초단파의 짧은 파장으로 음식을 가열하며, 조리시간이 짧아 영양분의 유출이 적다.
② 도자기, 유리 재질은 전자파를 통과시키므로 전자레인지 사용에 적합하지만, 금속 재질은 전자파를 반사하기 때문에 전자레인지에 사용할 수 없다.
③ 조리시간이 짧아 갈변현상이 일어나지 않는다.
④ 중간 매체 없이 열이 직접 전달되는 복사 열전달 방식을 이용한 가열기구이다.

02 ④ 식품 내의 물은 자유수와 결합수의 형태로 존재하며, 자유수는 건조에 의해 쉽게 제거되지만, 결합수는 식품에서 제거하는 것이 불가능하다.
② 결합수는 자유수보다 밀도가 높다.
① · ③ · ⑤ 자유수에 대한 설명이다.

03 조미료의 침투속도는 분자량이 작을수록 빨리 침투한다. 조미료는 '설탕 → 소금 → 식초 → 간장 → 고추장 → 참기름'의 순서로 사용한다.

04 ④ 전분의 입자 크기가 클수록 호화가 촉진된다.
① 알칼리성 조건에서 호화가 촉진된다.
② 당류를 첨가하면 탈수 효과로 인해 호화가 지연된다.
③ 온도가 높을수록 호화가 촉진된다.
⑤ 수분함량이 높을수록 호화가 잘 일어난다.

05 다당류
- 단순다당류 : 전분, 덱스트린, 글리코겐, 셀룰로스, 이눌린, 키틴 등
- 복합다당류 : 한천, 헤미셀룰로스, 펙틴 등

06 ⑤ 글루코아밀라아제는 α-1,4 결합뿐 아니라 α-1,6 결합도 분해하여 glucose 단위로 분해된다.

07 ① 불포화지방산은 융점이 낮다.
② 불포화지방산은 이중결합을 갖고 있으며, 이중결합이 많을수록 산화되기 쉽고 불안정하다.
③ 포화지방산에 대한 설명이다.
④ 필수지방산에 대한 설명이다.

08 지질의 분류
- 단순지질 : 중성지방, 왁스
- 복합지질 : 인지질(레시틴, 스핑고미엘린), 당지질, 지단백질, 황지질
- 유도지질 : 지방산, 스테롤(콜레스테롤, 에르고스테롤), 고급1가 알코올, 스쿠알렌, 지용성 비타민, 지용성 색소

09 ① 산가(Acid value)란 유지 1g 중에 존재하는 유리지방산을 중화하는 데 필요한 KOH의 mg수로 식용유지의 산가는 1.0 이하이다. 유지의 품질이나 사용 정도를 나타내는 척도로 사용된다.

10 ① 단백질의 등전점에서 흡착력과 탁도, 기포, 침전 등은 최대, 점도와 삼투압, 용해도 등은 최소가 된다.
② 펩타이드 결합을 확인할 수 있는 정색 반응은 뷰렛(biuret) 반응이다.
③ 펩타이드 결합을 하고 있는 아미노산의 배열순서는 단백질의 1차 구조이다.
⑤ 탄수화물에 대한 설명이다. 단백질은 C(탄소), H(수소), O(산소), 질소(N)로 구성된 고분자 화합물이다.

11 ③ 아미노산만으로 구성된 단순단백질에는 알부민(albumin), 글로불린(globulin), 글루텔린(glutelin), 프롤라민(prolamin), 알부미노이드(albuminoid), 프로타민(protamine) 등이 있다.
①·④ 단순단백질 또는 복합단백질이 물리적 또는 화학적으로 변성된 유도단백질이다.
②·⑤ 아미노산 이외에 비단백성분인 당, 인, 지질, 핵산 등이 결합된 복합단백질이다.

12 ④ 등전점이란 양전하와 음전하의 합이 같아 전기적으로 중성이 될 때의 pH 값으로, 용해도 · 점도 · 삼투압 · 팽윤이 최소가 되고, 기포성과 흡착성은 최대가 된다.

13 ② 배나 사과의 껍질을 깎은 후 공기 중에 두면 폴리페놀류가 퀴논(quinone)으로 산화, 중합하여 흑갈색의 멜라닌(melanin)을 생성한다.

14 ① 가시광선, 자외선, 감마선이 갈변을 촉진한다.
② pH가 높아질수록 갈변이 잘 일어난다.
③ 온도가 높을수록 반응속도가 빨라진다.
④ 알돌 축합반응은 마이야르(maillard) 반응의 최종 단계에 해당하는 반응이다. 초기 단계에서는 아마도리 전위 반응이 일어난다.

15 ② 대수기는 세대기간이 가장 짧으며 세포수가 급격히 증가하는 구간이다.

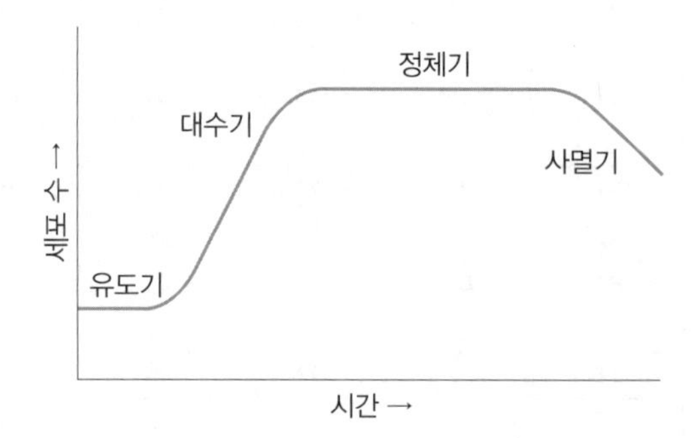

16 미생물 증식에 영향을 미치는 요인
- 물리적 요인 : 온도, pH, 삼투압, 광선과 방사선
- 화학적 요인 : 산소, 수분, 영양소

17 ① *Acetobacter aceti* : 식초 발효
② *Aspergillus oryzae* : 간장 발효
③ *Saccharomyces cerevisiae* : 맥주 상면 발효
④ *Leuconostoc mesenteroides* : 김치 초기 발효

18 ① 쌀의 주단백질은 오리제닌(oryzenine)이다.
② 밥물은 pH 7~8에서 가장 밥맛이 좋고, 산성에 가까울수록 밥맛이 나빠진다.
③ 쌀은 백미 > 7분도미 > 5분도미 > 3분도미 순으로 소화가 잘된다.
④ 비타민 B_1의 손실을 줄이기 위해 가볍게 3회 정도만 씻는다.

19 밀가루의 종류와 용도

종 류	강력분	중력분	박력분
글루텐 함량	13% 이상	10~13%	10% 이하
용 도	식빵, 마카로니 등	만두피, 국수면 등	쿠키, 케이크, 튀김옷 등

20 ① 쌀 – 오리제닌
② 밀 – 글리아딘, 글루테닌
③ 콩 – 글리시닌
⑤ 옥수수 – 제인

21 ① 마시멜로, 캐러멜, 브리틀 등은 비결정형 캔디에 해당한다.
② 단맛의 강도 : 과당 > 자당(설탕) > 포도당 > 엿당(맥아당) > 유당
③ 온도가 높아질수록 용해성이 증가한다.
④ 캐러멜화는 당에 의해서 일어나는 갈변반응이다.

22 ② 잘라핀(jalapin)은 생고구마 또는 그 줄기를 절단하면 그 절단면으로부터 나오는 백색 유상의 점액으로 jalapinolic acid와 glucose로 구성되어 있다. 고구마의 갈변의 원인이 된다.

23 ① 육색이 적자색에서 선홍색으로 변한다.
② 고기가 숙성되면 수용성 물질이 증가한다.
③ 숙성은 효소반응과 단백질의 변성에 의해 근육이 연해지고 풍미와 보수성이 좋아진다.
⑤ 동물의 종류와 온도에 따라 숙성 속도가 다르며, 4℃에서 닭고기 8~24시간, 돼지고기 1~2일, 소고기 7~14일 숙성하였을 때 조리하기 적당하다.

24 ① 고기를 결 반대로 썰거나, 칼집을 넣으면 근육과 결합조직 사이가 끊어져 연해진다.
② 단백질 분해효소를 과하게 넣으면 오히려 다즙성이 감소하여 푸석푸석해진다.
③ pH 5~6 범위에서 고기가 단단해지는데, 여기에 식초나 토마토케첩을 첨가하면 산성 또는 알칼리성으로 변하여 고기가 연해진다.
④ 소금, 설탕, 레몬즙, 간장, 술, 생강 등을 첨가하여 조미하면 고기가 연해진다.
⑤ 파파야, 파인애플, 키위, 배즙, 무화과 등의 과일에는 단백질 분해효소가 있어 육류 조리 시 연화작용을 하며, 피신(ficin)은 무화과의 연육효소이다.

25 ① 탕이나 국을 끓일 때는 고기를 냉수에 넣어 서서히 끓여야 수용성 물질을 충분히 용출할 수 있다.
② 숯불구이는 센 불에서 고기의 겉을 익힌 다음 불을 줄여야 육즙의 용출을 막을 수 있다.
③ 편육은 끓는 물에 고깃덩어리를 넣어야 외부의 단백질 변성으로 인한 근육 내의 수용성 추출물의 손실을 방지할 수 있다.
④ 결합조직이 많은 사태육, 양지육, 장정육 등은 습열 조리를 하여야 한다.
⑤ 돼지고기는 소고기의 색보다 변화가 적게 일어난다.

26 ④ 트리메틸아민(trimethylamine)은 생선의 맛 성분인 트리메틸아민 산화물이 환원되어 형성된 것으로, 신선도가 약간 저하된 어류에서 발생한다.
① 생강, ② 버터, ③ 담수어, ⑤ 마늘의 냄새 성분에 해당한다.

27 ① 안구가 투명하고 돌출되어 있는 것이 신선하다.
② 비린내가 강한 것은 신선하지 않은 생선이다.
③ 아가미는 선홍색이 선명하고 단단한 것일수록 신선하다.
④ 비늘은 윤택이 나고 단단히 붙어 있어야 한다.

28 ⑤ 삶은 달걀을 찬물에 즉시 담그면 생성된 황화수소가 발산되어 황화철 형성을 감소시킬 수 있다.
①·④ 알칼리성에서 녹변현상이 잘 일어나므로, 신선한 달걀보다 오래된 달걀일수록 녹변현상이 잘 일어난다.
②·③ 가열 온도가 높을수록, 가열 시간이 길수록 녹변현상이 잘 일어난다.

29 난황계수

- 난황계수 = $\frac{\text{난황 최고부 높이}}{\text{난황 최대직경}} = \frac{10}{30} = 0.333$
- 신선한 달걀의 난황계수는 0.361~0.442 범위이며, 0.3 이하는 신선하지 않은 것으로 본다.

30 ④ 균질화란 우유 표면에 지방층이 형성되는 것을 방지하는 것으로서 지방구를 미세하게 파쇄시켜 안정성과 질을 높여 맛과 소화를 향상시키는 처리공정이다.

31 ① 버터에 대한 설명이다. 요구르트는 우유 또는 탈지유를 젖산균이나 효모로 발효시켜 만든 것이다.
② 우유를 60℃ 이상으로 가열하면 유청단백질(락트알부민, 락토글로불린)이 열에 의해 변성되어 표면에 얇은 피막을 형성한다.
③ 마이야르(maillard)는 당과 단백질 사이에서 일어나는 비효소적 반응으로 우유에 당을 넣어 가열할 때 갈변을 일으키는 주된 원인이다.
⑤ 응고되지 않은 깨끗한 토마토수프를 만들려면 토마토를 가열하여 산을 휘발시킨 후 따뜻한 우유를 넣는다.

32 ② 대두는 인지질 함량이 높고 비타민 C 함량이 낮으나, 발아시킨 콩나물에는 비타민 C가 다량 함유되어 있다.
① 콩의 주 단백질은 글리시닌이다.
③ 두부는 $MgCl_2$, $CaCl_2$ 등의 무기염류를 첨가하여 단백질을 응고시킨 것이다.
④ 두류를 이용한 식품의 소화율은 두부(95%) > 된장(80%) > 콩장(65%) > 비지(60%) 순이다.
⑤ 콩에는 기포성과 용혈작용을 하는 사포닌이라는 독성 성분이 있으나, 독성이 약해 가열하면 쉽게 파괴된다.

33 ④ 기름을 발연점 이상으로 계속 가열하면 글리세롤이 분해되어 검푸른 연기의 발암물질인 아크롤레인(acrolein)을 생성하면서 자극적인 냄새가 난다.

34 ① 온도가 낮으면 화학반응 속도가 저하되어 유지의 산패를 방지할 수 있다.
② 지방산의 불포화도가 심할수록 산패가 활발하게 일어난다.
③ 구리, 철, 니켈 등의 중금속은 산패를 촉진한다.
⑤ 식물성 유지는 동물성 유지보다 산패가 덜 일어나는데, 특히 참기름에는 천연항산화물인 세사몰과 토코페롤이 들어 있어 쉽게 변질되지 않는다.

35 ① 참기름 – 세사몰
③ 대두유 · 옥수수유 – 레시틴
④ 녹차 – 카테킨
⑤ 로즈메리 추출물 – 로즈메놀

36 ① 녹색 채소를 데칠 때 뚜껑을 덮고 가열하면 클로로필의 Mg^{2+}이 산의 H^+과 치환되어 녹황색의 페오피틴(pheophytin)으로 변환된다.

37 안토시안(anthocyan) 색소와 pH와의 관계

- 산성 : 적색
- 중성 : 보라색
- 알칼리성 : 청색

38 ① 감자, 연근의 흰색 · 노란색 색소인 플라보노이드는 산에는 안정하나 알칼리에 불안정하다.
② 당근은 무와 함께 갈면 아스코르비나아제(ascorbinase) 효소에 의해 비타민 C가 파괴된다.
④ 사과와 배는 구리나 철로 된 칼을 피해야 한다.
⑤ 푸른 채소는 뚜껑을 열고 끓는 물에 단시간 데치면 녹색을 오래 유지할 수 있다.

39 ① 토란은 서류에 해당한다.
② 밀은 곡류에 해당한다.
④ 조개는 어패류에 해당한다.
⑤ 토마토는 과채류에 해당한다.

40 ③ 해조류에 아이오딘(요오드)이 많이 함유되어 있다.

41 ① 운송시설에 투자가 필요하다.
③ 음식을 배달할 때 식중독과 같은 음식의 안전성 문제가 발생한다.
④ 최소의 공간에서 급식이 가능하고 음식의 질과 맛을 통일시킬 수 있다.
⑤ 전통식 급식체계에 대한 설명이다.

42 **영양사를 두지 않아도 되는 경우(식품위생법 제52조 제1항)**
집단급식소 운영자는 영양사를 두어야 한다. 다만, 다음 어느 하나에 해당하는 경우에는 영양사를 두지 아니하여도 된다.
- 집단급식소 운영자 자신이 영양사로서 직접 영양 지도를 하는 경우
- 1회 급식인원 100명 미만의 산업체인 경우
- 조리사가 영양사의 면허를 받은 경우

43 ② 직계 · 참모식 조직에 대한 설명이다. 직계 · 참모식 조직은 전문화의 원리와 명령일원화의 원리를 함께 이용한 조직 형태이다.
③ 프로젝트 조직은 목표가 달성되면 해산한다.
④ 사업부제 조직에 대한 설명이다. 사업부제 조직은 조직을 제품별, 지역별, 거래처별로 부문화한 조직이다.
⑤ 위원회 조직에 대한 설명이다. 위원회 조직은 경영정책이나 특정한 과제를 합리적으로 해결하기 위해 만든 조직으로, 다양한 부문에서 여러 사람들을 선출하여 부서 간의 이견을 조정할 수 있는 조직이다.

프로젝트 조직
- 기업의 경영활동을 과제(project)별로 조직하는 형태로, 동태적 조직이라고도 한다.
- 최대도달목표, 최대투자목표, 최대허용기간을 조건으로 기초연구, 응용연구 등 한정된 목표를 달성하기 위하여 수평적으로 조직되어 있다.
- 목표가 달성되면 해산한다.

44 ② 벤치마킹 : 조직의 업적 향상을 위해 최고수준에 있는 다른 조직의 제품, 서비스, 업무방식 등을 서로 비교하여 새로운 아이디어를 얻고 경쟁력을 확보해 나가는 체계적이고 지속적인 개선 활동 과정을 가리키는 경영혁신 기법이다.
① 아웃소싱 : 시장경쟁이 심해지고 기업의 특화의 정도가 고도화됨에 따라 핵심 능력이 없는 부품이나 부가가치활동은 자체 내에서 조달하는 것보다 외부의 전문업체에 주문하여, 더 좋은 품질의 부품이나 서비스를 더 값싸게 생산 또는 제공받는 기법이다.
③ 스왓분석 : Strengths(강점), Weaknesses(약점), Opportunities(기회), Threats(위협)의 약자로, 조직이 처해 있는 환경을 분석하기 위한 기법으로 장점과 기회를 규명하고 강조하며, 약점과 위협이 되는 요소는 축소함으로써 유리한 전략계획을 수립하기 위한 기법이다.
④ 다운사이징 : 조직의 효율성을 향상시키기 위해 의도적으로 조직 내의 인력, 계층, 작업, 직무, 부서 등의 규모를 축소시키는 기법이다.
⑤ 종합적품질경영 : 경영자가 소비자 지향적 품질방침을 세워 최고 경영진은 물론 전 종업원이 전사적으로 참여하여 품질향상을 꾀하는 활동으로, 제품이나 서비스의 품질뿐만 아니라 경영과 업무, 직장환경, 조직 구성원의 자질까지도 품질개념에 넣어 관리해야 한다는 개념이다.

45 **학교급식의 영양관리기준(학교급식법 시행규칙 별표 3)**
- 학교급식의 영양관리기준은 한 끼의 기준량을 제시한 것으로 학생 집단의 성장 및 건강상태, 활동정도, 지역적 상황 등을 고려하여 탄력적으로 적용할 수 있다.
- 영양관리기준은 계절별로 연속 5일씩 1인당 평균영양공급량을 평가하되, 준수범위는 다음과 같다.
  - 에너지는 학교급식의 영양관리기준 에너지의 ±10%로 하되, 탄수화물 : 단백질 : 지방의 에너지 비율이 각각 55~65% : 7~20% : 15~30%가 되도록 한다.
  - 단백질은 학교급식 영양관리기준의 단백질량 이상으로 공급하되, 총공급에너지 중 단백질 에너지가 차지하는 비율이 20%를 넘지 않도록 한다.
  - 비타민 A, 티아민, 리보플라빈, 비타민 C, 칼슘, 철은 학교급식 영양관리기준의 권장섭취량 이상으로 공급하는 것을 원칙으로 하되, 최소한 평균필요량 이상이어야 한다.

46 순환식단(cycle menu, 회전식단, 주기식단)

장 점	• 이용 가능한 여러 설비를 잘 이용할 수 있다. • 물품의 구입절차 간소화로 경제적 구입이 가능하다. • 메뉴개발과 발주서 작성 등에 소요되는 시간을 절약할 수 있다. • 식자재를 효율적으로 관리할 수 있으므로 재고 정리가 용이하다. • 단기로 순환하는 메뉴를 사용함으로써 식재료 관리가 효율적이다. • 조리과정의 능률화 및 표준화와 작업 부담의 고른 분배를 이룰 수 있다.
단 점	• 식단의 변화가 한정되어 섭취할 수 있는 식품의 종류가 제한적이다. • 계절 식품이 적당한 시기에 식단에 포함되지 않아서 식비가 비쌀 수 있다. • 식단 주기가 너무 짧으면, 단조롭다고 느껴 고객의 불만이 증가할 수 있고 잔식량이 늘어나며 식비가 상승할 수 있다.

47 표준레시피

- 급식의 질을 일관되게 계속 유지하기 위해서 그 급식소 나름대로 이행하는 음식별 재료의 분량, 조리 방법을 표준화한 것이며, 생산량을 통제하는 도구로도 활용한다.
- 급식소에서 영양사가 식재료명, 재료의 분량, 조리법, 총생산량, 1인 분량 및 배식방법 등을 표기한다.
- 음식명, 분류코드, 기기, 조리공정, 소요시간, 폐기량, 끓어 없어지는 양, 조미료의 분량비율, 급식 시 냉 · 온도의 정도, 급식량의 적정한 분배, 조리용도 및 필요에 따라 영양가, 단가를 산출하여 기록한다.
- 적정 구매량, 배식량을 결정하는 기준이 될 뿐만 아니라 조리작업을 효율화(생산성 향상)하고 음식의 품질을 유지하는 데 매우 중요하다.

48 ① 식재료 세척 순서 : 채소류 → 육류 → 어류 → 가금류
② 영양사의 임무 순서 : 식단 작성 → 식품 구입 → 조리 감독 → 배식
③ 일반경쟁입찰 절차 : 입찰 공고 → 응찰 → 개찰 → 낙찰 → 계약 체결
④ 구매절차에 필요한 장표의 순서 : 구매명세서 → 구매청구서 → 발주서 → 납품서

49 ① 쌀밥 210g, ② 수박 150g, ④ 우유 200g, ⑤ 요구르트(호상) 100g이 식사구성안에서 식품의 1인 1회 분량이다.

50 ④ 검수란 납품된 물품의 품질, 선도, 위생 상태, 수량, 규격이 발주서와 동일한가를 현품과 대조 · 점검하여 수령 여부를 판단하는 과정이다. 단체급식소에서 식품을 검수할 때 우선적으로 확인해야 할 사항은 식품의 품질과 수량이다.
①·⑤ 납품업체 및 물품에 대한 정보를 관리하는 장표로서 물품명, 단가, 수량, 총액, 배송에 관한 내용을 정확하게 기록하는 것은 검수일지이며, 검수일지는 검수원이 기록한다.
② 검수 장소는 사무실과 인접한 곳이 적합하다.
③ 물품의 정확한 상태 판정을 위해 540룩스 이상의 조도가 필요하다.

51 ABC 관리 기법

재고 품목을 물품의 가치도에 따라 A, B, C 등급으로 분류하여 차별적으로 관리하는 재고관리기법이다.

A형 품목	전체 재고량의 10~20% 차지, 전체 재고가의 70~80% → 육류, 주류 주문량을 정확히 산출하고 재고량은 최소수준으로 유지
B형 품목	전체 재고량의 20~40% 차지, 전체 재고가의 15~20% → 과일, 채소
C형 품목	전체 재고량의 40~60% 차지, 전체 재고가의 5~10% → 밀가루, 설탕, 조미료, 세제

52 ④ 실제구매가법 : 마감재고 조사 시 남아 있는 물품들을 실제로 그 물품을 구입했던 단가로 계산하는 재고자산평가 방법이다.
① 총평균법 : 특정 기간에 구입한 물품 총액을 전체 구입 수량으로 나누어 평균 단가를 계산한 후 이 단가를 이용하여 남아 있는 재고량의 가치를 산출하는 재고자산평가 방법으로, 물품이 대량으로 입 · 출고될 때 사용한다.
② 선입선출법 : 가장 먼저 들어온 품목이 나중에 입고된 품목들보다 먼저 사용된다는 재고 회전 원리에 기초한 재고자산평가 방법으로, 마감재고액은 가장 최근에 구입한 식품의 단가가 반영되며, 시간의 변동에

따라 물가가 인상되는 상황에서 재고가를 높게 책정하고 싶을 때 사용할 수 있다.

③ 후입선출법 : 선입선출법과 반대 개념으로 최근에 구입한 식품부터 사용한 것으로 기록하며, 가장 오래된 물품이 재고로 남아 있게 되는 재고자산평가 방법으로, 선입선출법이 재고 회전에 사용되는 반면, 후입선출법은 인플레이션이나 물가 상승 시 소득세를 줄이기 위해 재무제표상의 이익을 최소화하고자 할 때 사용한다.

⑤ 최종구매가법 : 가장 최근 단가를 이용하여 산출하는 재고자산평가 방법으로, 간단하고 신속하게 계산할 수 있기 때문에 급식소에서 널리 사용한다.

53 **온도와 시간**

- 대량조리에서 필수적인 품질관리 요소는 온도와 시간 관리이다.
- 온도와 시간 관리는 음식의 수분 손실과 건조로 인해 중량이 변화하여 품질이 저하되는 것을 막기 위한 품질관리 요소이다.
- 대량조리를 위한 표준레시피에는 정확한 조리온도와 시간이 기재되어 있어야 한다.
- 조리할 때는 온도 조절이 가능한 기기와 시간을 측정할 수 있는 타이머 등을 활용해야 한다.

배식량

- 대량조리에서 메뉴의 생산량과 원가를 통제하는 필수적인 요소이다.
- 음식을 균일한 분량으로 제공하는 것은 비용뿐만 아니라 고객만족에도 큰 영향을 준다.
- 배식 담당자는 배식량을 정확하게 인식하고 1인 분량 배분에 필요한 배식도구들의 용량을 파악하여 동일한 분량을 제공해야 한다.

54 **작업[노동]시간당 식당량**

일정기간 제공한 총 식당량/일정기간의 총 노동시간
= (1,500 + 900)/400 = 2,400/400 = 6식당량/시간

55 **공식조직과 비공식조직**

구분	내용
공식 조직	• 공통 목적 달성을 위한 수단으로 인위적으로 형성된 이성적 · 합리적 조직 • 비용의 논리와 능률의 논리를 기본으로 하는 조직도상 제도화된 조직 • 특 징 – 조직의 목적 및 방침의 결정을 용이하게 함 – 직무와 권한 관계를 명확히 규명 – 조정은 미리부터 정해진 방법에 따라 실시 – 권한은 위양에 의해 생김
비공식 조직	• 어떤 조직의 내부에 잠재하면서 심리적 · 감정적인 면의 공통성에 의해 자연 발생적으로 형성되는 조직 • 감정의 논리를 바탕으로 하면서도 공식 조직에 영향을 주는 조직 • 특 징 – 일종의 사회규제 기관으로서의 기능 수행 – 공식조직과 의사소통 시스템이 있음 – 각 구성원 간 관계는 공통적 감정이나 개인적 관계로 유지

56 ③ 작업분석 : 생산량의 증가 및 원가 절감을 위하여 작업자가 행하는 작업의 내용을 분석하여 작업의 생산적, 비생산적 요소를 가려내는 것이다.

① 원가분석 : 원가수치를 분석함으로써 경영활동의 실태를 파악하고 이에 대하여 일정한 해석을 하는 것이다.

② 공정분석 : 작업관리 방법을 작업, 운반, 저장, 정체, 검사의 분석단위로 분류하여 기존 생산과정의 문제점을 파악하고 개선하는 것이다.

④ 작업관리 : 생산활동의 여러 과정 중에서 작업 요소를 조사 · 연구하여 합리적인 작업방법을 설정하고, 작업표준에 의해 작업활동을 계획 · 조직 · 통제하는 관리활동이다.

⑤ 동작연구 : 작업자의 동작을 최소한의 동작 단위로 분석하여, 효과적인 작업 동작의 순서 방법을 찾으려는 것이다.

57 분산조리

음식의 품질 유지와 고객의 만족을 위해 한 번에 대량으로 조리하지 않고, 배식시간에 맞추어 수요에 맞게 시간대별로 일정량씩 조리한다.

58 보존식

- 식중독 사고에 대비하여 그 원인을 규명할 수 있도록 검사용으로 음식을 남겨두는 것이다.
- 조리 · 제공한 식품(법에 따른 병원의 경우 일반식만 해당)을 보관할 때에는 매회 1인분 분량을 −18℃ 이하로 144시간 이상 보관하여야 한다(집단급식소 급식안전관리 기준 별표 1).

59 재고회전율

- 재고관리를 평가하는 방법이다.
- 재고관리는 물품의 흐름이 시스템 내 어떤 지점에서 지체된 상태를 시간적 관점에서 파악하는 관리개념이다.

60 ③ 쌀은 불순물이 섞이지 않고 알맹이가 고르며, 광택이 있고 투명하며 앞니로 씹었을 때 경도가 높은 것이 좋다.

① · ② 이화학적 방법, ⑤ 관능 검사법에 대한 설명이다.

④ 소고기는 밝은 빨간색, 돼지고기는 비계가 하얗고 탄력이 있으며 살코기는 엷은 분홍색인 것이 좋다.

61 ④ 우엉 : 길게 쭉 뻗은 모양이 좋으며, 살집이 좋고 외피가 부드러운 것. 모양이 굽었거나 건조된 것은 좋지 않음

① 파 : 부드러우며 굵기는 고르고 건조되지 않은 것으로서 뿌리에 가까운 부분의 흰색이 길고 잎이 싱싱한 것

② 배추 : 연백색으로 감미가 풍부하고 잎이 두껍지 않으며 굵은 섬유질이 없는 것

③ 당근 : 둥글고 살찐 것으로 마디가 없고, 잘랐을 때 단단한 심이 없으며 전체가 같은 색을 띠는 것

⑤ 오이 : 색이 좋고, 굵기는 고르며, 만졌을 때 가시가 있고 끝에 꽃 마른 것이 달렸으며, 무거운 느낌이 드는 것

62 영구 재고조사

구매하여 입고 및 출고되는 물품의 양을 같은 서식에 계속적으로 기록하는 것으로 적정 재고량을 유지하기 위해서 실시한다.

63 소독제의 구비 조건

- 높은 살균력(높은 석탄산 계수를 가질 것)
- 안정성이 있을 것
- 용해도가 높을 것
- 침투력이 강할 것
- 인체에 대한 독성이 약할 것
- 부식성 및 표백성이 없을 것
- 방취력이 있을 것
- 가격이 저렴하고 구입이 용이할 것
- 사용 방법이 간단할 것

64 ① 승홍 : 0.1% 수용액의 농도로서 손 소독에 사용하며, 금속을 부식시키고, 점막에 대하여 자극성이 강하다.

③ 크레졸 : 소독에 사용되는 농도는 3% 수용액으로 기구, 천, 분변, 객담의 소독에 사용하며, 독성은 약하고 살균력은 페놀보다 강하다.

④ 생석회 : 변소나 하수 등에 사용한다.

⑤ 과산화수소 : 2.5~3.5%의 수용액 농도로 자극이 적고, 인두염, 구내염, 입안 세척 등의 소독에 이용되고 화농성 창상 감염에도 사용한다.

65 급수관리

- 조리용 온수의 적온 : 45~50℃
- 온수 공급방법 : 중앙공급식이 제일 좋다.

배수관리

- 조리장 중앙부와 물을 많이 사용하는 지역에 바닥 배수트렌치를 설치하여 배수효과를 높인다.
- 악취를 방지하기 위해 배수관에 트랩을 설치한다.
- 배수관 종류 : 곡선형(S.P.U) 트랩, 수조형(관 트랩, 드럼 트랩, 그리스 트랩, 실형 트랩)

66 ① 검수구역 : 외부로부터 물품의 운송이 편리한 장소여야 하며, 급식시설의 작업구역 중 조도가 가장 높고 저장구역과 전처리구역에 인접한 곳이어야 한다.
② 저장구역 : 검수구역과 조리구역 사이에 배치한다.
④ 배선구역 : 조리실에서 만들어진 음식을 그릇에 담아 식당으로 운반하는 장소로, 조리구역과 식당 사이에 배치한다.
⑤ 전처리구역 : 1차 처리가 안 된 식재료가 반입되어 불필요한 부분을 제거하고 다듬고 씻는 작업하여야 하므로 저장구역과 조리구역에서 접근이 쉬워야 한다.

67 ② 식품과 직접 접촉하는 부분은 위생적인 내수성 및 내부식성 재질로서 씻기 쉽고, 소독 · 살균이 가능한 것이어야 한다.
① 조리장의 조명은 220룩스(lx) 이상이 되도록 한다. 다만, 검수구역은 540룩스(lx) 이상이 되도록 한다.
③ 식품보관실과 소모품보관실을 별도로 설치하여야 한다. 다만, 부득이하게 별도로 설치하지 못할 경우에는 공간구획 등으로 구분하여야 한다.
④ 냉장고(냉장실)와 냉동고는 식재료의 보관, 냉동 식재료의 해동, 가열 조리된 식품의 냉각 등에 충분한 용량과 온도(냉장고 5℃ 이하, 냉동고 -18℃ 이하)를 유지하여야 한다.
⑤ 조리장은 음식물을 먹는 객석에서 그 내부를 볼 수 있는 구조로 되어 있어야 한다. 다만, 병원 · 학교의 경우에는 그러하지 아니하다.
※ 학교급식법 시행규칙 [별표 1] 및 식품위생법 시행규칙 [별표 25] 참조

68 원가의 3요소
- 재료비 : 제품 제조를 위하여 소요되는 물품의 원가
  예 급식 재료비
- 노무비 : 제품 제조를 위하여 소비되는 노동의 가치
  예 임금, 급료, 잡급, 상여금
- 경비 : 제품 제조를 위하여 소비되는 재료비, 노무비 이외의 가치
  예 수도비, 광열비, 전력비, 보험료, 감가상각비, 전화사용료, 여비, 교통비, 외주가공비

69 대차대조표
- 자본 : 자산 총액에서 부채 총액을 뺀 금액 → 자본금과 자본잉여금, 당기순이익 등
- 자산 : 기업이 소유 또는 지배하는 재화나 채권, 자본 + 부채 → 유동자산, 투자자산, 고정자산, 이연자산
- 부채 : 기업이 타인에게 상환하여야 할 채무나 의무 → 고정부채, 유동부채

70 손익보고서
일정기간의 기업의 경영성과를 나타내기 위하여 결산시 작성하는 재무제표이다.

71 중심화 경향
대부분의 평가대상자를 '보통'이나 '중'으로 평가하여 평가결과의 분포가 중심에 집중된다.

72 직무평가 방법

질적 평가방법	서열법	• 각 직무를 전체적 관점에서 상호 비교하여 그 순위를 결정 • 평가방법 중 가장 간단한 방법
	분류법	일정한 기준에 따라 사전에 설정해 놓은 여러 등급에 각 직무를 판정하여 이에 맞추게 한 평가방법
양적 평가방법	점수법	직무를 구성요소별로 그 중요도에 따라 점수를 준 후에 이 점수를 총계하여 직무의 가치를 평가하는 방법
	요소 비교법	가장 핵심이 되는 몇 개의 직무를 기준으로 선정하고, 각 평가요소를 이 기준 직무의 평가요소와 비교함으로써 모든 직무의 상대적 가치를 결정하는 방법

73 서비스의 특성
- 무형성 : 보거나 만질 수 없다.
- 비일관성 : 품질이 일정하지 않다.
- 동시성 : 생산과 소비가 분리되지 않는다.
- 소멸성 : 남은 용량의 서비스는 저장되지 않는다.

74 **노동조합의 형태**

- 산업별 노동조합 : 일정 산업에 종사하는 근로자들로 조직되는 노동조합
- 직업별 노동조합 : 동일 직업이나 동일 직종에 종사하는 숙련공들이 자기들의 지위를 확보하기 위하여 결성하는 형태의 노동조합
- 기업별 노동조합 : 동일 기업에 종사하는 근로자들로 구성되는 직장별 노동조합
- 일반 노동조합 : 산업이나 직업 또는 기업에 관계없이 동일 지역에 있는 기업을 중심으로 조직되는 노동조합

75 ② 사례연구 : 과거에 실제로 있었던 일이거나 있을 수 있는 상황을 제시한 후 해결책을 찾도록 하여 문제해결 능력을 기를 수 있게 하는 교육훈련의 방법이다. 주로 관리자나 감독자의 의사결정이나 인간관계에 관한 훈련에 활용되고 있다.

① 강의법 : 다수를 대상으로 교육하므로 비용면에서 가장 경제적인 교육훈련 방법이다.

③ 집단토의 : 10~20명으로 구성되어 각자의 의견을 종합하는 교육훈련 방법이다.

④ 역할 연기법 : 어떤 사례를 연기를 통해 본인의 입장뿐만 아니라 고객의 관점에서 생각하여 문제점을 파악하고 해결 능력을 촉진시키는 교육훈련 방법이다.

⑤ 프로그램 학습 : 특별한 형태로 짜여진 교재에 의해서 학습자료를 제시하고, 학생에게 개별학습을 시켜서 특정한 학습목표까지 무리 없이 확실하게 도달시키는 교육훈련 방법이다.

76 **직무기술서와 직무명세서**

구분	내용
직무 기술서	• 직무분석 결과로 얻은 각종 정보, 즉 주요책무, 작업환경 조건, 업무수행에 사용하는 자원 혹은 기구 등에 관하여 조직적 · 사실적으로 정보를 제공하는 일정양식의 표이다. • 주로 직무 중심으로 기술된 서식이다. • 주요 내용 : 직무구분, 직무요약, 수행되는 임무, 감독자와 피감독자, 다른 직무와의 관계, 기계, 용구, 도구, 작업조건, 특별한 용어의 정의 등
직무 명세서	직무를 성공적으로 수행하는 데 필요한 인적 특성, 즉 육체적 · 정신적 능력, 지식, 기능 등 인적 자격요건을 명시한 서식이다.

77 **시장세분화**

한 가지 메뉴로는 모든 소비자를 만족하게 할 수 없기 때문에 소비자의 구매행동 및 욕구, 선호, 필요 등을 분석하여 소비자를 비슷한 동질집단으로 분류하고 전체시장을 동질적인 소비자별로 나누는 마케팅 활동이다.

78 **급성 독성시험**

- 실험 대상 동물에게 실험물질을 1회만 투여하여 단기간에 독성의 영향 및 급성 중독증상 등을 관찰하는 시험방법이다.
- 실험 대상 동물 50%가 사망할 때의 투여량을 말한다.
- LD_{50}의 수치가 낮을수록 독성이 강하다.

79 대장균군은 식품의 분변오염 지표균으로 이용되며, 식품의 일반적인 위생 상태를 알아볼 수 있는 척도이다.

80 ***Clostridium botulinum***

- 그람양성, 간균, 주모성 편모, 내열성 포자 형성, 편성혐기성
- 통조림과 병조림 식품에서 증식
- 신경독소(neurotoxin) 생성, 신경계의 마비 증상

81 **병원성 대장균 O157 : H7**

- 장출혈성 대장균의 일종으로, 1982년 미국의 햄버거 식중독 사건의 원인균으로 보고된 바 있다.
- 사람의 장관에 감염되면 장관 내에서 증식하여 베로톡신(verotoxin)이라는 강력한 독소를 생산하며, 이 독소는 용혈성요독증후군을 유발한다.

82 ***Vibrio vulnificus***

- 호염성 해수세균, 그람음성, 간균, 무포자
- 오염된 어패류 생식, 상처 난 피부가 오염된 바닷물에 접촉할 때 감염
- 패혈증, 급성발열, 오한 등의 증상

83 ***Listeria monocytogenes***

- 그람양성, 간균, 주모성 편모, 통성혐기성
- 생육 최적온도 37℃, 냉장 상태에서도 생육 가능
- 10%의 염 농도에서도 생육 가능
- 원인식품은 유제품, 수산물, 채소, 냉장식품 등
- 설사, 발열, 구토, 뇌수막염, 패혈증, 유산, 조산 등의 증상

84 ***Clostridium perfringens***

- 그람양성, 간균, 포자 형성, 편성혐기성
- 장독소(enterotoxin) 생성
- 생육 최적온도 37~45℃
- A, B, C, D, E, F의 형 중 A, F형이 식중독의 원인균
- 원인식품은 육류 · 어패류의 가공품, 튀김 · 두부 등 가열 조리 후 실온에서 장시간 경과한 단백질성 식품
- 증상 : 구토, 복통, 설사(혈변)

85 **방사성 물질**

- Sr^{90} : 반감기 29년, 뼈에 침착하여 조혈기능 장애(골수암, 백혈병)
- Cs^{137} : 반감기 30년, 생식세포 장애
- I^{131} : 반감기 8일, 갑상샘 장애

PCB

- 미강유의 탈취공정에서 열매체로 이용하는 물질이 미강유에 혼입되어 중독 사고를 일으킨 원인물질
- 자연계에서 잘 분해되지 않는 안전한 화합물로 인체의 지방조직에 축적

THM

- 수돗물의 염소 소독 중 생성될 수 있는 발암성 물질
- 염소 소독 중 물의 유기물이 염소와 반응하여 발암성 물질인 트리할로메탄(THM) 생성 가능

86 ① 테무린(temuline) : 독맥(독보리)에 함유되어 있는 독성분
② 고시폴(gossypol) : 목화씨에 함유되어 있는 독성분
③ 아코니틴(aconitine) : 오디에 함유되어 있는 독성분
④ 프타퀼로시드(ptaquiloside) : 고사리에 함유되어 있는 독성분

87 ① 복어독 중독은 진행속도가 빠르고 해독제가 없어 치사율이 높다(60%).
③ 테트라민 중독은 소라 · 고둥 · 골뱅이 등의 타액선(침샘)과 내장에 독소인 테트라민(tetramine)이 함유되어 있어, 제거하지 않고 섭취할 경우 일어나는 식중독이다. 독꼬치, 곤들매기 등을 섭취할 경우 일어나는 중독은 시구아테라 중독이다.
④ 베네루핀(venerupin) 중독증상은 출혈반점, 간 기능 저하, 토혈, 혈변, 혼수 등이다. 혀 · 입술의 마비, 호흡곤란은 삭시톡신(saxitoxin)의 중독증상이다.
⑤ 삭시톡신(saxitoxin)을 함유한 조개류는 섭조개, 홍합, 대합조개 등이다. 모시조개, 바지락, 굴, 고동 등은 베네루핀(venerupin)에 함유된 조개류이다.

88 **유해성 감미료**

- 둘신(dulcin) : 설탕의 약 250배 감미도를 나타내며 청량음료수, 과자류, 절임류 등에 함유되어 있고, 혈액독, 간장 · 신장 장애 등을 일으키며, 체내에서 발암물질로 분해되기 때문에 사용이 금지된 감미료이다.
- 시클라메이트(cyclamate) : 설탕의 40~50배 감미도를 나타내며 방광암등을 일으키는 발암성 감미료이다.
- 에틸렌글리콜(ethylene glycol) : 엔진의 부동액에 함유되어 있는 유해성 감미료이다.
- 파라니트로올소토루이딘(ρ-nitro-o-toluidine) : 설탕의 약 200배 감미도를 나타내며, 살인당, 원폭당으로 알려진 유해성 감미료이다.
- 페릴라틴(perillartine) : 설탕의 2,000배 감미도를 나타내며, 신장염 등을 유발하는 유해성 감미료이다.

89 **요코가와흡충**

- 제1중간숙주 : 다슬기
- 제2중간숙주 : 잉어, 붕어, 은어 등 담수어

90 **브루셀라증(파상열)**

- 그람음성의 호기성 간균이며 소 · 돼지 · 양 등이 주요 감염원이다.
- 감염된 가축의 분비물 등에 의한 경피감염, 살균되지 않은 유제품과 감염된 가축의 섭취에 의해 발생한다.
- 사람에게는 불현성 감염(열성 질환)을 일으키고 동물에게는 유산을 일으키는 인수공통감염병이다.

91 **HACCP 7원칙 12절차**

- 해썹(HACCP)의 7원칙이란 해썹 관리계획을 수립하는 데 있어 단계별로 적용되는 주요 원칙을 말한다. 해썹 12절차란 준비 단계 5절차와 본단계인 7원칙을 포함한 것으로, 해썹 관리체계구축 절차를 의미한다.
- HACCP 준비단계 : HACCP팀 구성 → 제품설명서 작성 → 용도 확인 → 공정흐름도 작성 → 공정흐름도 현장확인
- HACCP 7원칙 : 위해요소(HA) 분석 → 중요관리점(CCP) 결정 → CCP 한계기준 설정 → CCP 모니터링 체계 확립 → 개선조치방법 수립 → 검증절차 및 방법 수립 → 문서화, 기록유지방법 설정

92 **건강진단 항목 등(식품위생 분야 종사자의 건강진단 규칙 제2조 제1항, 제2항)**

- 건강진단을 받아야 하는 사람의 진단 항목(「식품위생 분야 종사자의 건강진단 규칙」 별표)

대 상	건강진단 항목
식품 또는 식품첨가물(화학적 합성품 또는 기구 등의 살균 · 소독제는 제외)을 채취 · 제조 · 가공 · 조리 · 저장 · 운반 또는 판매하는 데 직접 종사하는 사람. 다만, 영업자 또는 종업원 중 완전 포장된 식품 또는 식품첨가물을 운반하거나 판매하는 데 종사하는 사람은 제외	1. 장티푸스(식품위생 관련 영업 및 집단급식소 종사자만 해당) 2. 폐결핵 3. 전염성 피부질환(한센병 등 세균성 피부질환을 말함)

- 건강진단을 받아야 하는 사람은 직전 건강진단 검진을 받은 날을 기준으로 매 1년마다 1회 이상 건강진단을 받아야 한다.

93 **결격사유(식품위생법 제54조)**

다음의 어느 하나에 해당하는 자는 조리사 면허를 받을 수 없다.

- 정신질환자(망상, 환각, 사고나 기분의 장애 등으로 인하여 독립적으로 일상생활을 영위하는 데 중대한 제약이 있는 사람). 다만, 전문의가 조리사로서 적합하다고 인정하는 자는 그러하지 아니하다.
- 감염병 환자(감염병의 병원체가 인체에 침입하여 증상을 나타내는 사람으로서 의사, 치과의사 또는 한의사의 진단이나 감염병병원체 확인기관의 실험실 검사를 통하여 확인된 사람). 다만, B형 간염환자는 제외한다.
- 마약(양귀비, 아편, 코카 잎[엽] 등)이나 그 밖의 약물 중독자
- 조리사 면허의 취소처분을 받고 그 취소된 날부터 1년이 지나지 아니한 자

94 집단급식소에서 제공한 식품 등으로 인하여 식중독 환자나 식중독으로 의심되는 증세를 보이는 자를 발견한 집단급식소의 설치 · 운영자는 지체 없이 관할 특별자치시장 · 시장(「제주특별자치도 설치 및 국제자유도시 조성을 위한 특별법」에 따른 행정시장 포함) · 군수 · 구청장에게 보고하여야 한다(식품위생법 제86조 제1항).

95 **교육(식품위생법 제56조 제1항)**

식품의약품안전처장은 식품위생 수준 및 자질의 향상을 위하여 필요한 경우 조리사와 영양사에게 교육(조리사의 경우 보수교육 포함)을 받을 것을 명할 수 있다. 다만, 집단급식소에 종사하는 조리사와 영양사는 1년마다 교육을 받아야 한다.

교육대상 및 시간(조리사 및 영양사 교육에 관한 규정 제4조)

- 교육대상자는 집단급식소에 근무하는 조리사 및 영양사로 한다.
- 교육시간은 6시간으로 한다.

96 집단급식소를 설치 · 운영하는 자가 집단급식소 시설의 유지 · 관리 등 급식을 위생적으로 관리하기 위하여 영양사를 두고 있는 경우 그 업무를 방해하지 아니하여야 하는데, 이를 위반한 자는 1천만 원 이하의 과태료를 부과한다(식품위생법 제101조 제1항 제3호).

97 영양관리기준에 따른 식단 작성 시 고려 사항(학교급식법 시행규칙 제5조 제2항)

- 전통 식문화의 계승 · 발전을 고려할 것
- 곡류 및 전분류, 채소류 및 과일류, 어육류 및 콩류, 우유 및 유제품 등 다양한 종류의 식품을 사용할 것
- 염분 · 유지류 · 단순당류 또는 식품첨가물 등을 과다하게 사용하지 않을 것
- 가급적 자연식품과 계절식품을 사용할 것
- 다양한 조리방법을 활용할 것

98 영양관리를 위한 영양 및 식생활 조사(국민영양관리법 제13조 제1항)

국가 및 지방자치단체는 지역사회의 영양문제에 관한 연구를 위하여 다음의 조사를 실시할 수 있다.

- 식품 및 영양소 섭취 조사
- 식생활 행태 조사
- 영양상태 조사
- 그 밖에 영양문제에 필요한 조사로서 대통령령으로 정하는 사항
  - 식품의 영양성분 실태조사
  - 당 · 나트륨 · 트랜스지방 등 건강 위해가능 영양성분의 실태조사
  - 음식별 식품재료량 조사
  - 그 밖에 국민의 영양관리와 관련하여 보건복지부장관, 질병관리청장 또는 지방자치단체의 장이 필요하다고 인정하는 조사

99 영업소 및 집단급식소의 닭고기 원산지 표시방법(농수산물의 원산지 표시 등에 관한 법률 시행규칙 별표 4)

구분	표시방법
국내산 (국산)	• '국산'이나 '국내산'으로 표시한다. 예 삼계탕(닭고기 : 국내산) • 수입한 닭을 국내에서 1개월 이상 사육한 후 국내산(국산)으로 유통하는 경우 '국산'이나 '국내산'으로 표시하되, 괄호 안에 출생 국가명을 함께 표시한다. 예 삼계탕(닭고기 : 국내산(출생국 : 프랑스))
외국산	해당 국가명을 표시한다. 예 삼계탕(닭고기 : 프랑스산)

100 나트륨 함량 비교 표시(식품 등의 표시 · 광고에 관한 법률 제6조 제1항)

식품을 제조 · 가공 · 소분하거나 수입하는 자는 다음과 같은 식품에 나트륨 함량 비교 표시를 하여야 한다.

- 조미식품이 포함되어 있는 면류 중 유탕면(기름에 튀긴 면), 국수 또는 냉면
- 즉석섭취식품(동 · 식물성 원료에 식품이나 식품첨가물을 가하여 제조 · 가공한 것으로서 더 이상의 가열 또는 조리과정 없이 그대로 섭취할 수 있는 식품) 중 햄버거 및 샌드위치

합격의공식
SD
에듀